隔震建筑概论

苏经宇　曾德民　田　杰　编著

北　京
冶金工业出版社
2012

内 容 提 要

全书共分 8 章，主要内容包括：建筑隔震原理与进展、叠层橡胶隔震支座的性能与设计、建筑隔震结构的分析方法、建筑隔震结构的设计方法、建筑隔震结构的构造、建筑隔震结构的施工与验收维护、既有建筑物的基础隔震加固施工、低造价隔震技术等。为方便读者应用隔震技术，本书还结合实际工程，列举了建筑隔震设计实例。

本书可供土木工程技术人员阅读，也可作为高等院校土木工程等专业师生的教学参考用书。

图书在版编目(CIP)数据

隔震建筑概论/苏经宇，曾德民，田杰编著．—北京：冶金工业出版社，2012.4

ISBN 978-7-5024-5889-8

Ⅰ.①隔… Ⅱ.①苏… ②曾… ③田… Ⅲ.①建筑结构—隔震 Ⅳ.①TU352.1

中国版本图书馆 CIP 数据核字(2012)第 045839 号

出 版 人 曹胜利
地　　址 北京北河沿大街嵩祝院北巷 39 号，邮编 100009
电　　话 (010) 64027926 电子信箱 yjcbs@cnmip.com.cn
责任编辑 廖 丹 美术编辑 李 新 版式设计 孙跃红
责任校对 卿文春 责任印制 张祺鑫
ISBN 978-7-5024-5889-8
北京鑫正大印刷有限公司印刷；冶金工业出版社出版发行；各地新华书店经销
2012 年 4 月第 1 版，2012 年 4 月第 1 次印刷
169mm×239mm；16 印张；309 千字；242 页
45.00 元

冶金工业出版社投稿电话：(010)64027932 投稿信箱：tougao@cnmip.com.cn
冶金工业出版社发行部 电话：(010)64044283 传真：(010)64027893
冶金书店 地址：北京东四西大街 46 号(100010) 电话：(010)65289081(兼传真)

前　言

建筑隔震技术是一种新兴的抗震技术，主要通过在专门的隔震层设置隔震和耗能元件，降低传到建筑结构的地震作用（通常可降低40%~80%），从而提高建筑的安全性，保证建筑物的使用功能。

自20世纪70年代性能稳定可靠的叠层钢板橡胶支座诞生以来，建筑隔震技术逐渐在世界多个国家得到推广应用，如新西兰、美国、意大利、日本、中国等。尤其在日本，当前新建的医院、超高层建筑等广泛采用这一抗震新技术。在汶川地震中，国内隔震建筑首次经受了较大地震的考验，表现出良好的抗震性能。建筑隔震技术在国内更加受到关注，其应用也进入了一个推广加速期。

为推动建筑隔震技术在我国的发展应用，帮助广大工程技术人员深入理解建筑隔震技术，特别是了解我国隔震技术研究应用的实际情况，我们编写了本书。

本书一方面总结了作者多年来在隔震技术方面的研究成果和工程应用经验，另一方面紧密联系近年来国内外隔震技术的研究应用趋势和最新进展，对隔震技术发展历程和应用由浅入深地进行了详细阐述。全书共分8章，主要内容包括：建筑隔震原理与进展、叠层橡胶隔震支座的性能与设计、建筑隔震结构的分析方法、建筑隔震结构的设计方法、建筑隔震结构的构造、建筑隔震结构的施工与验收维护、既有建筑物的基础隔震加固施工、低造价隔震技术等，覆盖了新建和既有建筑隔震技术从设计、产品选用、安装实施到后期管理维护等各阶段。为方便读者应用隔震技术，本书还结合实际工程，列举了建筑隔震设计实例。

本书的编写得到了马东辉教授的无私帮助；赵亚敏、杜志超等与作者多年在隔震技术领域进行合作研究，为本书的完成做出了重要贡献；本书还得到了宋晓胜博士，高晓明、郭风池硕士等的大力协助，在此一并表示衷心的感谢。

本书可供土木工程技术人员阅读参考，也可作为高等院校土木工程等专业师生的教学参考用书。

限于作者水平，书中不妥之处，敬请广大读者指正。

作 者

2012年1月

目　　录

1 建筑隔震原理与进展

1.1 建筑隔震的基本概念

1.1.1 建筑隔震体系的提出

建筑隔震体系是在人类与大自然的抗争中发展起来的。自古以来，地震这一由于地壳运动而产生的自然灾害给人类造成了巨大的灾难，并且随着人类物质文明的不断提高和城市规模的不断扩大，地震给人类造成的损失也越发严重。随着人类社会的发展与科学技术的不断进步，人们在与大自然抗争的过程中不断探索与总结，逐步形成了抗震设计理论与方法[1,2]。

现在各国普遍采用的抗震设计理论是通过适当的设计，使建筑结构形成延性结构体系。这种“延性结构”体系，是指通过适当设计建筑结构，控制结构体系的刚度，在小震下结构具有足够的强度承受地震作用，当大震时部分结构构件进入塑性状态，但不能发生倒塌，以消耗地震能量，减轻地震反应。这一抗震设防目标在我国《建筑抗震设计规范》（GB 50011—2010）中具体化为“小震不坏”、“中震可修”、“大震不倒”的三水准两阶段设计思想。这种设计思想抵御地震作用立足于“抗”，即是依靠建筑物本身的结构构件的强度和塑性变形能力，来抵抗地震作用和吸收地震能量[3]。

然而，随着社会经济的发展，一方面建筑结构内部的设备、装修等日趋复杂和昂贵，很多重要建筑如纪念性建筑、核电站、海洋平台等，不允许结构构件进入塑性工作阶段，对结构的抗震性能提出更高的要求；另一方面，建筑结构体系越来越复杂，对使用功能的要求也越来越高。然而，由于设计地震动输入的欠准确性和结构在地震时非弹性破坏的复杂性，人们无法准确预知结构的地震时程反应和破坏程度。采用抗震设计思想设计的结构，由于要靠自身结构构件的塑性变形来吸收地震能量，在强震作用下，结构会产生很大的变形，轻者造成内部设备和装修等的损坏，重者即使不发生倒塌，其正常使用功能也得不到保证，甚至造成使用工程功能的丧失。依靠结构构件发生弹塑性变形来消耗地震能量保证结构大震的安全的延性结构体系，已不能满足实际需要。抗震设计的不完善与人类需求的矛盾越来越明显[4,5]。

为了解决这一矛盾，各国科研人员和工程技术人员相继进行了大量研究，隔震结构体系逐渐发展起来。其基本思想是在建筑中设置柔性隔震层，地震产生的能量在向上部结构传递的过程中，大部分被柔性隔震层所吸收，仅有少部分传递到上部结构，从而降低上部结构的地震作用，提高其安全性。

隔震结构体系的提出，适时地满足了人类的需求，为人类与地震的抗争提供了一条新的思路[1, 6~10]。

1.1.2 建筑隔震体系的发展历程

从早期的朴素的隔震思想到现代意义上的隔震部件的工业化生产和隔震建筑的大量建造，建筑隔震体系的发展大致可分为三个阶段[11]。

1.1.2.1 早期的隔震思想和概念的萌芽

我国古代已经有了朴素的基础隔震思想。位于西安市的小雁塔始建于唐代，距今已有一千多年的历史。研究表明，其基础与地基连接处采用圆弧形的球面，而非一般所采用的平面结构，使得其塔身与基础坐落于圆弧球面上，形成了一个类似“不倒翁”结构，这种结构使其历经两次较大地震而不倒，也许是最早的朴素的隔震思想。闻名于世的北京紫禁城属于中世纪的砖木结构建筑群，由于其主要建筑都建于大理石高台之上，下面有一层柔软糯米层（类似一种隔震层），在一定程度上隔离了地震作用，使得紫禁城虽处于地震区，却很少受到震害的影响[12~14]。

1881 年，日本人河合浩藏在《建筑杂志》上提出了削弱地震动向建筑物传递的方法：“……要盖一种在地震时也不震动的房屋”，其做法是先在地基上横竖交错放几层圆木，圆木上做混凝土基础，再在上面盖房，以削弱地震能量向建筑物的传递。

1906 年，德国的 Jaccb Benchtold 提出了要采用基础隔震技术以保证建筑物安全的建议。在美国旧金山地震之后，1909 年，英国籍医生 J. A. Calantarients 在斯坦福大学提出了在基础与上部结构之间用滑石粉或云母作隔震层，当地震发生时建筑物滑动以隔离地震的方法，并申请了专利。

历史上第一幢根据隔震思想设计建造的建筑物是 1921 年在日本东京落成的帝国饭店（Imperial Hotel），其设计者是美国的 Frank Lloyd Wright。该工程所处场地下 2 ~4m 处为厚 18 ~21m 的软泥土层，覆盖土层较为坚实。Wright 没有对软土层按照传统方法进行处理，而是有意在上部土层密集布置短桩，使短桩穿过坚硬土落到软土层顶部。这种构造，将上部结构与持力层构成整体，使其“浮”在下部软弱地基上，使软土层成为性能很好的隔震垫。然而，这一创新之举在当时引起了很大的争议，直到 1923 年关东 7.9 级大地震时，其优异的抗震性能终于得到了验证。在当时，由于地震作用，建筑物普遍遭受严重破坏，而该建筑物由于隔震层的作用，结构本身没有发生任何破坏。

1924 年，日本的鬼头健三郎提出了在建筑物的柱脚与基础间插入滑动或滚动轴承的隔震方案。1927 年，日本的中村太郎论述了在隔震系统中吸收地震能量的必要性，并提出在底柱上端加侧向阻尼器，作为地震时的吸能装置。中村太郎对阻尼的认识，正是以前的各种基础隔震方案中所忽视的。

1933 年，美国人首先提出柔弱底层的减震构想。采用该方法，结构底层水平刚度远小于上部结构，在水平地震作用下，结构的变形主要发生于底层柱子。为减小上部结构的地震作用，底层柱子的位移需要很大，远远超过了柱子的承受能力，最终会导致结构倒塌破坏。

以上这些结构或者隔震方案都属于早期隔震思想的萌芽，其时间都早于地震工程学的建立或者处于其萌芽时期，虽不完全合理、可靠，但隔震思想已经逐渐有了清晰的轮廓，所提出的概念已具备了现代隔震系统的基本要素。但限于当时的理论和技术水平，基础隔震技术应用的可能性及优越性未能被人们充分认识和了解[8]。

1.1.2.2 现代隔震技术的诞生和实用化技术的发展

20 世纪 60 年代以来，新西兰、日本、美国等多地震国家投入了大量人力物力，对隔震系统开展了深入系统的理论和试验研究，取得了较大的成果。由于科技水平的不断进步，隔震理论和技术已经取得了飞速发展，隔震技术已进入实用化发展阶段，并建成了许多有代表性的隔震建筑。

前南斯拉夫的 Scopje 市曾因 1963 年的大地震，大部分建筑物受到毁灭性破坏。在恢复重建过程中，1969 年瑞士援建了一所隔震结构小学，这个由瑞士人 Alfred Roth 设计的 Pestaloci 小学大概是最早的现代意义上的基础隔震建筑。该建筑是一幢三层钢筋混凝土结构，隔震支座采用了天然橡胶块（70cm × 70cm × 35cm）。如今看来，其耐久性考虑得并不周全。并且，天然橡胶块的橡胶层中未插入钢板，在上部重力作用下，容易发生侧向鼓出，同时竖向刚度小，地震中存在上下弹跳和前后倾覆摇晃的问题[8]。

20 世纪 70 年代后期，法国 G. C. Delfosses 发明了叠层钢板橡胶隔震支座，解决了上述问题。20 世纪 70 年代末，法国马赛附近的一座小学用 152 个直径为 300mm 的叠层橡胶支座，建造了一幢三层钢筋混凝土结构教学楼。1977 年至 1984 年兴建的库鲁阿斯核电站也采用了这种橡胶隔震支座。隔震支座为边长 500mm 的正方形，橡胶层厚度 13mm，共计三层，采用两层钢板作为加劲层。但以上建筑没有设置阻尼器。1984 年，法国在南美洲兴建的核电站中采用了隔震支座，同时还加设了滑板支撑作为耗能装置，这是世界上首次考虑弹性支撑与阻尼器共同工作设计的隔震建筑。

1975 年，新西兰学者 W. H. Robinson 等率先开发出了实用的隔震元件——铅芯橡胶支座，用以弥补普通橡胶支座阻尼小的缺陷，同时为风载和地基微振动提供初始刚度，大大推动了隔震技术的实用化进程[8, 9, 15~17]。

1983 年，在新西兰完成的 William Clayton 政府办公大楼，是世界上首座采用铅芯橡胶隔震支座的隔震建筑。该大楼设计人员从 1974 年开始对各类阻尼耗能器进行比较分析，以选择最优化的设计。目前，这类隔震系统已经广泛应用于隔震建筑物之中。

美国建造的第一幢隔震建筑是 1985 年建成的位于加州 Rancho Cucamonga 的市司法事务中心大楼。该楼是四层钢框架结构，应用了 98 个高阻尼隔震支座，这也是世界上第一座采用高阻尼橡胶隔震支座的建筑。

1983 年，日本千叶县建成日本国内的第一座隔震建筑——八千代台住宅。该建筑是钢筋混凝土两层住宅，将直径 300mm 的 6 个天然橡胶支座放在基础位置。1985 年，在日本神奈川建造的基督教博物馆为三层钢筋混凝土结构，隔震层采用了 64 个橡胶加钢板的隔震支座和四组盘条耗能装置作为隔震部件[18]。

到 20 世纪 90 年代中期，美、日、新、法、意等国已建造了 400 座左右的采用橡胶支座的隔震建筑和桥梁。隔震技术由研究阶段逐渐进入了一个推广应用的新阶段。

1.1.2.3 隔震技术的成熟应用阶段

进入到 20 世纪 90 年代，隔震结构的分析理论日渐成熟，分析模型已经由简单的单质点模型、多质点模型发展到三维空间模型。1989 年，Nagarajaiah 等开发了隔震结构专用的三维非线性动力分析程序 3D - BASIS，并不断完善。新西兰学者 R. I. Skinner、美国学者 J. M. Kelly 等都相继写出了关于橡胶隔震系统理论研究和应用的专著，系统地总结了隔震元件和体系的构成、各种分析模型、设计标准和工程应用方面的成果。

美国、日本、新西兰等国相继推出了自己的更加详尽和严格的隔震建筑设计规范和隔震支座的质量和验收标准，以保证其在大规模应用时的可靠性。隔震元件特别是橡胶支座的生产开始向工业化方向发展。隔震橡胶支座的尺寸和应用的范围越来越大。大型试验和检测设备也不断发展，使得大型隔震支座的足尺试验成为可能，相应的高性能、大直径的橡胶支座开发和应用发展很快。

在 1994 年美国洛杉矶北岭地震和 1995 年日本阪神地震中，采用橡胶隔震支座的隔震建筑表现了令人惊叹的隔震效果。阪神地震后，国际上尤其是日本兴起了一股隔震研究和应用的热潮，韩国等国也开始了隔震技术的理论研究和工程应用的探索。仅在阪神地震后的一年时间内，日本新建的隔震建筑就超过了以前所有隔震建筑的总和。截至 2009 年，日本已经有超过 3800 栋的隔震建筑。1996 ~

2003年，日本每年的橡胶支座应用量在6000个左右，基本上以铅芯橡胶隔震支座（LRB）和天然橡胶隔震支座（NB）作为应用的主流。近些年来由于环保原因，高阻尼橡胶支座（HRB）的应用日渐增多。日本的隔震建筑应用开始集中在多层的办公楼、公寓和重要建筑如控制中心、医院等。近年来，已经开始应用在高层、超高层建筑上。值得注意的是，2001年以来，独立民居（Detached House）隔震建筑每年新增都在300栋以上。

但是，由于隔震技术相关产品验收标准和设计指南、规范的相对保守和严苛，隔震技术在除了日本的其他国家如美国、新西兰等的应用受到很大的限制。

到20世纪90年代初期，新西兰建了50多座隔震桥梁，主要采用LRB支座。但在过去的十年里几乎没有新建的隔震桥梁[19]。

美国迄今约有80栋隔震建筑，基本都是公共建筑如政府办公楼、指挥救援中心、医院等，也包括少量旧有建筑的隔震加固。基本上采用橡胶支座（有时附加钢或黏滞阻尼器）作为隔震元件，15%左右采用摩擦摆（FPS）隔震系统。几乎没有民用住宅应用隔震技术。

从国外隔震建筑的研究和应用历程来看，以橡胶隔震支座为主流的现代隔震技术从系统研究到广泛应用大致经历了30年左右的时间。这期间经过大量的理论研究、试件和模型结构试验、试点工程建设。经过不断发展、完善，隔震技术进入了一个比较成熟的阶段，美国、日本、新西兰、意大利等都颁布了相应的标准、指南或规范。

国外的隔震技术开始主要应用在办公楼、政府机构、生命线工程等比较重要的建筑中，并且呈现快速增长的趋势。进入20世纪90年代后期，隔震建筑在日本开始向民用住宅发展，而且应用量比较稳定地逐渐增加。而在美国、新西兰等国家，由于规范和设计标准过于严格等，深入研究多，工程应用却基本上处于一个少量阶段。另外一个特点是国外还逐步将隔震技术应用在具有历史价值的建筑（如美国的盐湖城市政大楼、新西兰的惠灵顿旧议会大厦和议会图书馆等）的抗震加固中[11]。

随着隔震技术日益引起人们的重视，许多学者提出了新型的隔震技术。1985年，美国的Victorzayas博士在加州大学伯克利分校首先提出了摩擦摆隔震系统，后来Zayas博士创办了EPS公司专门做摩擦摆隔震产品。由于其具有良好的性能，得到了国内外学者较为深入的研究，并在国外已成功地应用于许多实际工程中。近年来，随着形状记忆合金（SMA）、碟形弹簧等在隔震中的应用，隔震技术又将发展到一个新的阶段[11, 20, 21]。

1.1.3 地震对隔震技术的考验

在20世纪90年代中期以前，许多隔震建筑已经经受了地震的考验，但都是比较小的地震。例如，在日本仙台同一场地上建了两栋相同的三层楼房，一栋为隔震建筑，另一栋为普通不隔震的建筑。从1986年5月开始进行地震观测，到1988年8月共得到近50个地震记录。其中，最强的一次地面加速度超过0.9m/s^2，不隔震建筑的楼顶加速度为2.7m/s^2，而隔震建筑的楼顶加速度为0.4m/s^2，相当于不隔震建筑的1/7。1992年2月东京发生Ⅴ度（日本烈度）地震，有21栋隔震建筑得到地震记录，其中19栋建造于Ⅱ类场地，2栋建于Ⅲ类场地。大部分隔震建筑1层的最大加速度小于基础部位，平均在1/2～1/3左右。其中东京都小金井市建造的两栋三层隔震和不隔震的建筑，同时记录到顶层的y方向最大值，隔震建筑为0.44m/s^2，约为不隔震建筑最大值2.09m/s^{2}的1/5。美国加州的第一栋隔震建筑——圣丁司法事务中心，在建成后不久即经受了1985年10月2日的4.8级地震，地震中建筑物未受任何损坏，加速度响应降低了1/3。基础上出现的高频水平运动明显被隔震层滤除[22, 23]。

国内也有一些隔震建筑经受过地震的考验。在1994年9月的7.3级台湾海峡地震中，汕头的隔震房屋无明显震感，而其他房屋住户震感强烈，纷纷惊慌外逃。在1998年陕西泾阳4.8级地震中，其他房屋的住户均从室内跑至楼外空地，唯独两栋隔震楼住户没震感，无人往室外跑，其中一户的装修亦正常进行。隔震房屋的类似表现在云南等地也有出现。可惜的是，以上建筑并未安装地震观测设备，无法得到地震观测记录。

隔震建筑经受真正的强震考验是1994年美国的洛杉矶北岭地震、1995年日本的阪神地震、2008年我国的汶川地震以及2011年日本的“3·11”特大地震。在这四场地震中，隔震技术经受了强地震作用的考验，并进一步证明了隔震技术的有效性，促进了隔震技术的发展。

1.1.3.1 北岭地震中的隔震建筑

1994年1月17日，美国加州北岭地区发生6.7级地震，对各类建筑、桥梁、生命线系统等造成了极大破坏。在北岭地震中，有四座基底隔震建筑经受了地震考验。其中，有三座建筑支撑在叠层橡胶隔震支座上，另一座支撑在有黏弹性阻尼器的螺旋形弹簧系统上[16]。

USC University 医院位于洛杉矶市中心，距震中东南36km，是地下1层、地上7层的隔震结构，隔震层采用了81个天然橡胶支座和68个铅芯橡胶隔震支座。地震中观测到的水平最大加速度结果为：地基上0.49g，隔震构件下部0.37g，建筑屋面0.21g，也就是说，衰减系数为1.8，1～7层仅为0.10g～0.15g。在这次地震及其余震中，建筑内部中183～244cm高的花瓶等没有一个掉下来，各种机器等均未损坏，医院功能得到维持，成为防灾中心，起到了十分重要的作用，这充分证实了隔震效果。

附近另一幢采用抗震结构的 Olive View 医院大楼的情况则完全不同。Olive View 医院在 1971 年圣费尔南多地震中受到较大的损坏，10 年后更换地点重建，增加了抗震强度。该医院地上 6 层，距震中东北 15km，地基上水平最大加速度为 0.91g，1 层为 0.82g，屋面达 2.31g，放大倍数为 2.8。建筑结构在 1g 以上的地震力作用下，剪力墙出现剪切裂缝。设备机器、医疗机械及家具等翻倒，病历等资料掉下、散乱。而且由于加速度过大，引起顶层水管破裂，各层浸水，建筑物不能使用，完全丧失了医院的功能。此外，另一幢旧的洛杉矶县医院大楼只比 USC University 医院离震中近 1km，却遭受严重破坏，据估计所需的修理费用达 4 亿美元。

第二座隔震结构是洛杉矶消防部门的一座二层钢框架结构，距震中 39km，基底记录到的东西向最大加速度为 0.22g，楼顶的反应为 0.24g，在南北方向上，隔震器上记录到了几个 0.35g 的加速度脉冲，顶层的反应为 0.32g，这些脉冲可能是由隔震器间隙处的某些建筑部件的破坏引起的。垂直向反应把 0.11g 的基底运动放大到第二层，但总体来说，这一建筑在地震时并未发生破坏。

1.1.3.2 阪神地震中的隔震建筑

1995 年 1 月 17 日，日本阪神发生 7.2 级的地震，震中位于淡路岛北部，震度达Ⅶ度（日本烈度）。地震中有两栋隔震结构建筑均未遭受任何破坏，并且得到了地震观测记录。从这些记录可以看到大地震时的隔震效果，证实了隔震结构的有效性[22, 23]。

A WEST 大厦

该建筑为日本邮政省计算中心，主要采用铅芯橡胶隔震支座作为隔震部件，附加钢阻尼器提供阻尼。该大厦建筑面积超过 46000m^2，是当时日本规模最大的隔震建筑（型钢混凝土柱，钢梁，6 层），距离断层 16km，隔震层设置在基础与 1 层之间。在基础、1 层和 6 层设置了地震观测装置进行地震记录观测。表 1-1 所示为各观测点记录到的最大加速度值。1 层水平方向的最大加速度值只有基础的 1/3 ~ 1/4，可见隔震效果得到充分发挥。

表 1-1 WEST 大厦与松村组技术研究所研究大楼观测记录 （cm/s^2）

地震观测位置		最大加速度值						
		WEST 大厦			研究大楼			管理大楼
		顶层	1 层	基础	顶层	1 层	基础	
方向	东西	103	106	300	273	253	265	677
	南北	75	57	263	198	148	272	965
	上下	377	193	213	324	266	232	368

B 松村组技术研究所研究大楼

距震中东北35km的松村组技术研究所研究大楼是一幢三层钢筋混凝土结构隔震建筑，采用高阻尼型多层橡胶作为隔震部件。与其毗邻的管理大楼是一幢三层钢结构抗震建筑。两幢建筑均得到了地震观测记录，最大加速度值见表1-1。在研究大楼，1层的最大加速度值比基础小，使隔震效果得到发挥。而毗邻的管理大楼，其屋面最大加速度比研究大楼屋面大2~5倍。

此外，这次地震中采用铅芯橡胶支座隔震的6座桥梁均表现极佳，进一步证明了隔震技术的优越性。

1.1.3.3 汶川地震中的隔震建筑

甘肃陇南地区的武都县北山邮政职工住宅是甘肃省最早的隔震建筑。在汶川地震实际地震记录加速度达到0.17g的情况下，房屋上部主体结构没有任何损坏，墙体上无地震引发的裂缝，房屋缓慢平动，人员震感不强烈，人没有站不稳的感觉，内部家具等无倾倒现象，明显好于其他建筑（如图1-1所示），这栋建筑上部结构当时就是按照6度设计的。

图1-1 汶川地震中甘肃武都县隔震房屋地震后情况

隔震建筑在实际地震下的响应观测，无论对设计理论的发展，还是对技术的推广，都具有十分重大的意义。但由于隔震建筑的地震观测是一项复杂和耗费较大的项目，目前国内几乎没有安装地震观测设备。这一方面需要加强。

1.1.3.4 日本“3·11”大地震中的隔震建筑

2011年3月11日，日本发生了震级9.0的特大地震，并引发海啸，造成巨大损失和人员伤亡。多栋隔震建筑在大地震中表现出令人惊叹的隔震效果。

A　东北大学隔震实验楼

日本仙台市东北大学的研究者早在20世纪80年代初期即尽力推动隔震技术的应用，为验证隔震效果，特地在同一场地上建造了结构相似的两栋三层建筑物，一栋采用隔震技术，一栋采用传统抗震技术，并安装强震观测仪收集地震反应数据。在“3·11”大地震中，采用隔震技术的建筑性能良好，如图1-2所示。

图1-2　日本“3·11”大地震中仙台市东北大学隔震实验楼的反应

从图1-2可以看出，在相当于8度半地震作用下，隔震建筑对水平地震作用基本没有放大，上部结构类似刚体发生平动，而非隔震建筑顶层反应放大系数为2.2~3.1。

B　仙台森大厦

仙台森大厦位于日本宫城县，建筑及结构由大成建设设计，主要用途为办公楼及商场。该大厦建筑面积为2013m^2，总建筑面积达43194m^2，地下2层，地上18层，塔楼2层，最高高度为84.9m。该大厦于1999年3月竣工，采用了弹性滑动支座与层压橡胶支座并用的隔震构造。建筑外观及隔震装置布置见图1-3和图1-4。

图1-3　仙台森大厦建筑外观

仙台森大厦隔震层的最大反应变形在水准1地震和水准2地震时，均低于隔震装置的稳定变形极限（25cm）。此外，水准3地震时的最大反应变形是在隔震装置的性能保证变形值（50cm）以下（目标抗震性能见表1-2），如图1-5所示。

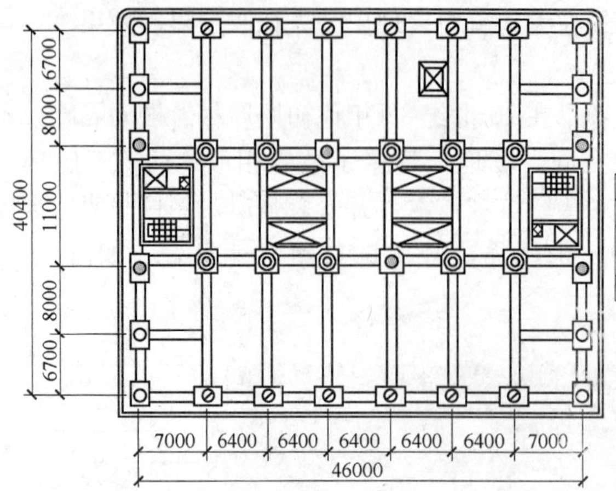

	符号	支座直径/mm	台数
层压橡胶支座	○	1100	8
	⊘	1100	12
	●	1200	6
弹性滑动支座	◎	1300	10

图 1－4　仙台森大厦隔震装置布置图

表 1－2　目标抗震性能

部位＼输入	水准 1	水准 2	水准 3
隔震装置	稳定变形极限（25cm）以下，橡胶剪切变形率为 125%	稳定变形极限（25cm）以下，橡胶剪切变形率为 125%	稳定变形极限（50cm）以下，橡胶剪切变形率为 250%
地上楼层	容许应力以下	弹性极限承载力①以下	弹性极限承载力②以下
地下、基础	容许应力以下	容许应力以下	弹性极限承载力①以下

① 柱未屈服，梁最先屈服时的承载力。

② 柱未屈服，梁屈服数量为 1/2 时的承载力。

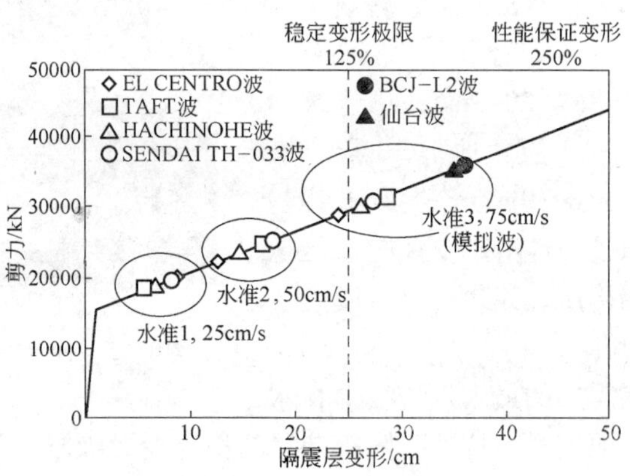

图 1－5　仙台森大厦隔震层的最大反应（短边方向）

C　茨城县水户市21层住宅

位于日本水户市的21层集体住宅楼，总建筑面积20269m^2，地上21层，结构高度64.05m，最高高度68.85m，框架结构，筏板基础，使用50个直径为800mm或900mm的天然橡胶支座、10个钢棒阻尼器和40个铅阻尼器。外观和隔震层布置如图1－6和图1－7所示。

图1－6　茨城县水户市21层住宅外观

隔震支座和阻尼器应尽可能均匀设置，使隔震层不产生偏心。根据反应预测分析，阻尼器的屈服力总和设定为建筑物总重量的2.1%（铅、钢棒的负担比约为1∶1），在建筑顶层和隔震层、基底设置了强震观测仪，建筑物加速度反应见表1－3。

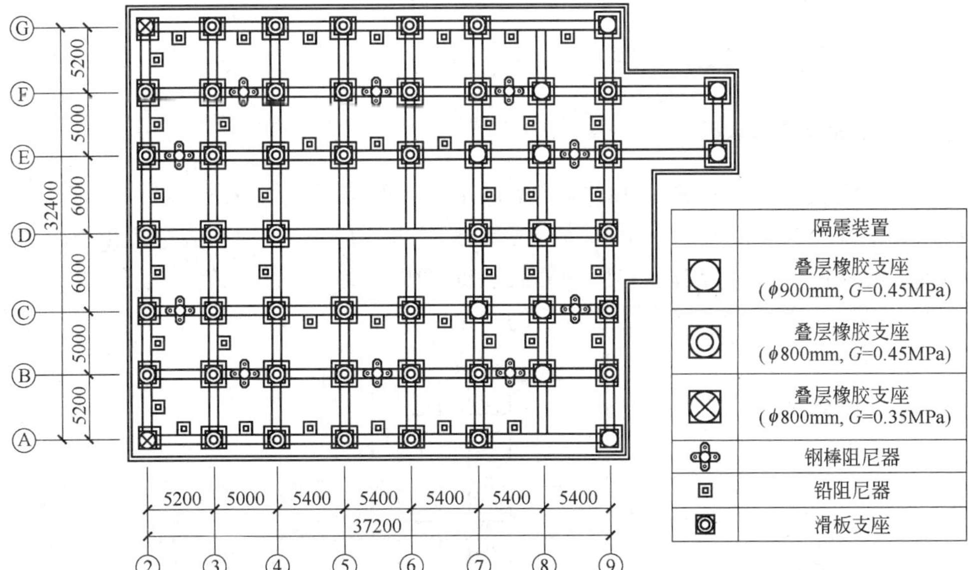

图1－7　隔震支座和阻尼器布置

表1－3　隔震建筑加速度反应　（cm/s^2）

位　置	x方向	y方向	z方向
21层	149	181	506
隔震层	112	184	287
基　础	314	402	240

从表 1－3 可以看出隔震建筑的水平地震加速度反应大大降低，顶层反应尚不到地面输入的 1/2。从图 1－8 中可以看出隔震层最大位移也仅有 10cm 左右。

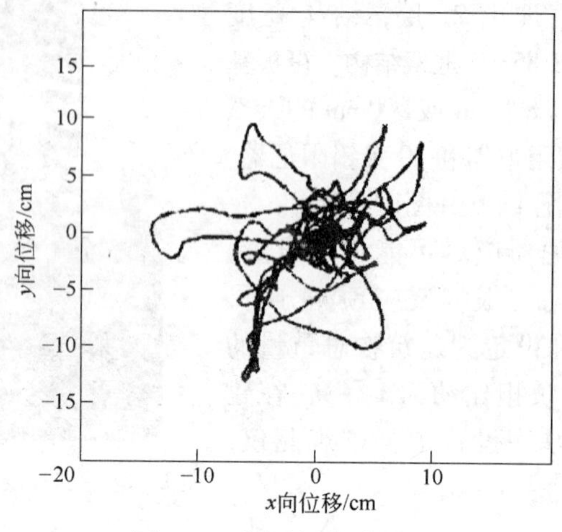

图 1－8 隔震层位移反应

1.2 隔震技术的基本原理

1.2.1 隔震体系组成

基础隔震结构体系通过在建筑物的基础和上部结构之间设置隔震层，将建筑物分为上部结构、隔震层和下部结构三部分（见图 1－9）。地震能量经由下部结构传到隔震层，大部分被隔震层的隔震装置吸收，仅有少部分传到上部结构，从而大大减轻地震作用，提高隔震建筑的安全性[11]。

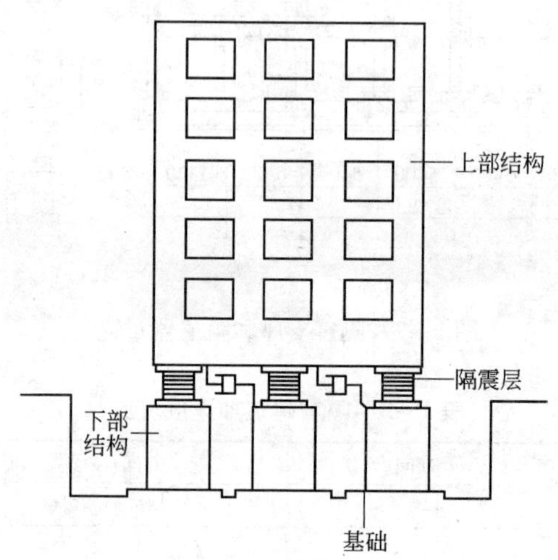

图 1－9 隔震建筑各部分示意图

经过人们不断的探索，如今基础隔震技术已经系统化、实用化。常用隔震技术包括摩擦滑移隔震系统、叠层橡胶支座隔震系统、摩擦摆隔震系统等等，其中目前工程界最常用的是叠层橡胶支座隔震系统。这种隔震系统，性能稳定可靠，采用专门的叠层橡胶支座（Laminated Rubber Bearing）作为隔震元件。该支座由一层层的薄钢板和橡胶相互叠置，经过专门的硫化工艺黏合而成，其结构、配方、工艺需要特殊的设计，属于一种橡胶制品。目前常用的橡胶隔震支座有：天然橡胶支座（Natural Rubber Bearing，NB）、铅芯橡胶支座（Lead plug Rubber Bearing，LRB）、高阻尼橡胶支座（High Damping Rubber Bearing，HRB）等。天然橡胶支座和铅芯橡胶支座的结构分别如图 1－10（a）和图 1－10（b）所示。

(a) (b)

图 1－10 橡胶支座结构示意

（a）天然橡胶支座；（b）铅芯橡胶支座

隔震层通常由隔震支座和阻尼器组成，图 1－11 所示为天然橡胶隔震支座和软钢阻尼器组成的隔震层。隔震层的大阻尼性能也可以通过采用高阻尼的铅芯橡胶隔震支座或高阻尼橡胶隔震支座来直接满足，这样施工更加简便，成本也更低。

图 1－11 隔震层组成示意图

1.2.2　隔震技术原理

传统建筑物基础固结于地面，地震时建筑物受到的地震作用由底向上逐渐放大，从而引起结构构件的破坏，建筑物内的人员也会感到强烈的震动，如图 1－12（a）所示。这种建筑的抗震设防目标在现行建筑抗震设计规范中具体化为“小震不坏”、“中震可修”、“大震不倒”。这种设计思想抵御地震作用立足于“抗”，即是依靠建筑物本身的结构构件的强度和塑性变形能力，抵抗地震作用和吸收地震能量。为了保证建筑物的安全，必然加大结构构件的设计强度，耗用材料多，而地震力是一种惯性力，建筑物的构件断面大，所用材料多，质量大，其受到的地震作用也相应增大，想要在经济和安全之间找到一个平衡点往往是比较难的。

基础隔震技术的设防策略立足于“隔”，采用“拒敌于门外”的防御战术，“以柔克刚”，利用专门的隔震元件，以集中发生在隔震层的较大相对位移，阻隔地震能量向上部结构传递，使建筑物有更高的可靠性和安全性，如图 1－12（b）所示。可以说，从“抗”到“隔”，是建筑抗震设防策略的一次重大改变和飞跃[4]。

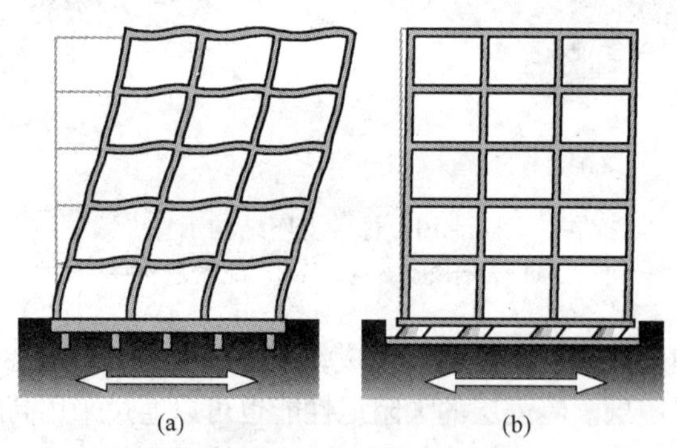

图 1－12　抗震建筑与隔震建筑的地震反应

（a）抗震建筑；（b）隔震建筑

目前工程界最常用的叠层橡胶支座隔震系统一般是在基础和上部结构之间，设置专门的橡胶隔震支座和耗能元件（如铅阻尼器、油阻尼器、钢棒阻尼器、黏弹性阻尼器和滑板支座等），形成高度很低的柔性底层，称为隔震层，使基础和上部结构断开，延长上部结构的基本周期，从而避开地震地面运动的主频带范围，减小共振效应，阻断地震能量向上部结构的传递，将其直接吸收或反馈回地面，同时利用隔震层的高阻尼特性，消耗输入地震动的能量，使传递到隔震结构上的地震作用进一步减小。

图 1－13 分别给出了普通建筑物的剪力反应谱和位移反应谱。一般砌体结构

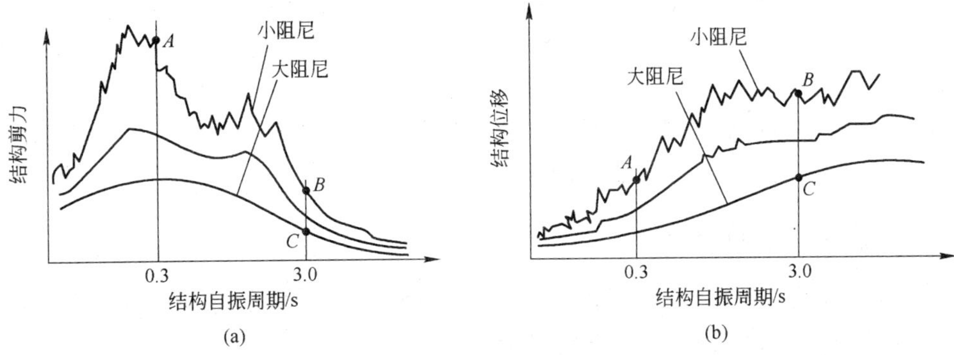

图 1－13 结构剪力反应谱和位移反应谱
(a) 剪力反应谱；(b) 位移反应谱

建筑物刚性大、周期短，所以在地震作用时建筑物的剪力反应大，而位移反应小，如图中 A 点所示。如果我们采用隔震装置来延长建筑物周期，而保持阻尼不变，则剪力反应被大大降低，但位移反应却有所增加，如图中 B 点所示。要是再增加隔震装置的阻尼，剪力反应继续减弱，位移反应得到明显抑制，这就是图中的 C 点。可见，隔震装置的设置可以起到延长结构自振周期并增大结构阻尼的效果[15]。

采用隔震技术，上部结构的地震作用一般可减小 40% ~80%，地震时建筑物上部结构的反应以第一振型为主，类似于刚体平动，基本无反应放大作用，通过隔震层的相对大位移可以降低上部结构所受的地震作用。采用基础隔震措施并按照较高标准进行设计以后，地震时上部结构的地震反应很小，结构构件和内部设备都不会发生明显破坏或丧失正常的使用功能，在房屋内部工作和生活的人员不仅不会遭受伤害，也不会感受到强烈的摇晃，强震发生后人员无须疏散，房屋无须修理或仅需一般修理。从而保证建筑物的安全甚至避免非结构构件如设备、装修破坏等次生灾害的发生。

隔震结构与传统结构的主要区别是在上部结构和下部结构之间增加了隔震层，在隔震层中设置了隔震系统。隔震系统主要由隔震装置、阻尼装置、地基微震动与风反应控制装置等部分组成，它们可以是各自独立的构件，也可以是同时具有几种功能的一个构件。

隔震装置的作用一方面是支撑建筑物的全部重量，另一方面由于它具有弹性，能延长建筑物的自振周期，使结构的基频处于高能量地震频率范围之外，从而能够有效地降低建筑物的地震反应。隔震支座在支撑建筑物时不仅不能丧失它的承载能力，而且还要能够忍受基础与上部结构之间的较大位移。此外，隔震支座还应具有良好的恢复能力，使它在地震过后有能力恢复原先的位置。

阻尼装置的作用是吸收地震能量，抑制地震波中长周期成分可能给仅有隔震支座的建筑物带来的大变形，并且在地震结束后帮助隔震支座恢复到原先的位置。

设置地基微震动与风反应控制装置的目的是为了增加隔震系统的早期刚度，使建筑物在风荷载与轻微地震作用下能够保持稳定。

1.3 建筑隔震的分类

建筑隔震的分类方法不尽相同，一般可以根据采用的隔震技术类型和隔震层的位置对常用的建筑隔震类型进行划分[2]。

1.3.1 按隔震技术类型划分

1.3.1.1 叠层橡胶支座隔震技术

叠层橡胶支座由夹层薄钢板（内部钢板）和薄层橡胶片交替叠置而成。叠层橡胶支座受压时，橡胶会向外侧变形，但由于受到内部钢板的约束，以及考虑到橡胶材料的非压缩性（泊松比约为0.5），橡胶层中心会形成三向受压状态，其压缩时的竖向变形量很小。每层橡胶片越薄，钢板的相对约束能力越大，因此压缩变形也越小。而在叠层橡胶支座剪切变形时，钢板不会约束剪切变形，橡胶片可以发挥自身柔软的水平特性，从而通过自身较大的水平变形隔断地震作用。

叠层橡胶隔震支座隔震是目前技术成熟、应用较多的一种隔震类型。

1.3.1.2 摩擦滑移隔震技术

摩擦滑移隔震技术是开发应用最早的隔震措施之一，其基本原理是把建筑物上部结构做成一个整体，在上部结构和建筑物基础之间设置一个滑移面，允许建筑物在发生地震时相对于基础（地面）做整体水平滑动。由于摩擦滑移作用，削弱了地震作用向上部结构的传递，同时，建筑物在滑动过程中通过摩擦耗散了地震能量，从而达到隔离地震的效果。该技术具有简单易行、造价低廉、几乎不会出现共振现象等优点。

摩擦滑移隔震结构的隔震层通常由摩擦滑动机构和阻尼向心机构组成，其中摩擦滑移机构起隔离地震的作用，阻尼向心机构起限位复位作用。

1.3.1.3 滚动隔震技术

滚动隔震是在基础与上层结构之间铺设一层用高强合金制成的滑动性能好的滚球或滚轴，从而隔离地震的水平作用。目前滚动隔震装置包括：双向滚轴加复位消能装置、滚球加复位消能装置、滚球带凹形复位板、碟形和圆锥形支座等几种形式。研究表明，设计合理的滚动支座具有良好的稳定性、限位复位功能和显著的隔震效果。

1.3.1.4 碟形弹簧竖向隔震技术[21,24]

碟形弹簧在载荷作用方向上尺寸较小，且能在很小变形时承受很大载荷，轴向空间紧凑，单位体积材料的变形能较大，具有较好的缓冲吸振（震）能力，特别是在采用叠合弹簧组时，由于表面摩擦阻尼作用，吸收冲击和消散能量的作用更显著。采用碟形弹簧作为竖向减震元件，利用碟形弹簧的变刚度特性和耗能能力，根据上部结构和场地特性选取不同的组合方式形成合适的竖向刚度，同时在装置内部设置黏弹性阻尼器，以期达到较好的竖向减震效果，可以设计出具有竖向隔震能力的碟形弹簧竖向隔震装置。

研究表明，利用碟形弹簧竖向隔震装置进行竖向减震以后，结构的各层最大轴力比未经隔震以前的建筑可以降低40%左右，具有较好的竖向隔震效果。

1.3.1.5 复合隔震技术

应用各种不同隔震技术所具有的各自不同的特点，在同一隔震结构中把不同的隔震装置以并联或串联的方式组合起来使用，并进行优化，则可兼收各技术的优点，这就是复合隔震技术。

另外，由于地震动本身具有多维特性，对于一些位于高烈度区和震中附近的重要建筑和基础设施，同时考虑三维地震分量的三维基础隔震是非常必要和重要的。为此，将各种隔震技术进行有机组合，形成三维复合隔震装置，具有广阔的应用前景。目前，常见的三维复合隔震装置有1999年Kashiwazaki等提出的由液压装置和橡胶支座组合的三维隔震系统；苏经宇等人提出的叠层橡胶—碟簧三维隔震支座；薛素铎等人提出的摩擦—弹簧三维复合隔震支座等[21,25,26]。

1.3.2 按隔震层的位置划分

根据隔震层位置的不同可以将建筑隔震类型划分为基础隔震技术、层间隔震技术、屋架或网架支座隔震技术和房屋内部局部隔震技术等类型。

1.3.2.1 基础隔震

基础隔震是将隔震层设置于建筑的上部结构和基础之间。基础隔震技术是最早研究并得到广泛应用的隔震类型。基础隔震技术可以最大限度隔离地震能量，具有构造相对简单，结构受力特征明确，技术相对成熟等特点。

1.3.2.2　层间隔震

层间隔震技术（如图 1 – 14 所示）位于结构中间层，是将隔震层设置于建筑的上部结构和下部结构之间的一种隔震形式，是在基础隔震结构的工程实践的基础上发展起来的一种新型隔震结构形式，是基础隔震的拓展。

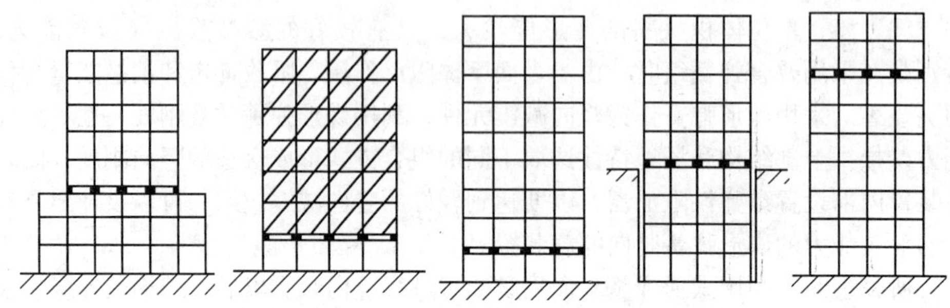

图 1 – 14　不同隔震层位置的层间隔震技术

层间隔震技术解决了在建筑结构竖向不规则等情况下基础隔震技术不便于应用的限制，可根据建筑结构自身特点，灵活设置隔震层的位置。

在层间隔震建筑中，建筑结构的动力特性随着隔震层位置的变化而显著不同，隔震建筑的工作机理出现新的特征。层间隔震结构设计的目的，不仅要减小上部结构的地震反应，同时要求在不增加或减小下部结构地震反应的情况下，减小整体结构的地震反应，设计要求比基础隔震技术要复杂得多。

1.3.2.3　大跨空间屋架或网架支座隔震

大跨空间屋架或网架结构的特点是：下部支撑柱由于使用要求往往具有较大的柱间距，并且不能设置过多柱间支撑，上部屋架或网架结构质量大，整体刚度大。这就造成了结构成为下柔上刚体系，在水平地震作用下下部支撑柱底会产生较大弯矩。

如果采用基础隔震技术，由于大跨屋盖的柱顶与屋盖常常做成点式支承，会使柱的两端接近铰接，抗侧刚度大大降低，在风荷载和常遇地震作用下会产生过大的位移。而对现有的屋盖支座进行改造，使其同时具有隔震性能，则形成了大跨空间屋架或网架的支座隔震技术。该技术不仅能保证柱的抗侧刚度明显大于隔震层的水平刚度，而且易于实现。

1.3.2.4　房屋内部局部隔震

房屋内部局部隔震是在建筑内部对振动敏感的重要机房、设备等设置局部隔震部件降低振动的方法，如设有隔震地板的机房等。这种隔震方法依赖于其所在的建筑物的安全性能。

1.4 我国隔震技术的研究与应用进展

1.4.1 以摩擦滑移体系为主的研究

我国古代早就有关于基础隔震的记载，例如在房屋下铺设软垫层，木柱下设滑动支墩等[14]。

我国对隔震技术的研究始于20世纪60年代。在1966年前后，我国学者李立以沙砾层为摩擦材料进行了试验研究和理论分析。

进入20世纪80年代，隔震研究逐渐在国内得到重视。由于我国的经济尚不发达，相当长时间内，低造价的砌体结构仍将在整个建筑行业占优势地位。针对这一实际国情，国内的研究重点开始时集中在以砖混结构为主要应用对象的价格较低的摩擦滑移隔震机构方面，并且在摩擦材料选择、分析方法探讨、参数优化、模型试验研究和试点工程方面取得一系列成果[11]。

1980年，冶金工业部建筑科学研究总院刘德馨、李立发展了多层房屋滑移隔震机构的分析模型及其非线性地震反应分析方法，并用双质点体系计算了隔震体系的非线性反应谱。几乎与此同时，清华大学的陈聃教授在美国加州大学伯克利地震工程研究中心也提出了滑动摩擦隔震体系的分析模型和非线性反应谱。

1987年，国家地震局工程研究所的高云学、杨玉成等采用模拟地震振动台输入地震波进行多层砖房模型的隔震试验，证实了隔震效果和结构反应加速度沿结构高度的分布规律。同年，天津大学张晓临和宋秉泽教授研究了多层隔震结构的滑移和摇摆问题，并进行了输入正弦波的振动台模型实验。中国建筑科学研究院郭春雨、龚思礼对基底滑动摩擦隔震建筑在同时受到水平和竖直双向地震作用时的结构反应进行了分析，张作运对该结构的水平摇摆及水平－扭转耦连的振动情况进行了分析。

1990年前后，四川省建筑科学研究院刘德馨等对水平地震作用下，滑动摩擦和限位消能元件相结合的基础隔震体系进行了理论分析，并提出了实用设计方法。

1990年前后，西安税国斌、姚谦峰和李树信等对带有限位耗能元件的摩擦滑移隔震体系和大开间体系进行了理论分析研究和模型试验，根据试验对分析结果进行了验证，结合试点工程应用，提出了实用化的设计要点和相关的配套措施。近年来，税国斌等对摩擦滑移隔震元件的产品定型作了深化研究。

1993年前后，中国建筑科学研究院周锡元等对低造价的摩擦材料进行了试验，发展了变摩擦的隔震概念和摩擦与橡胶支座结合的复合隔震体系，同时较为系统地研究了聚四氟乙烯板加钢阻尼器的隔震机构的计算方法，对其参数优化进行了分析和研究，并于 1994 年进行了摩擦隔震体系的振动台试验。

同期，李大望等对 FPS 隔震体系进行了较深入的分析和研究。

2003 年，熊仲明等对安装“U”形限位器的滑移隔震的三层砖房进行了足尺伪静力试验，提出了相应的恢复力分析模型并进行了计算验证，同时也提出了结构完成后的试推检验方法和设计构造措施。

从 1985 年开始，辽宁省建筑科学研究院楼永林等对各种不同摩擦材料进行试验，最后确定以石墨增滑剂为滑移材料的隔震体系，并结合工程应用，提出了相应的配套措施和技术要求。

近些年来，东南大学程文瀼、李爱群等也对多层砖房应用滑移隔震进行了一系列研究。华中科技大学樊剑等对滑移隔震机构的动态特性进行了新的理论探索。

总体看来，摩擦滑移隔震研究在 20 世纪 80 年代的特点是主要以应用低造价材料的摩擦滑移隔震为研究重点，主要内容涉及材料选择、分析方法探讨、模型试验等内容。20 世纪 80 年代后期至 90 年代则处在采用摩擦元件与阻尼限位元件或复位元件复合体系为主导地位的研究，研究重点是增加阻尼器以抑制高振型影响，增加限位或复位元件以限制滑移量，提高隔震建筑的可靠性。同时，建造了一批试点工程，积累了不少实际工程经验。

摩擦滑移隔震体系虽然造价较低，但由于摩擦材料的耐久性和可靠性差、施工复杂、地震后结构不能复位等问题，其应用受到了一定的限制。

1.4.2　以橡胶隔震支座体系为主的研究

20 世纪 80 年代后期，我国学者开始关注橡胶支座隔震技术。进入 20 世纪 90 年代后，橡胶支座隔震技术的研究逐渐趋于成熟。随着隔震橡胶支座的国产化生产，此项技术已成为工程应用的主流[11]。

20 世纪 80 年代末到 90 年代初期，华中理工大学（现华中科技大学）唐家祥等在国家自然基金会的支持下，对橡胶支座隔震元件和体系进行了系统的理论、试验和应用研究，并率先自主开发了橡胶支座产品。

同期，周福霖等对橡胶支座隔震技术在国内的应用进行了探索，特别是在工程应用和标准编制方面，对于推动我国隔震技术的应用起了较大的积极作用，并指导建成国内第一家专业的橡胶隔震支座生产厂家。1995 ~ 1997 年，做了橡胶支座隔震框架的振动台试验和大量的常用的橡胶隔震支座的性能试验研究。1997 年，周福霖编著出版了《工程结构减震控制》一书。1999 ~ 2000 年，刘文光等对大直径橡胶支座的力学性能进行了足尺试验，也对橡胶支座的耐久和耐火性能进行了试验研究。

1993 年，益为坚、黄为明等对橡胶支座的性能进行了试验研究。1995 年，张敏政等对铅芯橡胶支座的性能做了试验研究。

20 世纪 90 年代初期，周锡元、刘季、周福霖等联合承担了国家“八五”重大攻关课题“砌体结构隔震减震方法及其工程应用”，开展了从理论到应用的系统研究，并进行了橡胶支座动力响应试验和实际工程的动力测试。该课题 1995 年底通过鉴定和验收，并被列为建设部重点推广项目。这是国内各研究机构、研究人员联合攻关的成果，也是橡胶支座隔震技术的研究已经初步系统化、实用化的一个标志。

1995～2000 年，周锡元等针对工程应用，对橡胶支座的稳定性和临界荷载、橡胶支座及其与柱串联系统的水平刚度计算方法、橡胶支座的限位与保护、简化计算设计方法等进行了深入的理论和试验研究。

1996～2000 年，施卫星等进行了橡胶支座的试验和研制工作。同期，中高烈度区如山西、云南、陕西、甘肃等都相继开展了橡胶支座的开发和应用研究。

到 20 世纪末，国内研究已经取得了大量成果，包括橡胶支座性能测试和检测技术、施工要求、隔震结构体系的实用设计方法和要点、隔震支座节点做法及隔震层构造措施等，基本形成了橡胶支座隔震建筑的成套技术。

随着价格低廉的国产橡胶垫的批量生产（价格约为国外同等规格的 1/5 甚至更低），与橡胶支座相关的规范（程）、产品标准也相继纳入编制计划，这客观上推动了橡胶支座隔震技术的研究和应用，使其成为建筑隔震应用的主流产品。

本世纪初，我国相继颁布了隔震技术相关的规范、规程和标准图集，标志着国内的隔震技术也进入了成熟应用的阶段。

2008 年汶川地震后，建筑隔震技术引起人们的高度重视，国内的应用又达到一个新的高峰。据不完全统计，汶川地震后至今在建和建成的隔震建筑面积已达 600 万平方米以上，超过之前隔震建筑的总和。

《建筑抗震设计规范》(GB 50011—2010) 于 2010 年 5 月正式发布，2010 年 12 月正式实施。在该设计规范中，对隔震技术应用放宽了一些限制，鼓励应用隔震技术，提高建筑物抗震性能，这也将推动建筑隔震技术的应用。

1.4.3　隔震技术的多样化、实用化与深入化研究

进入 21 世纪，隔震技术的研究向着多样化、实用化、深入化发展。大直径橡胶支座性能、隔震加固、三维隔震和混合隔震系统、高层和超高层隔震、层间隔震、隔震系统保护装置等成为隔震研究的新热点。

2001 年，徐忠根等对北京某砖混结构的大型医院采用基础隔震技术的加固方案，进行了详细的设计分析和施工工法研究。

2002 年，李黎等对土耳其一栋框剪结构的十层住宅的基础隔震加固方案进行了计算分析，并提出了详细的构造措施以及混凝土柱和剪力墙下的支座安装工法。

2004 年，徐忠根等对某实际工程二层大平台与平台上多塔楼之间设置隔震层的隔震效果进行了计算分析。

2002 ~ 2004 年，李宏男、吴香香等对场地条件、隔震支座布置、上部结构刚度、竖向地震动等因素对橡胶支座隔震结构高宽比限值的影响，给出了有实际工程意义的结论和建议。

2004 ~ 2007 年，祁皑等对层间隔震技术的工作机理、地震反应特点、影响隔震效果的主要参数等进行了深入的理论和数值分析，提出了层间隔震结构的设计思路。

2001 年，朱玉华、吕西林等对铅芯橡胶隔震结构进行了多向地震输入的振动台试验研究，得出了水平双向地震动输入时结构地震反应比单向输入时小，而三向地震动作用下同比有明显增加，竖向与水平地面运动的相关性对结构反应的影响不能忽视；采用双线性与黏滞的组合分析模型模拟铅芯的滞回特性，计算结果与振动台试验结果符合较好。接着，又对滑移板—橡胶支座组合隔震系统进行了多向地震输入的振动台试验研究，建立了组合支座的分析模型，得出了滑移系数大小对隔震效果的影响以及竖向地震输入对水平隔震效果有显著影响，同时橡胶支座会有拉应力出现。

2006 年，麦敬波、周福霖对橡胶支座和弹性滑板支座并联复合隔震体系的力学特性、参数分析模型、设计参数优化、时程分析算法等进行了比较详细的研究。

2005 年，施卫星等对盆式支座和橡胶支座组成的组合支座在跨度达 91.3m 的巨型框架的应用进行了介绍，分析了高位隔震的特点，验证了该大型组合支座具有同时释放温度应力和减轻地震作用的效果。

2000 ~ 2004 年，刘文光等对橡胶支座的压缩、拉伸、回转、屈曲等各种性能进行了深入研究，同时对大高宽比隔震建筑进行了振动台试验研究，提出了应用剪切型两质点计算模型和高宽比影响系数的大高宽比建筑地震反应预测方法和实用设计方法。

2000 ~ 2004 年，熊世树进行了采用铅芯碟形弹簧和铅芯橡胶支座串联组成的三维隔震元件的制作和性能试验研究，并对其隔震效果进行了分析验证。

2002 年，陈海泉、李忠献提出了形状记忆合金和橡胶支座组成的复合隔震机构的构造和分析模型，指出其具有智能性，并进行了一个高层算例的分析验证。

2003 ~ 2006 年，薛素铎、庄鹏等设计、制造了形状记忆合金和橡胶支座组成的复合隔震支座及其改进型，进行了力学性能试验研究，并对其在大跨网壳结构中的控制应用作了理论探讨和分析。

2003～2007 年，周锡元、韩森、杨林等对基础隔震系统的变刚度和软碰撞保护装置进行了研究，并进行了振动台试验。

2004 年，曾德民等对隔震和消能复合技术在大型体育场馆的应用进行了探索。

2000～2003 年，徐龙河等对基础隔震 + 磁流变阻尼器的混合控制系统进行了研究，并进行了算例验证。

2000～2005 年，孟庆利、张敏政等对基础隔震 + 上部结构变刚度/阻尼半主动控制的混合隔震体系和三维隔震体系进行了理论和振动台试验研究，验证了其有效性。

2002～2006 年，苏经宇、赵亚敏、曾德民等研发了碟形弹簧和橡胶支座组成的三维隔震支座，并进行了橡胶支座隔震体系、三维隔震支座体系、磁流变阻尼器 + 橡胶支座混合隔震体系的一系列振动台试验研究，验证了三维隔震支座和混合隔震体系的有效性，并提出了存在问题和今后可能的研究方向。

2004～2009 年，刘伟庆等在江苏高烈度地区对高层建筑隔震技术应用进行了大量研究和实践。

目前，我国已经建成了超过 1000 万平方米的隔震建筑，其类型主要为砖混、框架等结构形式，基本覆盖了我国中、高烈度地区。另外，近几年来橡胶支座隔震技术在城市地铁、桥梁等领域也开始应用，其应用范围已越来越广泛。

1.4.4　我国建筑隔震技术的应用情况

我国隔震建筑的试点工程和推广应用大致可划分为两个阶段，第一阶段为 1993 年以前，以摩擦滑移隔震试点为主，1993 年以后逐渐以橡胶支座隔震体系为主[11]。

1.4.4.1　摩擦滑移隔震试点应用情况

李立于 20 世纪 70 年代中期到 80 年代初期采用沙砾层隔震的方法建造了几座土坯和砖砌体的单层隔震房屋和北京中关村一栋四层砖混房屋，这是我国最早的隔震建筑。

1990 年前后，四川省建筑科学研究院刘德馨等在西昌主持建了两幢五层单元式住宅。1993 年，中国建筑科学研究院周锡元等在新疆独山子主持建造的一栋五层砖混结构，采用聚四氟乙烯板和钢阻尼器的并联隔震机构，一幢按传统抗震结构设计，并在隔震房屋盖至两层时进行了静力推动实验，获得成功，证明了其摩擦可动性和摩擦系数值。

1992～1996 年，税国斌、姚谦峰等先后在云南大理，宁夏银川，甘肃兰州，河北唐山，陕西西安，山西太原、介休等地建造了近 45500m^2 的摩擦滑移隔震砖混房屋，层数由六层到九层，包括大开间和小开间等结构体系，并对其中三栋成功进行了试推，整体摩擦滑移系数均在 0.07～0.09 之间。

1995～1999 年，楼永林等在辽宁的沈阳、丹东、海城等地建造了一些摩擦隔震房屋。

1997 年，太原建成一栋九层摩擦滑移隔震房屋，并于 1998 年成功进行了试推。

1.4.4.2 橡胶支座隔震技术应用情况

A 工程应用发展概况

我国橡胶支座隔震技术应用大致可分为以下五个阶段。

a 小规模试点阶段

大约从 1993 年开始，橡胶支座隔震建筑开始在个别高烈度区试点。1993 年在华中理工大学唐家祥等主持下在河南安阳用自主开发的铅芯橡胶支座建造了一座底框住宅楼。1994 年，又在四川冕宁建成一座八层框架隔震综合楼。同时期，由联合国工业发展署（UNIDO）资助，马来西亚橡胶制品研究所提供橡胶隔震支座，在广州华南建设学院西院周福霖等主持下在汕头建成了一栋示范性八层框架工程，并召开了汕头国际隔震技术研讨会，取得了很大成功。1993～1994 年，中国建筑科学研究院工程抗震所周锡元等与华南建设学院西院、西昌市建筑勘察设计院合作，在西昌市建造了若干幢六层砖混结构住宅。

b 扩大试点阶段

经过 1993 年和 1994 年的试点应用，橡胶支座隔震技术渐渐引起广大工程技术员的重视。1995 年起又陆续在广东、云南、四川、陕西等地兴建了一批隔震建筑。在这期间内，国家重大攻关课题“砌体结构隔震减震方法及其工程应用”等一系列科研成果的完成，为橡胶支座隔震技术的推广应用奠定了坚实的基础，同时也引起了橡胶工业界的高度重视，大大促进了国产橡胶隔震支座的研制和开发。

c 推广应用阶段

20 世纪 90 年代中后期，国内多家单位开始自主开发研制橡胶支座并产业化，相继获得成功，推动了国内应用的发展。同时相应的技术规范（程）、产品标准也相继着手编制，橡胶支座隔震技术的应用进入了批量推广应用的阶段。从 1997 年开始，橡胶支座隔震建筑开始在各地推广，建筑面积明显增加。1997～2000 年的数量占此前整个应用量的 90% 以上。

d 稳步发展阶段

进入 21 世纪，一系列隔震相关的配套规范、标准的颁布，尤其是《建筑抗震设计规范》(GB 20011—2001)的颁布，对隔震技术的适用性进行了较严格的规定，要求隔震建筑的重点转为重要的、抗震要求高的建筑。因此隔震技术以往在砖混住宅等的大量应用不再出现，国内的应用主要转为大型公共建筑如体育场馆和重要办公楼等，如宿迁文体综合馆和人防指挥大楼、甘肃黄羊川国际会议中心、广州大学行政办公楼。尤其是位于北京三里河的七部委联合办公楼，地下3层，地上8层，框架剪力墙结构，内设国家地震台网中心和国家抗震救灾指挥中心，总建筑面积约9万平方米，是当时国内最大和最重要的采用隔震技术的公共建筑，被建设部列为2005年全国建筑业新技术应用示范工程。从图1－15中可以清楚地看到，2001～2006年隔震建筑的应用在砖混住宅中极少，集中在框架结构上。应用量也大大减少，2001～2006年近6年的工程应用量仅相当于过去高峰时一年左右的数量。

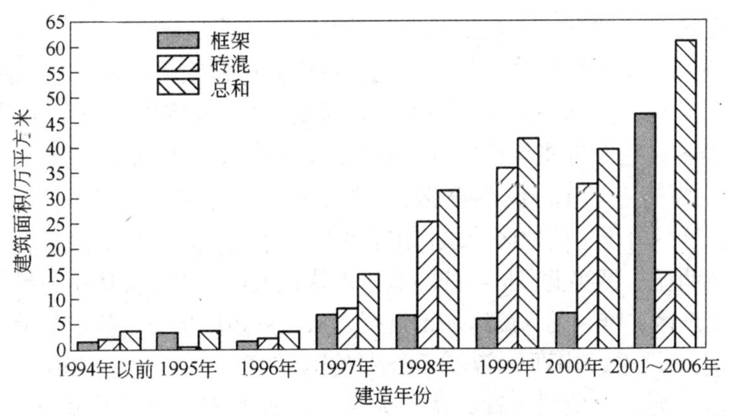

图1－15 我国橡胶支座隔震建筑统计

e 新的应用发展阶段

2008年汶川地震造成巨大损失，建筑物的抗震性能再度引起人们的重视。同时，甘肃武都的隔震建筑在地震中表现良好，验证了隔震技术的可靠性。建筑隔震技术应用又开始进入一个新的加速应用阶段，尤其是在灾区建设了若干示范工程，如映秀小学和幼儿园、绵阳遵道镇援建的学校和医院等。同时，随着2009年全国校舍安全工程的启动，也有部分中小学采用了隔震技术进行加固。保守估计，汶川地震后，国内隔震建筑的应用面积应该有500万平方米以上。2010年5月31日发布、2010年12月1日实施的《建筑抗震设计规范》(GB 50011—2010) 3.8.1条规定，“隔震与消能减震设计，可用于对抗震安全性和使用功能有较高要求或专门要求的建筑”，鼓励隔震减震技术的推广使用。

从短期来看，全球自2004年进入了地震活跃期，环太平洋带的地震尤其活跃，特别是2011年3月11日日本发生的9.0级特大地震，同时引发海啸，并导致核电站发生核泄漏的危险。这已引起我国各方面的高度关注，公众抗震防灾意识得到进一步加强。隔震技术的应用将会进入扩大推广的阶段。

B 工程应用特点

我国橡胶支座隔震技术的应用有以下特点：

(1) 推广进度比较快，覆盖面大。国外从研究转向较大批量推广应用大约经过30年，在1994、1995年隔震建筑经过大震考验之后，才兴起了应用高潮，主要是在日本。我国则从第一栋橡胶支座隔震建筑建成，至今不过十几年时间。目前橡胶支座隔震建筑已在山西、新疆、云南、江苏、天津、北京、广东、四川等地应用，覆盖了我国地震区的绝大部分。

(2) 初期隔震技术侧重于量大面广的一般工程。尤其是一般的以砖混为主的民用多层住宅工程，约占总量的近80%，框架结构主要集中在经济条件较好的沿海地区和个别的重要建筑如汕头博物馆、太原图书馆等。进入21世纪，其应用重点逐步转向大型公共建筑和混凝土结构高层住宅等。国外初期则主要应用于大型公共工程，比如办公楼、图书馆、医院、指挥控制中心等，日本相对应用在住宅工程多一些，近些年民用低层住宅中的应用稳步增加。

(3) 主要应用于中、高烈度区，8度、9度（包括9度以上）区约占总量80%以上。这是由于这些地区建筑物抗震设防要求高，正可以发挥隔震的优势，经济效益比较明显。事实上，早期的隔震试点建筑大都集中在如四川西昌、冕宁，云南大理等9度区。唯一的6度区城市杭州则从研究角度出发，建了少量试点工程。

(4) 从地域看，山西、新疆、云南的隔震建筑占总量的50%以上。山西、新疆的工程主要集中应用在省会城市太原、乌鲁木齐，由于两城市均为8度区，对抗震比较重视，再加上对新技术应用的反应比较快，经济实力相对较强，所以发展较快。云南省作为地震高发地区，政府部门高度重视，应用总量全国最大。总建筑面积近40万平方米的昆明新机场于2011年7月通过验收，是当前世界最大的隔震建筑。

(5) 国内应用以新建工程为主，而在加固和加强方面，早期只在上海、杭州有少量应用。汶川地震后，隔震加固有所增加。国外不仅应用在新建工程中，而且应用在旧有的具有历史意义的建筑物的加固上，如美国有76m高钟楼的盐湖城市政大楼、28层的洛杉矶市政大楼，意大利的圣彼得教堂，新西兰的旧议会大厦等。国内对此项工作已做了若干方案论证，随着技术的成熟，也会逐步开始实施。

国内除建筑工程应用隔震技术外，在铁路、城市地铁等领域也开始应用（如南疆铁路、广州地铁等，图1-15中的统计未列入），但与国外相比，应用规模还不够。隔震技术在桥梁上的应用在国外比较普遍。

1.4.5 我国建筑隔震技术的标准化情况

自20世纪90年代中期开始，国家科学技术委员会、国家自然科学基金委员会等的隔震研究项目先后通过鉴定，有关部门为加速研究成果推广，也开始技术立法工作。先后组织编制规程、规范和产品标准。下面对其进行逐一介绍[3,27~30]。

《叠层橡胶隔震支座隔震技术规程》(CECS 126:2001）是中国工程建设标准化协会标准，2001年11月1日正式施行。该规程对叠层橡胶支座隔震技术在各种房屋和桥梁工程中应用的主要技术和相关配套要求作出了规定，内容涉及设计、施工、维护及橡胶支座的性能要求等。该规程主要内容包括隔震结构基本要求、隔震房屋设计、桥梁结构隔震设计、隔震层部件的技术性能和构造要求、隔震结构的施工及维护。

《建筑抗震设计规范》(GB 50011—2010）是中华人民共和国国家标准，由中国建筑科学研究院会同有关的设计、勘察、研究和教学单位对《建筑抗震设计规范》(GB 50011—2001）（2008年版）进行修订而成。该规范于2010年5月31日发布，2010年12月1日实施。规范中将隔震与消能减震技术作为独立一章作出规定。针对隔震结构与传统抗震结构的不同和特点，借鉴了国外的相关标准和规范等成果，总结了国内的设计、施工等经验，主要内容包括一般规定、隔震房屋的计算要点、隔震房屋的构造措施、消能减震房屋设计要求、隔震部件和消能部件的性能要求等。

《建筑隔震橡胶支座》(JG 118—2000）是建筑工业行业标准，规定了建筑隔震橡胶支座的产品定义、分类、要求、试验方法、检验规则、标志、包装、运输和贮存。该标准于2000年5月10日批准，2000年12月1日实施。

《橡胶支座》(GB/T 20688.1~4—2007）系列国家标准是有关橡胶支座产品性能和试验方法的国家标准，于2007年10月1日开始实施。该系列国家标准分为四个部分：《橡胶支座　第1部分：隔震橡胶支座试验方法》（GB/T 20688.1—2007)；《橡胶支座　第2部分：桥梁隔震橡胶支座》（GB/T 20688.2—2007)；《橡胶支座　第3部分：建筑隔震橡胶支座》（GB/T 20688.3—2007)；《橡胶支座　第4部分：普通橡胶支座》(GB/T 20688.4—2007)。

《建筑隔震施工与验收规范》是建筑工业行业标准，已于2011年2月批准立项，目前正在编制过程中。

规范（程）是技术法规，主要解决设计应用中的问题，产品标准是工业行业标准，主要规范生产、统一产品的质量要求及检验、检测方法。对于隔震技术的应用来说，规范（程）与产品标准是相辅相成、缺一不可的。可以说我国隔震技术的主要技术规范已基本形成。这对于有序、健康地推动隔震技术的发展无疑将起到积极的保证作用。

2 叠层橡胶隔震支座的性能与设计

目前可在隔震建筑中使用的隔震支座主要有：叠层橡胶隔震支座、摩擦摆隔震支座、滚动支座、碟形弹簧隔震支座、复合隔震支座。其中叠层橡胶隔震支座、摩擦摆隔震支座和滚动支座主要用于隔离水平地震作用，碟形弹簧隔震支座主要用于隔离竖向地震作用，而复合隔震支座则能起到三维隔震的作用[11,31]。

早在20世纪30年代，法国铁路部门就在铁轨与枕木之间垫一层橡胶，用来隔离振动。但如今的叠层橡胶隔震支座则是在20世纪50年代才出现的，最初是用橡胶与金属网互相叠合，然后是将橡胶与薄钢板叠合在一起。1954年第一座使用橡胶垫的桥梁在法国建成，其目的在于解决桥梁的温度应变问题。橡胶支座开始推广应用在建筑上是在20世纪70年代初期，新西兰的学者和技术人员开发出经济、实用的铅芯橡胶垫以后。目前叠层橡胶支座隔震系统已成为国际上隔震体系的主流。

叠层橡胶隔震支座以橡胶和薄钢板交互叠置而成。由于橡胶材料弹性模量很小，其泊松比接近于0.5，近似具有非压缩性，把橡胶制成薄层，以钢板来约束其压缩时产生的横向膨胀，则轴向变形很小，并且会产生很强的抗压能力。而由于钢板对于橡胶的水平向剪切变形没有约束，橡胶片可以发挥自身的柔软特性，隔断地震剪切波向上部结构的传递。

目前常用的叠层橡胶垫有天然橡胶隔震支座（NB）、铅芯橡胶隔震支座（LRB）、高阻尼橡胶隔震支座（HRB）等[22]。

天然橡胶隔震支座由多层天然橡胶与薄钢板相互叠合经过一定温度和压力条件下的硫化黏结而成。支座内部橡胶除天然橡胶外，还添有填充剂、补强剂和防老化剂等。天然橡胶隔震支座通过钢板层与橡胶层黏结，限制了橡胶层在竖向压力作用下的横向变形，较纯橡胶体显著提高了支座的竖向刚度，因此具有竖向刚度大，抗老化能力强的特点。但由于天然橡胶本身不具有耗能能力，天然橡胶支座阻尼比很小，使用时，常需与其他阻尼器结合使用。

铅芯橡胶隔震支座是在叠层橡胶的中心位置或中心周围部位竖直地压入具有良好耗能能力的铅芯而成。其生产工艺通常是在制作完成天然橡胶隔震支座以后，将计算好体积的铅芯压入天然橡胶隔震支座的预留孔内而成。铅芯橡胶隔震支座的力学性能是天然橡胶隔震支座和铅芯阻尼器的叠加。它吸收和耗散振动能量的功能是通过铅芯的剪切变形来实现的。由于可以通过调节铅芯的直径或截面积来选定阻尼，因而支座的设计具有较大的灵活性。使用金属铅的原因是因为铅在经过冷变形后，可在常温下再结晶（15℃）。在荷载反复作用下，铅芯橡胶支座可以保持它的性能，具有良好的耐久性。铅棒的灌入，同时也增加了支座的早期刚度，对控制风反应和抵抗地基的微震动有利。它可以单独地在隔震系统中使用。

高阻尼橡胶隔震支座用高阻尼橡胶制作而成，其形状与天然橡胶支座相同，但由于采用了高阻尼橡胶，因而具有吸收和耗散振动能量的功能。高阻尼橡胶一般是在橡胶中加入炭黑，通过炭黑与橡胶分子链的游离基产生化学吸附与结合，形成炭黑—橡胶凝胶结构来增加橡胶的阻尼。但是炭黑—橡胶凝胶不是稳定的化学反应产物，而是化学吸附与结合的产物，研究证明这种结构在应力的反复作用下容易破坏，阻尼性能不稳定。同时研究也表明炭黑对橡胶的硬化效应比较显著，使橡胶的伸长率降低。通过调整炭黑的加入量，可改变高阻尼橡胶支座的阻尼特性，从而得到不同的结果，通常可使阻尼比达到0.17~0.18。

不管采用何种形式的叠层橡胶隔震支座，都应具备以下几项功能：

（1）具有足够的竖向刚度和竖向承载力，能够稳定地支撑建筑物；

（2）具有足够柔的水平刚度，保证建筑物的基本周期延长到1.5~3.0s左右；

（3）具有足够大的水平变形能力储备，以确保在强震作用下不会出现失稳现象；

（4）水平刚度受垂直压缩荷载的影响较小；

（5）具有足够的耐久性，至少大于建筑物的设计基准周期。

2.1 叠层橡胶隔震支座中所用材料的力学性能

2.1.1 橡胶

作为叠层橡胶隔震支座主体部分的橡胶胶层，其性能影响着隔震支座的力学性能和耐久性能。一般而言，橡胶材料应具有如下的性能特点：

（1）强度适中，扯断伸长率大；

（2）弹性好，压缩永久变形小；

（3）阻尼性好；

（4）黏合性好且损失因数较小；

（5）耐老化性能好；

（6）满足生产工艺要求。

从橡胶材料的性能特点可以看出，主体材料、硫化体系和补强体系是影响胶层性能的主要因素。

橡胶属于具有可逆形变的高弹性聚合物材料，由细长的链状大分子弯曲呈螺旋状而成。虽然橡胶是固体，但它与其他固体的不同之处在于橡胶具有类似"液体"的性质。由于橡胶是由很长的分子链卷曲盘旋缠绕而成的复杂结构，因此分子整体不会产生移动或转动，所以不会像液体那样流动。但是各个分子链由于热运动在结合点间分子产生转动，称为微观布朗运动。将橡胶分子链两端拉伸时，由于分子链的微观布朗运动，产生恢复原来形状的弹性力。由于这种作用，橡胶具有很强的变形能力。在橡胶隔震支座中所采用的橡胶材料一般是加入了各种添加剂的天然橡胶。

在叠层橡胶隔震支座的制作过程中，硫化过程非常重要。硫化就是在橡胶原料中混合炭黑等增强剂和硫黄等硫化剂，经过加压、加热过程，通过化学反应在橡胶分子链间形成硫黄连接（架桥反应），从而使支座能够发挥橡胶的弹性。胶层硬度对橡胶支座刚性的影响很大，加入炭黑可以使橡胶的强度大大增加，但补强不当也会造成橡胶弹性变差的后果，应慎重选择补强材料。

由于所使用的配方不同以及生产工艺的差别，橡胶材料的性能会有较大差异，而这又会直接影响叠层橡胶隔震支座的物理性能和耐久性。在进行叠层橡胶隔震支座的设计时，应对此加以重视。

橡胶材料的特征是弹性低、变形能力大。其应力应变曲线为反 S 形。橡胶为非压缩性材料，泊松比约为 0.5。橡胶材料的弹性模量 E_0 和剪切模量 G 存在以下关系：

$$E_0 = 2(1+\nu)G \tag{2-1}$$

将 $\nu = 0.5$ 代入式（2-1），可以得到橡胶材料弹性模量 E_0 和剪切模量 G 的关系：

$$E_0 = 3G \tag{2-2}$$

橡胶材料压缩时显示非线性弹性材料的特性，水平剪切变形时可以看做是理想弹性材料。描述橡胶材料特性的参数有弹性模量 E_0、体积弹性模量 E_∞、剪切模量 G、与硬度有关的弹性模量修正系数 κ。

Rocard（1937）、Keys（1937）、Kimmich（1937）等先后提出了橡胶体的单纯压缩弹性模量，日本的服部和武井（1950）在 Rocard 等学者研究的基础上提出了采用橡胶形状系数 S_1 表示的橡胶材料压缩时的表观弹性模量公式：

圆形橡胶体

$$E_{sp} = E_0(1 + 1.65S_1^2) \tag{2-3}$$

正方形橡胶体

$$E_{sp} = E_0(1 + 2.20S_1^2) \tag{2-4}$$

矩形橡胶体

$$E_{sp} = E_0(1.33 + 1.10S_1^2) \tag{2-5}$$

式中 E_0——橡胶的弹性模量，MPa；

S_1——橡胶体的第一形状系数。

圆形、正方形及矩形的第一形状系数分别由下式表示：

圆形橡胶支座 $$S_1=\frac{D}{4t_r} \tag{2-6}$$

正方形橡胶支座 $$S_1=\frac{a}{4t_r} \tag{2-7}$$

矩形橡胶支座 $$S_1=\frac{ab}{2t_r(a+b)} \tag{2-8}$$

式中 D——圆形橡胶支座的直径，mm；

a，b——正方形或矩形支座的边长，mm；

t_r——单层橡胶的厚度，mm。

Adikins（1954 年）、Gent（1959 年）提出橡胶体压缩时非压缩方向的横向变形可以由二次曲线近似表示。此后，关于橡胶体压缩时的表观弹性模量的计算式

$$E_{sp}=E_0(C_1+C_2S_1^2) \tag{2-9}$$

式中，C_1、C_2 都是常数，表示不确定的某个数值，通过相关计算得出具体数值。确定了下来，如下：

圆形橡胶体的表观弹性模量表示为

$$E_{sp}=E_0(1+2S_1^2) \tag{2-10}$$

事实上，由于各种添加剂的影响，橡胶的表观弹性模量实测值与其理论上计算得到的弹性模量并不一致，为此，根据橡胶的硬度引入修正系数，采用下式对橡胶的弹性模量加以修正得到橡胶的表观弹性模量：

$$E_{sp}=E_0(1+2\kappa S_1^2) \tag{2-11}$$

对于与硬度有关的弹性模量修正系数 κ，几乎没有实测数据。P. B. Lindley 提出了弹性模量修正系数 κ、弹性模量、体积弹性模量、剪切弹性模量和与天然橡胶材料的硬度之间的关系，见表 2-1。

表 2-1 橡胶材料性能参数

橡胶国际硬度	E_0/MPa	G/MPa	κ	E_∞/MPa
30	0.92	0.30	0.93	1.00×10^3
40	1.50	0.45	0.85	1.00×10^3
50	2.20	0.64	0.73	1.03×10^3
60	5.34	1.06	0.57	1.15×10^3
70	7.34	1.72	0.53	1.27×10^3

当纯橡胶体竖向压缩时，橡胶体将向横向凸出，橡胶材料的泊松比接近 0.5。由于橡胶隔震支座的橡胶层很薄，并且受到钢板的约束，因此产生的侧向变形很小，支座具有很高的竖向刚度。考虑到橡胶的受压特性，Gent、Lindley 等提出了考虑橡胶非压缩性的纵弹性模量修正公式，即

$$E_c = \left(\frac{1}{E_{sp}} + \frac{1}{E_\infty}\right)^{-1} \tag{2-12}$$

式中　E_∞——橡胶体积弹性模量，MPa。

在我国应用的叠层橡胶隔震支座一般为橡胶剪切模量 $G = 0.55\text{N/mm}^2$ 的中硬度橡胶隔震支座。近年来，开始有学者研究橡胶剪切模量接近 $G = 0.4\text{N/mm}^2$ 的低硬度橡胶隔震支座的性能与应用。日本自 1995 年 1 月 17 日阪神大地震以后，隔震结构的研究和应用得到了较快的发展，同时隔震支座也由中硬度橡胶支座逐渐过渡到低硬度橡胶支座，橡胶硬度由 0.80N/mm^2 逐渐降低至 0.35N/mm^2。

相对于中硬度橡胶隔震支座，同样具有隔震性能的低硬度橡胶隔震支座可以进一步有效地降低结构的地震反应。

为了提高隔震支座的阻尼，有时采用高阻尼橡胶材料作为母材制作高阻尼橡胶支座。一般情况下，高阻尼橡胶材料可以通过下列方法取得：

（1）在天然橡胶配方中加入如石墨之类的碳元素物质；

（2）采用高阻尼合成橡胶（或共混橡胶）或再添加石墨之类的配合剂。

可以根据石墨加入量来调节阻尼特性，一般阻尼比可达 10% ~15%。高阻尼橡胶分子间存在着弹簧单元、摩擦单元和黏性阻尼单元等，产生弹簧功能和阻尼功能。以此制作的橡胶隔震支座兼有隔震器和阻尼器的作用，可在隔震系统中单独使用。

由于在橡胶中添加了能够增加阻尼的配合剂，受到橡胶材料和配合剂温度相关性的双重影响，高阻尼橡胶的温度相关性较一般的天然橡胶材料大。具体的影响程度会随生产厂家产品的不同而有很大的差别。

2.1.2　铅

铅属于一种晶体金属，在一定的温度下，变形后可以再结晶。铅再结晶的动力是受挤压后的晶粒所储存的变形能，这样就实现了耗能的功能。除此以外，铅还是仅有的一种在室温下做塑性循环时不会发生累计疲劳现象的普通金属，再加上铅在较小的应力时剪切屈服（屈服剪切强度约为 10MPa），其行为与弹塑性固体近似，可以把它作为阻尼材料加以应用，一般铅芯橡胶隔震支座的阻尼比可以达到 15% ~20%。

铅能与普通板式橡胶支座很好地结合，并且铅具有较低的屈服剪切强度和足够高的初始剪切强度（约为 130MPa），其恢复力特性接近于刚塑性，因而在隔震支座中加入铅芯除了能起到阻尼作用以外，还可以防止建筑物在强风或微小地震作用时晃动。

铅是一种密度大、熔点低、塑性高、强度低、弹性模量小、电阻率高、耐腐蚀的柔软金属。铅芯橡胶隔震支座中采用的铅金属的纯度达 99.99% 以上。纯铅的主要物理性能见表2-2，其室温力学性能见表2-3。

表2-2 纯铅的主要物理性能

晶体结构	熔点 /℃	沸点 /℃	铅中声波传播速度 /m·s^{-1}	密度(20℃) /g·cm^{-3}	线膨胀系数 /μm·(m·K)$^{-1}$	阻尼能力(铸铅)自然对数衰减率
面心立方	327.4	1740±10	1560	11.337	29.3	4.75×10^{-3}

表2-3 铅的室温力学性能

抗拉强度 σ_b/MPa	屈服强度 $\sigma_{0.2}$/MPa	断后伸长率 δ/%	硬度 HB(或HV)/MPa	弹性模量 E/GPa	剪切模量 G/GPa
15~18	5~10	50	4~6	11~18	5.815

铅是一种没有明显屈服现象的塑性材料，因此，规定它的屈服应力为塑性应变$\varepsilon_s=0.2\%$时的名义屈服应力。从而屈服应变（ε_y）可由下式求出：

$$\varepsilon_y=\varepsilon_e+\varepsilon_s \tag{2-13}$$

式中，ε_e为弹性应变。

从表2-3可知，铅的屈服强度很低，而且，此时的弹性应变$\varepsilon_e^{+0.2}=\sigma_{+0.2}/E=2.72\times10^{-4}$，$\varepsilon_e^{-0.2}=\sigma_{-0.2}/E=6.65\times10^{-4}$。可见，铅在较小的应力作用下便可以发生塑性变形，并且在整个变形过程中，塑性变形远远大于弹性变形。铅的低刚度以及面心立方体结构，使其具有较高的柔性及延展性，因此，在滑移变形过程中能够吸收大量能量，并且具有好的变形跟踪能力。

铅在受剪时的应力-应变曲线（见图2-1）几乎表现出其完全弹塑性的性质，在屈服前的弹性阶段即AB段，应力与应变成正比，比例常数就是弹性模量E_L，可用下式表示：

$$\sigma_L=E_L\varepsilon_L \tag{2-14}$$

剪应变与剪应力之间的关系为

$$\tau_L=G_L\gamma_L \tag{2-15}$$

式中 τ_L——铅的剪应力，MPa；

G_L——铅的剪切模量，MPa；

γ_L——铅的剪应变。

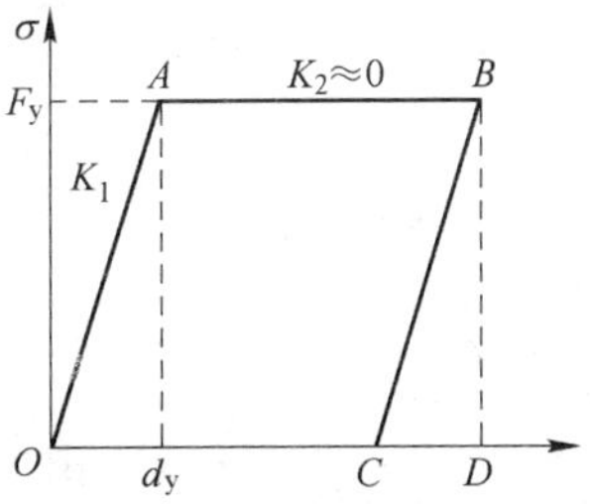

图2-1 铅的应力-应变曲线

应力应变达到屈服点以后，曲线接近水平。此时，即使不再增加荷载，铅同样能够发生很大的变形，并且其中大部分为塑性变形。卸载阶段，曲线的斜率几乎与加载阶段相同。

铅的熔点很低，再结晶温度约为-63~33℃。因此，铅在室温环境下变形的同时将会发生动态回复及再结晶，从而使铅的组织和性能得以恢复至变形以前的状态，可以在不同变形条件下循环几千次而不出现退化现象，保持原有力学性能。

铅的低屈服强度、低刚度及高阻尼本领的结合使其成为减振、防震、消声的极好材料。

2.2　叠层橡胶隔震支座的结构特征参数

2.2.1　叠层橡胶隔震支座的几何特征

叠层橡胶隔震支座的主要构造要求为：

（1）钢板与薄橡胶层可靠黏结，确保钢板能对橡胶的膨胀变形进行有效约束，使橡胶具有较高的竖向受压承载力和一定的抗拉能力。

（2）设置保护层，使橡胶垫具有更高的耐老化性能（耐高低温老化、耐臭氧老化）、耐水性、耐酸碱腐蚀性、耐火性能等。

（3）设置连接板，使支座与上下结构（构件）可靠连结。

图 2－2 所示为一典型的铅芯叠层橡胶隔震支座的基本构造剖面图。其一般构造如下：由钢板和薄橡胶片交替叠放，上下设置连接板，用于连接上下结构，橡胶中心圆孔内设置铅芯，胶层外围有保护胶。

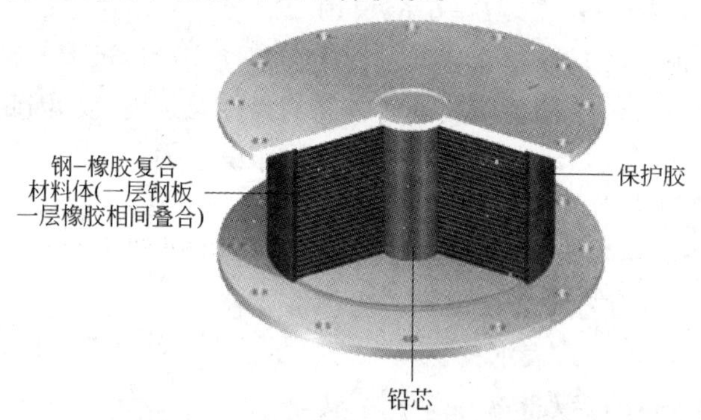

图 2－2　铅芯叠层橡胶隔震支座剖面

支座的平面形状多采用性能与方向无关的圆形，也有部分支座采用矩形或正方形。在支座的制造加硫过程中，为使橡胶加热时受热均匀，保证产品质量，从而在多层橡胶中心设置空心孔。为使支座保持需要的耐久性能，在多层橡胶外围采用耐候性能好的材料设置保护层。叠层橡胶隔震支座几何构造示意图如图2－3所示，各部分几何构造特征的主要参数意义如下[22]：

a——正方形支座内部橡胶的边长，或矩形支座内部橡胶的长边长度，mm；

a'——矩形支座包括保护层厚度的长边长度，mm；

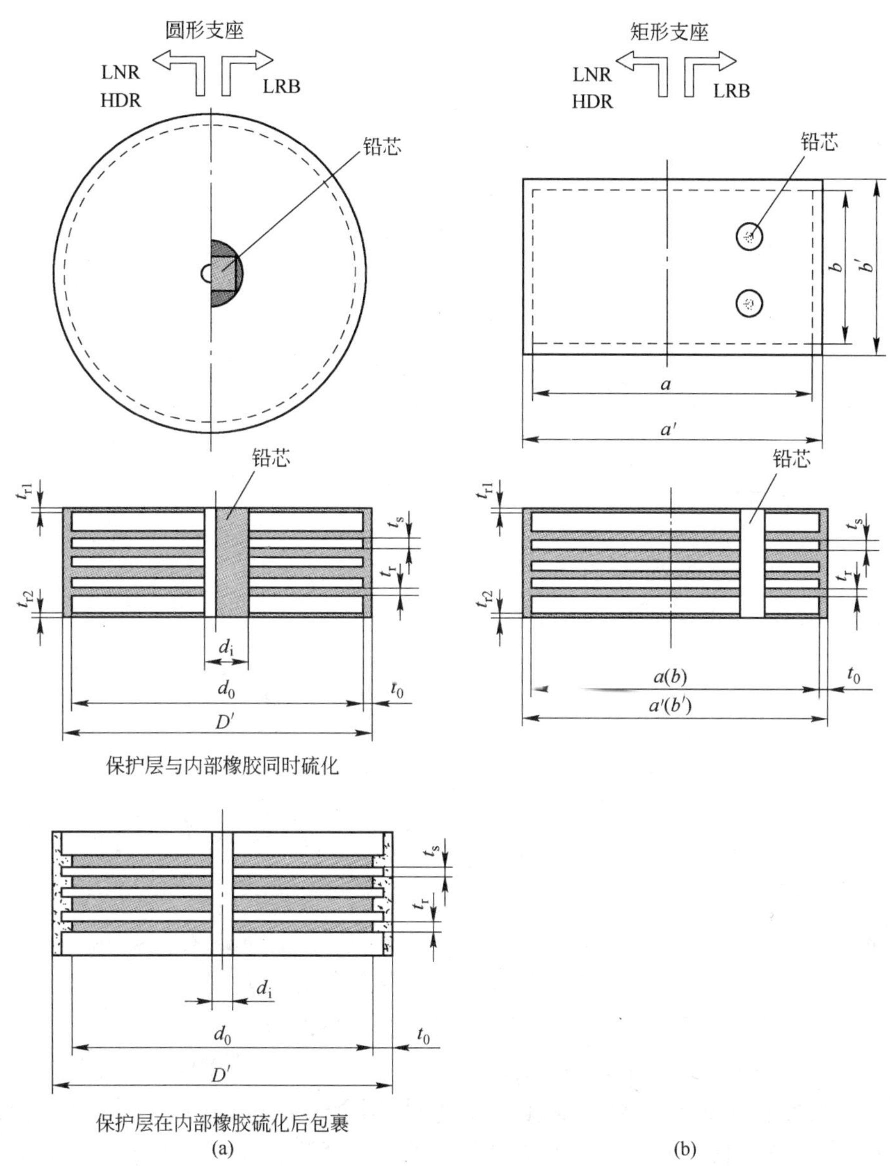

图 2-3 叠层橡胶隔震支座几何构造示意图

（a）圆形支座；（b）矩形支座

b——矩形支座内部橡胶的短边长度，mm；

b'——矩形支座包括保护层厚度的短边长度，mm；

D'——圆形支座包括保护层厚度的直径，mm；

d_i——内部钢板的开孔直径，mm；

d_0——内部钢板的外径，mm；

t_r——单层内部橡胶的厚度，mm；

t_{r1}，t_{r2}——支座上、下表面橡胶层厚度，mm；

t_s——单层内部钢板的厚度，mm；

t_0——橡胶支座保护层厚度，mm。

由支座的几何参数可以得到叠层橡胶隔震支座的第一形状系数 S_1 和第二形状系数 S_2。第一形状系数定义为支座中单层橡胶的有效承压面积与其自由侧表面积之比，其公式表达如表 2－4 所示。

表 2－4 叠层橡胶隔震支座的形状系数

形状系数	计算公式		备注
	圆形支座	矩形支座	
第一形状系数	$S_1=\frac{d_0-d_i}{4t_r}$	$S_1=\frac{4ab-\pi d_i^2}{4t_r(2a+2b+\pi d_i)}$	1. 对有开口孔的支座，有效承压面积应扣除开孔面积； 2. 自由表面积应包括橡胶层的孔洞面积； 3. 若支座孔洞灌满铅或橡胶，则按无开孔支座考虑
第二形状系数	$S_2=\frac{d_0}{T_r}$	沿短边有约束：$S_2=\frac{a}{T_r}$ 沿短边无约束：$S_2=\frac{b}{T_r}$	T_r——内部橡胶总厚度，mm，$T_r=n\times t_r$

通过改变叠层橡胶支座的形状，就可以得到不同性能的隔震支座。也就是说上述的两个形状系数对于叠层橡胶支座的力学性能有很大的影响。

第一形状系数表明了支座中钢板对橡胶变形的约束程度，与支座的竖向刚度相关。第一形状系数越大，竖向刚度也越大。根据国内外的研究结果和应用情况，一般可取 $S_1\geqslant15$。对于满足以上条件的隔震支座，其极限受压强度可达 100～120MPa，而一般设计中采用的受压强度为 15MPa 左右，可见其承载力安全系数可达 6.7～8.0，具有很大的安全储备。

第二形状系数反映的是支座的高宽比，与支座受压时的稳定性相关。第二形状系数越大，支座越低矮，受压稳定性越好。但如果第二形状系数过大，则支座的水平刚度也会相应增大，会使水平极限变形能力减小，反而是不利的。因此对第二形状系数应当选择一个合理的范围。根据国内外的研究和应用情况，一般可取 $3\leqslant S_2\leqslant6$。如果要求支座水平变形能力大，则取较低值，设计承载力也取较低值；反之，第二形状系数和设计承载力可以取较高值。

2.2.2 叠层橡胶隔震支座的力学特征

叠层橡胶隔震支座的力学特征主要包括竖向刚度、水平刚度、竖向极限压应力、竖向极限拉应力、极限剪压应力、水平极限变形、屈曲荷载、各种相关性能和阻尼等。

竖向压缩刚度和水平刚度可以根据橡胶的弹性理论，假定薄橡胶片的应力分布为抛物线形状而推导出来。但需注意橡胶材料为非线性弹性体，应力应变曲线为反 S 形。应用中需注意以上假定的适用范围。

2.2.2.1 竖向刚度

叠层橡胶隔震支座的竖向压缩刚度 K_v 是指支座在竖向压力作用下，产生竖向单位位移所需的竖向力，可以表示为：

$$K_v = \frac{E_c A}{T_r} \tag{2-16}$$

式中，E_c 为橡胶的修正压缩弹性模量，MPa，$E_c = \left(\frac{1}{E_{sp}} + \frac{1}{E_{\infty}}\right)^{-1}$；$A$ 为支座内部橡胶的平面面积，mm^2。

选择合理的叠层橡胶隔震支座竖向刚度具有双重意义：(1) 使隔震结构体系的上部结构在正常荷载下不出现过大的竖向变形；(2) 合理确定隔震结构的竖向自振周期，以避免地震或其他振动时出现共振效应。

影响叠层橡胶隔震支座竖向刚度的主要因素有：(1) 橡胶材料的力学性能；(2) 竖向轴压力；(3) 支座的形状系数；(4) 水平剪切变形。

根据支座竖向刚度的计算表达式，如果橡胶的硬度和弹性模量越大，则竖向刚度也越大；支座的竖向刚度随竖向轴压力的增大而提高。

图 2-4 为竖向刚度 K_v 与圆形支座直径 D 的比值与形状系数的关系。从图中可以看到，竖向刚度随形状系数的增大而增大。如果确定了橡胶的材质（剪切模量），通过选择合适的形状系数，可以得到所需要的竖向刚度。

试验表明，剪切变形时的压缩刚度会随着有效承压面积的减小而减小。但橡胶材料在剪切变形较大时会发生硬化现象，因此这一过程并不是成比例的。根据有效承压面积 A_e 与支座内部橡胶的平面面积 A 的比例关系，可以得到剪切变形时压缩刚度的下限值 K_{ve}：

$$K_{ve} = \frac{A_e}{A} K_v \tag{2-17}$$

有效承压面积可以近似看做剪切变形时叠层橡胶支座顶部与底部重叠部分的面积。

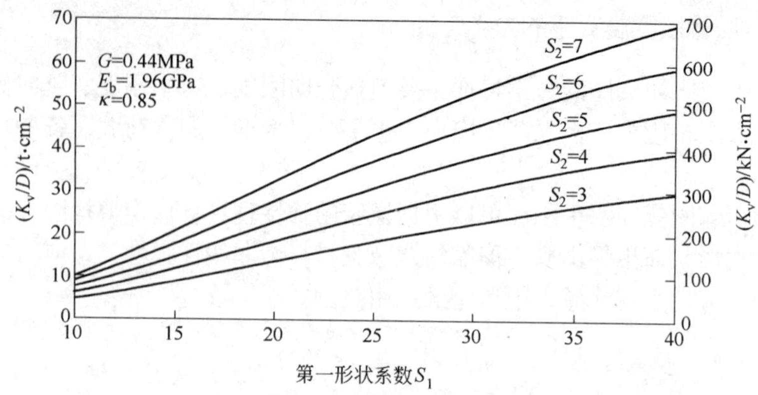

图 2-4 K_v/D 与第一形状系数的关系

叠层橡胶隔震支座受拉时，橡胶内部形成负压状态，内部产生空洞而损伤，因此没有有关拉伸刚度的计算公式。有试验研究表明，拉伸刚度一般是压缩刚度的 1/5~1/10。拉伸刚度基本不受剪切变形的影响。

2.2.2.2 水平刚度

叠层橡胶隔震支座的水平刚度是指支座上下板间产生单位相对位移时所需施加的水平力，记为 K_h。

将支座看做在水平荷载和竖向压力 P 同时作用下的压弯杆，根据 Haringx 理论可以得到支座的水平刚度：

$$K_h = \frac{P^2}{2k_r q\tan(qH/2) - PH} \tag{2-18}$$

式中 H——支座的橡胶总厚度与钢板总厚度之和，mm；

q——支座刚度转换系数，mm^{-1}，$q = \sqrt{\frac{P}{k_r}\left(1 + \frac{P}{k_r}\right)}$；

k_r——支座的有效弯曲刚度，$N \cdot mm^2$，$k_r = E_{rb} I \frac{H}{T_r}$，$E_{rb} = \frac{E_r E_b}{E_r + E_b}$；

E_r——橡胶的弯曲弹性模量，MPa，$E_r = 3G\left(1 + \frac{2}{3}\kappa S_1^2\right)$。

在压缩荷载为零时，支座处于纯剪切状态，此时的水平刚度可以用下式表示：

$$K_h = \frac{GA}{T_r} \tag{2-19}$$

如果考虑到剪应变对剪切模量的影响，则可以用剪应变为 γ 时的等效剪切模量 $G_{eq}(\gamma)$ 代替上式中的剪切模量 G：

$$K_h = \frac{G_{eq}(\gamma)A}{T_r} \tag{2-20}$$

选择合理的水平刚度，其重要性在于：（1）适当的水平刚度能够使结构得到合理的周期，从而达到明显的隔震效果；（2）足够的初始刚度可以保证隔震结构在强风和小震条件下保持稳定，能够正常使用；（3）适当的初始刚度和屈服后刚度可以保证支座不致产生过大的水平剪力和水平位移。

影响支座水平刚度的主要因素有：（1）橡胶材料的力学性能；（2）支座的形状系数；（3）竖向轴压力；（4）水平剪切变形。对于铅芯橡胶隔震支座，铅芯的大小对其水平刚度有重要影响。

一般而言，橡胶材料较大的硬度、弹性模量和剪切模量会使支座水平刚度增大。支座的形状系数增大也会使水平刚度增大，而提高轴压力则会使其水平刚度减小。

图2-5给出了水平刚度 K_h 与圆形支座直径 D 的比值和压应力之间的关系。从图中可以看到，水平刚度随压应力的增大而逐渐减小。第一形状系数越大，弯曲刚度越大；第二形状系数越大，支座越扁平，弯曲变形在总变形中所占比例越小。具有这种形状的支座，能够有效地减小由于压缩荷载变化引起的水平刚度变化。因此，如果在设计时确保第二形状系数在一定范围以内，可以保证其变形能力，并可以忽略水平刚度变化的影响，一般在设计时可以考虑第二形状系数为5左右。此时可应用纯剪切状态下公式计算支座的水平刚度。而对于水平刚度较小的支座，在设计时必须考虑刚度随轴力的变化。

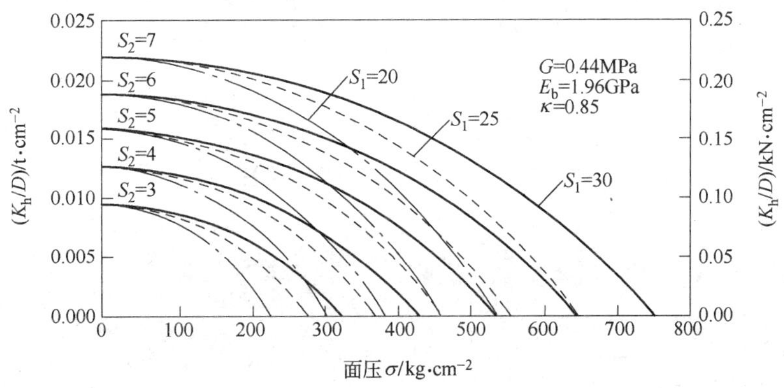

图2-5　K_h/D 与压应力的关系

在水平剪切变形很小时，支座的水平刚度较大；随着剪应变的增大，水平刚度逐渐降低；而如果水平剪切变形很大（如大于300%），则水平刚度又有增大的趋势。

2.2.2.3　竖向极限压应力

在支座水平位移为零时，测得的极限压应力为轴向极限压应力。它既是确保支座平常使用时的重要指标，也是直接影响支座在地震时其他各种力学性能的重要指标。

图2－6所示为叠层橡胶隔震支座的结构特征，比较了采用钢板加强和无加强的多层橡胶的压缩特性和剪切特性。叠层橡胶隔震支座受压缩时，橡胶片沿径向（外侧）变形。但是，由于受到中间钢板的约束，橡胶片变形很小。此时，中间压应力大，成抛物线分布。由于中间钢板的约束作用和橡胶材料的特性（泊松比约为0.5），橡胶中心部位为三轴受压状态（静水压）。

叠层橡胶隔震支座在轴向压力作用下，由于橡胶层的鼓出受到钢板的约束，使其具有很大的轴向承载能力。在竖向荷载作用下，支座的破坏一般是因钢板在径向拉应力的作用下从中心部位开始产生受拉破坏，导致橡胶层失去约束，进而引起支座丧失承载力，直至完全破坏。此时，支座所承受的压应力可达100MPa以上。

影响叠层橡胶隔震支座极限压应力的因素有：钢板的极限抗拉强度、钢板与橡胶层厚度比和第一形状系数。考虑到轴压承载力的安全系数，实际应用中，对叠层橡胶隔震支座的设计承载力取值：一般工程为 $\sigma_v = 15\text{MPa}$；重要工程为 $\sigma_v = 10\text{MPa}$。

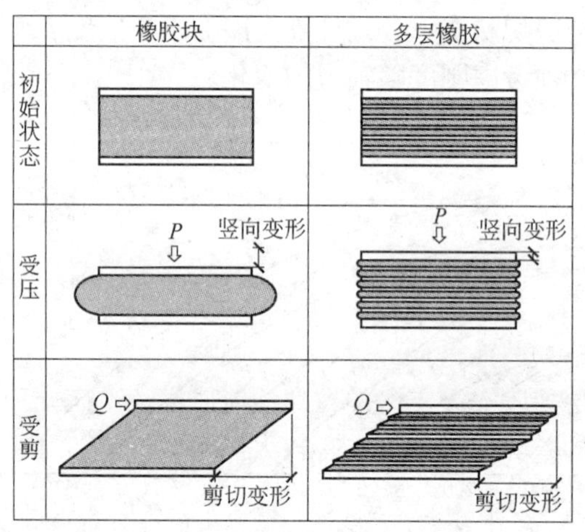

图2－6　叠层橡胶隔震支座的特征

2.2.2.4　极限剪压应力

极限剪压应力是指支座在发生水平剪切变形下的竖向极限压应力。地震发生时，工程结构的隔震作用是通过支座产生水平变形来实现的。所以，支座水平剪切变形能力及剪压承载力是确保地震时支座正常工作的重要指标。

叠层橡胶隔震支座受水平力时，由于中间钢板不能约束剪切变形，支座的剪切变形即为橡胶本身的剪切变形，因而其水平刚度很小。当发生水平相对位移时，其有效受荷面积减小，核心受压部分的应力急剧提高。由于支座中钢板对橡胶的约束作用以及支座外围材料对核心受压部分的约束作用，使支座中部橡胶处于三轴受压状态，使核心部分极限承载能力大大提高。叠层橡胶隔震支座的核心部位是承载能力的重要部位。

当支座的剪切应变不断增大，核心有效受荷面积不断减小，再加上 $P—\Delta$ 效应的影响，其极限竖向承载能力会有所降低。如果支座承受的轴压力恒定不变，出现剪切破坏时，能够达到很大的剪切变形值。对于较大直径的隔震支座的试验结果表明，当支座承受的轴向压应力为 10～30MPa 时，其破坏时的极限切应变可达380%～450%。在轴向压应力为 10～15MPa 的情况下，水平切应变在350%范围内，支座不会出现剪切破坏。支座水平剪切位移小于 0.75 倍的内部橡胶直径时，支座承载力没有明显降低。

2.2.2.5 竖向极限拉应力

当建筑物高宽比较大，地震时可能出现较大摇摆，使某些支座处于受拉状态；当地震时地面竖向作用较大，同时又有较大的水平作用和扭转作用时，也有可能使某些支座处于拉伸状态；此外，有较大的水平剪切变形时，支座横断面局部区域可能产生受拉应力。因此，为了确保隔震结构在多维强震作用下的稳定性和安全性，叠层橡胶隔震支座应当具有一定的受拉承载力。

一般而言，支座的初期拉伸刚度大约是压缩刚度的 1/5～1/10。随着剪切变形的增大，拉伸刚度有下降趋势。

对经历拉伸变形后的试件进行调查后发现，压缩刚度和水平刚度有所下降，基本特性没有很大变化。但在拉伸试验中，拉伸荷载下降，确认了橡胶层的损伤。用拉伸试验后的试件进行压缩剪切极限试验，极限性能并没有特别下降。

目前，对叠层橡胶隔震支座的拉伸性能研究还不充分。现有的研究由于试验方法和材料性能的差异，其结果也有较大的离散性。

2.2.2.6 水平极限变形

叠层橡胶隔震支座的剪压承载力和极限水平变形能力都很大。在设计轴压应力为 10～15MPa 的情况下，水平切应变在 350% 范围内时，支座不会出现压剪破坏。

2.2.2.7 屈曲荷载

水平刚度为 0 时压应力为支座的屈曲应力：

$$P_{cr} = \frac{1}{2}k_s\left(\sqrt{1+\frac{4\pi^2 k_r}{H^2 k_s}}-1\right) \tag{2-21}$$

式中 k_s——支座的有效剪切刚度，N，$k_s = GA\frac{H}{T_r}$。

图 2－7 所示为叠层橡胶隔震支座承受剪力时，剪力和剪切变形的关系。图 2－7 中，曲线 a 在达到某一变形之前，剪力随水平变形成比例增大，水平刚度不变，但在该变形之后，水平刚度逐渐增大（称为硬化），最终达到 δ_{cr} 时，橡胶层破坏。为保证破坏发生在橡胶层，需要充分确保钢板层和橡胶层的黏结强度。导致硬化的原因是橡胶材料发生了应变硬化现象，会引起上部结构层的反应增大，但这种现象能够抑制隔震层的变形。在曲线 b 中，并不能够看到硬化现象，变形达到 δ_{cr} 以后，水平刚度变为负值，失去恢复能力。这种现象是由于橡胶支座的屈曲造成的。屈曲应力大致和剪切模量、形状系数成比例。在曲线 c 中，微小变形范围内的初始刚度为负，随后，刚度虽然转变为正值，但变形能力很低。这是因为初始变形时就发生了屈曲，以后的应变硬化导致表面上似乎存在恢复力。这种情况下，虽然试验时多少会出现些水平力，但应该认为支座处于屈曲状态，并没有荷载支承能力。

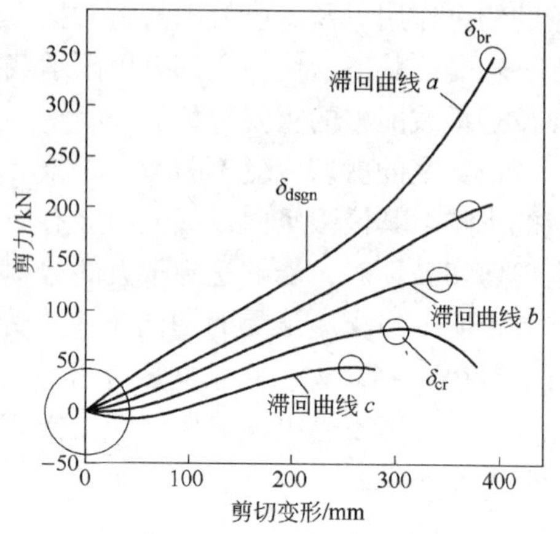

图 2－7 叠层橡胶隔震支座的滞回特性

曲线 a 在支座以剪切变形为主或压缩荷载很小时发生。曲线 b 在支座易产生弯曲变形时发生，或橡胶呈扁平状、变形稳定但承受过大压缩荷载时发生。在曲线 a 中，支座的极限变形为破坏变形 δ_{br}，而在曲线 b 中，极限变形则为变形 δ_{cr}。对于给定的设计位移 δ_{dsgn}，显然曲线 a 所代表的受力状态具有更高的安全储备。

地震作用时，除长期荷载以外，倾覆力矩和竖向地震作用会产生附加轴力，支座的水平刚度、变形能力和滞回曲线最好能够不受地震时压缩应力变化的影响。

2.2.2.8 相关性能

叠层橡胶隔震支座的相关性能是指竖向应力、剪切变形、加载频率和温度等因素对支座水平刚度和阻尼比等性能的相互影响。

由于地震作用的随机性，地震的强度、持时和频谱特性引起结构不同的反应，对隔震支座表现为隔震支座竖向压力和剪切变形的变化。而这些变化又直接与隔震支座的隔震效果及其稳定性相关。隔震支座在各种因素不同水平下的刚度和耗能特性的可靠性以及变化范围需要保持相对稳定。

2.2.2.9 阻尼性能

叠层橡胶隔震支座的阻尼，是评价在水平剪切变形过程中由于支座的非弹性变形而产生能量耗散能力的指标。由于隔震结构体系的上部结构在地震过程中基本上处于弹性状态，其提供的阻尼值很少，而隔震结构体系的水平变形集中于隔震层，所以，隔震结构体系的阻尼值基本上由隔震层提供。

对于天然橡胶支座，其滞回环的面积很小，其滞回特性几乎不受轴力和变形过程的影响，从微小变形到大变形均呈现弹簧特性，必须通过额外的阻尼器来提供隔震层的阻尼。但这种支座计算模型简单，能够精确模拟实际情况，通过天然橡胶支座和各种阻尼器的组合，可以方便地达到设计者预期的隔震层滞回特性。

铅芯橡胶隔震支座相当于将铅阻尼器和天然橡胶隔震支座组合到一起，高阻尼橡胶支座采用了经特殊调配的材料，增加了橡胶分子间的摩擦和黏性。因此，这两种支座均具有很高的阻尼。但这些复合型隔震支座的滞回曲线受到压应力、速度和荷载的变化过程等影响，从微小变形到大变形均显示出复杂的非线性特征。另外，由于需要通过改变支座和铅芯的形状来调整阻尼，降低了弹簧特性和阻尼特性组合的自由度。因此，这种增加了阻尼的支座是以牺牲设计的自由度和增加设计复杂性为代价的。

隔震支座的阻尼比一般可以通过试验得到的滞回环面积近似计算得到，阻尼比的近似计算公式为：

$$\zeta = \frac{1}{\pi}\frac{W_d}{2K_h\ (T_r\gamma)^2} \tag{2-22}$$

式中 W_d——滞回环所包围的面积，可以通过积分或者图解求出，N·mm；

T_r——支座橡胶总厚度，mm；

γ——支座水平总应变。

2.3 叠层橡胶隔震支座的力学性能检验

根据《橡胶支座 第1部分：隔震橡胶支座试验方法》(GB/T 20688.1—2007)，叠层橡胶支座的力学性能试验内容可见表2-5。

2.3.1 叠层橡胶隔震支座的压缩性能

压缩性能反映了叠层橡胶隔震支座的承载能力。如果橡胶总厚度相同，则每层因橡胶厚度越薄，层数越多（第一形状系数越大），竖向刚度就越大，荷载变形关系就越接近线性关系。反之，单层橡胶越厚，即第一形状系数越小，竖向刚度越小，可以对竖向的振动起到放大作用。

表 2－5 叠层橡胶隔震支座力学性能检验项目

性 能	试验项目	性 能	试验项目
压缩性能	竖向压缩刚度	压缩性能相关性	压应力相关性
	压缩位移	极限剪切性能	破坏剪应变、破坏剪力
剪切性能	水平等效刚度		屈曲剪应变、屈曲剪力
	等效阻尼比		滚翻剪应变、滚翻剪力
	屈服后刚度	拉伸性能	破坏拉力
	屈服力		屈服拉力
剪切性能相关性	剪应变相关性		拉伸破坏和屈服时对应的剪应变
	压应力相关性		
	加载频率相关性	耐久性能	老化性能
	反复加载次数相关性		徐变性能
	温度相关性		疲劳性能
压缩性能相关性	剪应变相关性	低速率变形的反力性能	低速率变形时的剪切模量

根据《橡胶支座　第 1 部分：隔震橡胶支座试验方法》(GB/T 20688. 1—2007)，可采用如图 2－8 所示的试验装置进行压缩性能检验。装置中，在支座周

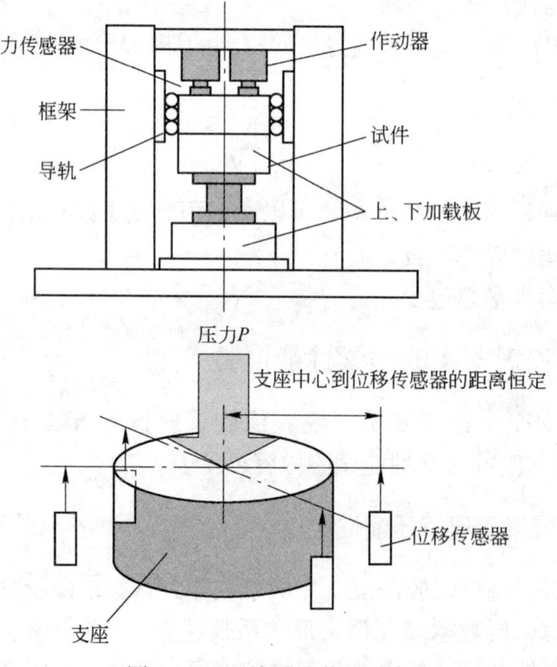

图 2－8 压缩试验装置示意图

围应对称布置不少于两个位移传感器。竖向压缩位移为传感器测量值的平均值。实际工程中所采用的隔震支座，必须通过对实际采用的支座进行足尺试验以测定其竖向压缩刚度和压缩位移[29]。

试验过程中可以采用的加载方法有两种，试验时可选择其中一种方法进行。

2.3.1.1 加载方案一

按 $0 \to P_{max} \to 0$ 往复循环加载三次，P_{max}为最大设计压力。图2-9中，P_2 为设计压力 P_0 的1.3倍，P_1 为设计压力 P_0 的0.7倍。

2.3.1.2 加载方案二

首先将荷载加至设计压力 P_0，然后按照按 $P_0 \to P_2 \to P_0 \to P_1$ 的顺序往复加载三次，如图2-10所示。取第三次往复加载的结果，按照下式计算竖向刚度：

$$K_v = \frac{P_2 - P_1}{Y_2 - Y_1} \tag{2-23}$$

式中 P_1——第三次循环时的较小压力，kN；

P_2——第三次循环时的较大压力，kN；

Y_1——第三次循环时的较小位移，mm；

Y_2——第三次循环时的较大位移，mm。

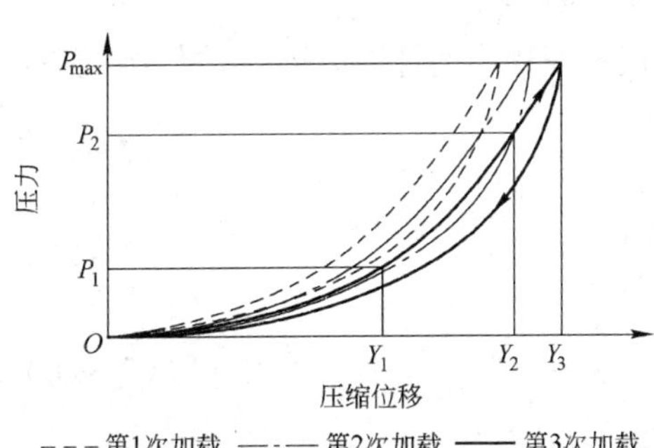

图2-9 加载方案一

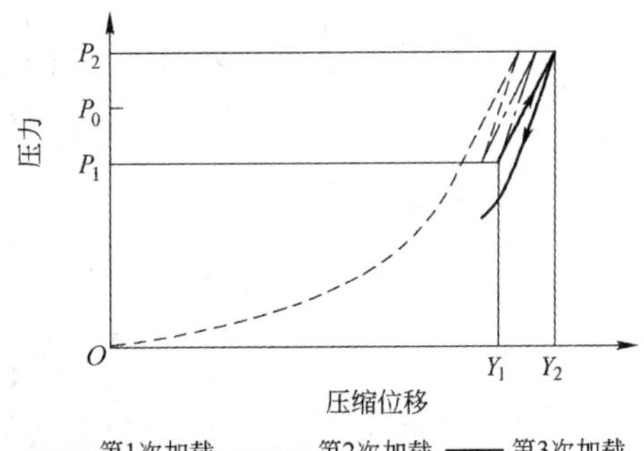

图2-10 加载方案二

试验的标准环境温度为23℃，否则应对实验结果进行温度修正。竖向压缩刚度的允许偏差为±30%以内。

2.3.2 叠层橡胶隔震支座的剪切性能

对叠层橡胶隔震支座进行压剪试验可以采用单剪和双剪两种不同的方法，其装置的构造如图2-11所示。试验时宜优先采用单剪试验方法。

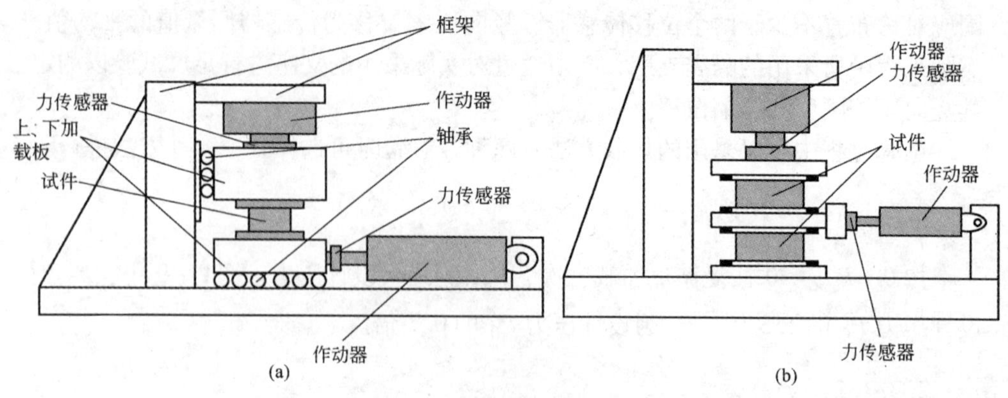

图 2-11　压剪试验装置示意图

(a) 单剪；(b) 双剪

应在恒定压力下施加剪切位移测定剪切性能。试验过程中恒定压力允许偏差为 ±10%，剪切位移允许偏差为 ±5%。

试验时如果惯性力大于记录剪力的 1%，摩擦力大于记录剪力的 1%，应对试验结果惯性力和摩擦力的影响进行修正，即构件真实剪力为记录剪力减去惯性力和摩擦力。摩擦力应小于剪力的 3%。

当采用双剪试验方法时，两个试件的竖向压缩刚度相差应在 20% 以内，测得的剪切性能为两个试件的平均值。需判断每个试件的性能时，应采用 3 个试件混合成对进行判断。

水平等效刚度、等效阻尼比、屈服后刚度和屈服力的计算应按以下式子计算：

$$K_{\mathrm{h}} = \frac{Q_1 - Q_2}{X_1 - X_2} \tag{2-24}$$

$$h_{\mathrm{eq}} = \frac{2\Delta W}{\pi K_{\mathrm{h}} (X_1 - X_2)^2} \tag{2-25}$$

$$K_{\mathrm{d}} = \frac{1}{2}\left(\frac{Q_1 - Q_{\mathrm{d1}}}{X_1} + \frac{Q_2 - Q_{\mathrm{d2}}}{X_2}\right) \tag{2-26}$$

$$Q_{\mathrm{d}} = \frac{1}{2}(Q_{\mathrm{d1}} - Q_{\mathrm{d2}}) \tag{2-27}$$

式中　Q_1，Q_2——最大和最小剪力，kN；

X_1，X_2——最大和最小位移，mm，$X_1 = T_{\mathrm{r}}\gamma$，$X_2 = T_{\mathrm{r}}(-\gamma)$；

Q_{d1}，Q_{d2}——滞回曲线正向和负向与剪力轴的交叉点剪力值，kN；

ΔW——滞回曲线的包络面积，kN · mm。

2.3.3　叠层橡胶隔震支座的相关性能

叠层橡胶隔震支座的各种相关性能包括剪切性能的剪应变相关性、剪切性能的亚盈利相关性、剪切性能的加载频率相关性、剪切性能的反复加载次数相关性、剪切性能的温度相关性、压缩性能的剪应变相关性和压缩性能的压应力相关性等。

（1）测定剪应变对剪切性能的相关影响时，剪应变允许偏差为 ±5%。为防止试件在大应变下出现破坏，试验加载宜按照剪应变递增的顺序进行。基准剪应变为设计剪应变 γ_0。

（2）测定压应力对剪切性能的相关影响时，压应力的允许偏差为 ±5%。试验过程中，压力波动的允许范围为 ±10%。试验加载宜按压力递增的顺序进行。基准压应力宜为设计压应力 σ_0。

（3）测定加载频率对剪切性能的相关影响时，加载频率宜采用 0.001Hz、0.005Hz、0.01Hz、0.1Hz、0.5Hz、1.0Hz、2.0Hz。加载频率应按照递增的顺序改变，基准加载频率宜为 0.5Hz。

（4）测定反复加载次数对剪切性能的相关影响时，反复加载次数为 50 次。在连续完成 50 次循环后，应确定第 1、3、4、10、30 和 50 次循环支座的剪切性能，基准值宜取第 3 次的测试值，或取第 2 ~ 11 次循环的测试平均值。

隔震支座在经过多次循环加卸试验后会发热，因此，再次测试试件的剪切性能时应将试件冷却至室温。

（5）测试剪切性能的温度相关性时，宜采用 -20℃、-10℃、0℃、23℃、40℃的试验温度。

试验前，可将试件放在温度控制箱中，待达到指定温度后，在 30min 内转移至试验装置中并完成试验。除铅芯橡胶支座外，温度相关性试验也可用 2 片、4 片剪切型橡胶材料代替。

基准温度应为（23 ±2）℃。在特别寒冷地区，环境温度低于 -20℃时，可采用支座的使用环境温度。温度变化按递减或递增顺序进行。

（6）测定剪应变对压缩性能的相关影响时，宜在 0、$0.5\gamma_0$、γ_0、$1.5\gamma_0$ 中选取 3 个剪应变水准进行试验。剪应变的允许偏差为 ±5%。基准剪应变为 0。

（7）测定压缩性能的压应力相关性时，宜取 $\sigma_0 \pm 0.3\sigma_0$、$\sigma_0 \pm 0.5\sigma_0$、$\sigma_0 \pm 1.0\sigma_0$ 的竖向加载压应力，剪切位移为 0。

加载压应力的允许偏差为 ±5%。基准加载条件为 $\sigma_0 \pm 0.3\sigma_0$。

2.3.4 叠层橡胶隔震支座的极限剪切性能

极限剪切性能是指在支座最大设计压力下的极限剪切位移能力，是反映支座的极限剪切变形能力大小的量度，其值应大于隔震结构设计确定的最大水平剪切变形。

对用凹槽、暗销连接的支座和可能承受拉力的支座，还应测定支座在最小设计压力下的极限剪切位移能力，以两者较小值作为该类支座的极限剪切状态。

极限剪切位移状态指支座出现破坏、屈曲或滚翻的现象。支座出现剪切破坏的现象为内部钢板或橡胶断裂，屈曲是指剪力 – 位移曲线出现一极值点的斜率由正变负的情况。

连接板与封板用螺栓连接或连接板与内部橡胶直接黏合的支座，其极限剪切性能曲线见图 2 – 12。

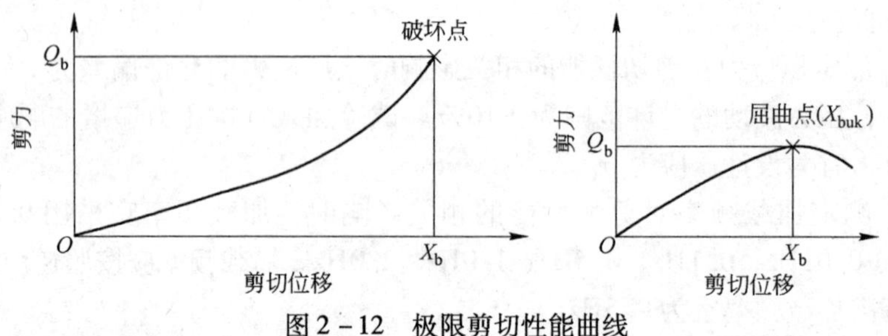

图 2 – 12　极限剪切性能曲线

当剪切位移达到指定极限剪切位移时，若没有明显破坏迹象，且剪力和位移的关系曲线单调增加，则可停止试验，并根据最大剪力和剪切位移确定支座的极限剪切性能。

2.3.5　叠层橡胶隔震支座的拉伸性能

拉伸性能试验是指在恒定剪应变下，对隔震橡胶支座竖向进行拉力，直至支座发生屈曲或拉断的情况，确定其屈服或破坏拉力和剪切位移。

试验时，应在试件周围对称布置不少于两个位移传感器，取所测的平均数据作为测量值。

试验剪应变可选取 0、±5%、±10%、±25%、±50%、±75%、±100%、±150%、±175%、±200%、±250%、±300%、±350%、±400% 中的一个应变水准值。如果采用较大水平的剪应变，对试验设备的要求将很高，可取剪应变为 0。剪应变的允许偏差为 ±5%。

试验时拉力应当缓慢施加，拉力与位移的关系如图 2 – 13 所示。

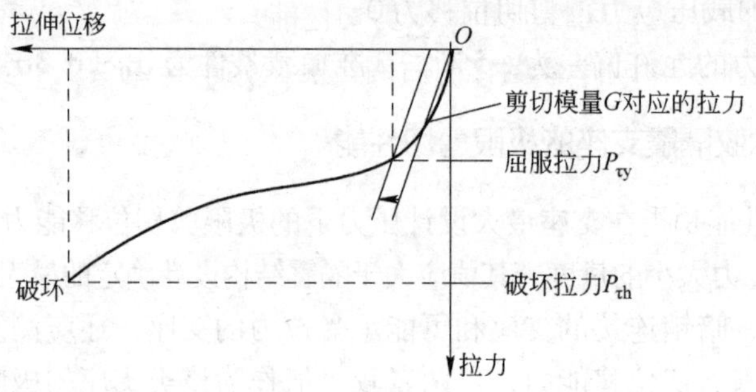

图 2 – 13　拉伸性能试验的拉力与位移关系曲线

屈服拉力可由下列方法求出：

（1）通过原点和曲线上与剪切模量 G 对应的拉力作一条直线（G 为设计拉力、设计剪应变作用下的剪切模量）；

（2）将上述直线水平偏移1%的内部橡胶总厚度；

（3）偏移线和试验曲线相交点对应的力即为屈服拉力。

2.4 叠层橡胶隔震支座的耐久性能

叠层橡胶隔震支座的耐久性能一般包括老化性能、徐变性能、疲劳性能等内容[22,29,32]。

2.4.1 老化性能

橡胶或橡胶制品在贮存和使用过程中，表面逐渐发生变色、喷霜、发黏变软、裂纹、发脆变硬等，同时橡胶的物理力学性能降低，强度、伸长率等大幅下降，透气率增大，介电性能减弱，以致失去使用价值。这些现象称为橡胶的老化。

橡胶老化的实质是橡胶分子链的主链、侧链、交联键断裂反应占优势，老化表现为橡胶变软、表面发黏，其原因在于分子链断成了小分子和链段。橡胶分子链，先是断裂反应，同时以新的交联反应占优势，老化呈现出表面变硬、发脆产生裂纹等，因为分子链产生很多新的交联。

老化性能试件可取为足尺隔震橡胶支座、缩尺模型隔震橡胶支座或剪切型橡胶试件。试件应为同型（批）号产品，数目应不少于3对，每对包含试件A和试件B两个试件。

试验步骤如下：

（1）测定试件A的剪切性能和极限剪切性能；

（2）对试件B按规定温度和时间完成老化试验；

（3）试件B冷却不少于24h以后，使其达到环境温度；

（4）测定试件B的剪切性能和极限剪切性能；

（5）确定试件A和试件B老化前后的性能变化率。

剪切性能和极限剪切性能变化率可由下式计算：

$$A_C = (B_1 - B_0)/B_0 \times 100\% \qquad (2-28)$$

式中 A_C——老化前后性能变化率，%；

B_1——老化前的性能；

B_0——老化后的性能。

老化试验的温度可取为80℃或以下，相当于使用寿命（23℃环境温度下）所需的老化温度和对应的老化时间的关系如下：

$$\ln t_y = E_a/R\ (1/T_y - 1/T_0) + \ln t \tag{2-29}$$

式中　t_y——老化时间，d；

t——对应于23℃环境温度下的使用寿命，d；

T_y——老化试验的绝对温度，K；

T_0——23℃的绝对温度，$T_0 = 296\text{K}$；

E_a——活化能，对于橡胶材料，$E_a = 90.4\text{kJ/mol}$；

R——摩尔气体常数，$R = 8.314\text{J/(mol} \cdot \text{K)}$。

老化试验温度允许偏差为 ±20℃。老化试验应相当于在（23 ±2）℃环境温度下使用60年。

叠层橡胶支座在使用中受到光和热的影响相对较小。在一般情况下，叠层橡胶隔震支座放置在建筑物地下室的柱顶面，致使其劣化的因素主要是氧气。但由于橡胶和钢板以薄片形状叠置在一起，氧气难以渗透入支座内部，发生氧化反应的范围一般仅限于外部橡胶。

根据现有的研究资料表明，经历了几十年的使用以后，房屋建筑使用的叠层橡胶隔震支座各种力学性能变化并不显著。但由于橡胶隔震支座的应用历史还较短，橡胶老化对各种参数的影响还有待于进一步研究。

2.4.2　徐变性能

支座徐变性能的测定是指在无水平位移的情况下按指定的时间和温度施加恒定压力，测量其压缩位移，推算出支座使用多年后的徐变量。

徐变性能试验装置如图 2－14 所示。施加的压力允许偏差为 ±5%。试验过程中，压力波动允许偏差为 ±2%。位移测量仪器的精度为0.01mm。

试验温度应为（23 ±2）℃。测量时间应不少于 1000h，按 10^0 h 到 10^1 h、10^0h到 10^2h 和 10^2h 到 10^3h 分为3 个时间段，每时间段内的测量值应不少于10 个。

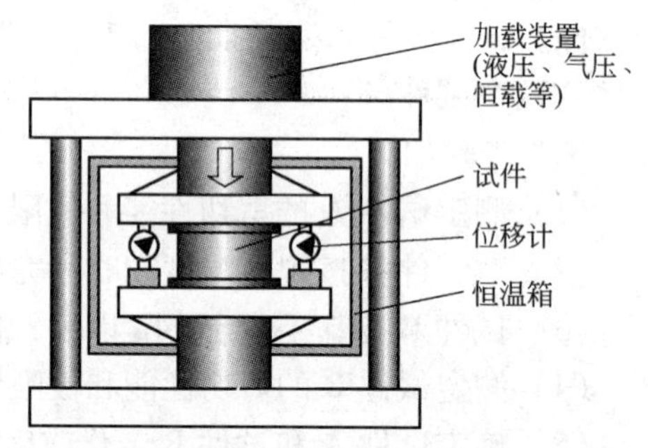

图 2－14　徐变性能试验装置示意图

施加的压应力应为设计压应力 σ_0，加载时间应小于 1min，将压力达到指定值 1min 后的压缩位移取为零点。压缩位移的测点应对称布置，且不少于两个。压缩位移值应为各测点测量值的平均值。

当试验温度不是（23 ±2）℃时，竖向压缩位移值应按下式换算为相当于23℃时的值：

$$\Delta H_{23} = \Delta H_T + nt_r\ (T - 23)\alpha \tag{2-30}$$

式中　ΔH_{23}——23℃时竖向压缩位移的变化值，mm；

ΔH_{T}——温度 T 时竖向压缩位移的变化值，mm；

T——试件的表面温度，℃；

α——线性热膨胀系数（$T\sim23$℃），参见《橡胶支座　第1部分：隔震橡胶支座试验方法》（GB/T 20688.1—2007）附录F的公式计算确定。

每时间段的徐变应变按下式计算：

$$\varepsilon_{cr}=\frac{\Delta H_{23}}{nt_{r}}\times100\% \tag{2-31}$$

式中　ε_{cr}——23℃时的徐变应变，%。

徐变应变与时间的关系见图2-15。

由100～1000h的测试数据，可采用最小二乘法绘制时间与徐变应变的对数图，确定下式中的系数 a 和 b：

$$\lg\varepsilon_{cr}=\lg a+b\lg t \tag{2-32}$$

式中　t——时间，d。

t 时刻的徐变量可由下式计算：

$$\varepsilon_{cr}=a\cdot t^{b} \tag{2-33}$$

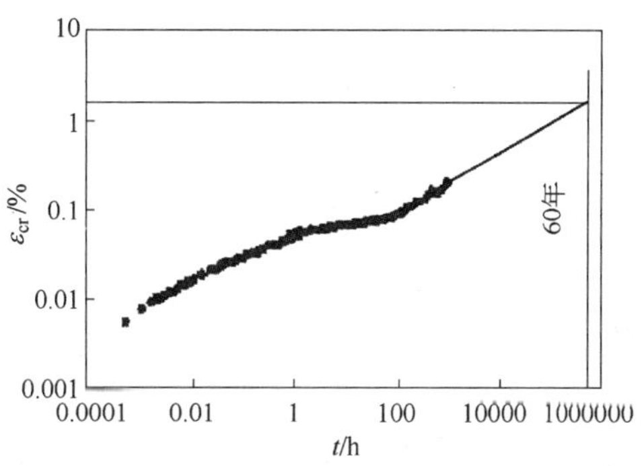

图2-15　徐变性能曲线

根据《橡胶支座　第3部分：建筑隔震橡胶支座》（GB/T 20688.3—2007），建筑用叠层橡胶隔震支座60年徐变量不应超过10%。

对实际隔震结构进行连续8年的徐变测量表明，叠层橡胶支座的徐变量远小于因气温变化而导致的支座高度的变化量。

2.4.3　疲劳性能

对隔震支座进行疲劳试验，是为了了解支座在经历几百次高频竖向小位移循环加载后，外形尺寸及力学性能的变化能否适应在应用于桥梁或铁路轨道下方时经历的几百万次加卸载过程。叠层橡胶隔震支座疲劳性能的试验步骤为：

（1）测出试件的初始外形（外轮廓尺寸）和性能（竖向压缩刚度和剪切性能）；

（2）使试件产生指定的剪切位移（可为0）；

（3）按指定的次数反复施加竖向压力，最大和最小压力应为最大和最小设计压力；

（4）测出外形（外轮廓尺寸）的性能的变化率以评定其抗疲劳性能。

剪切位移和竖向压力的允许偏差为 ±5%。加载波形可为正弦波或为三角波。加载频率范围为 2～5Hz。反复加载次数为 200 万次。疲劳试验时水平剪应变一般取 0。

2.5 叠层橡胶隔震支座的性能要求与设计

2.5.1 叠层橡胶隔震支座的分类

叠层橡胶隔震支座可按构造、极限性能和剪切性能的允许偏差分类。按构造可分为Ⅰ型、Ⅱ型、Ⅲ型三类（见表 2－6）；按极限性能可分为 A、B、C、D、E、F 六大类（见表 2－7）；按剪切性能的允许偏差可分为 S－A、S－B 两类（见表 2－8）[29,32]。

表 2－6 叠层橡胶隔震支座按构造的分类

分类	说 明	图 示
Ⅰ型	1. 连接板和封板用螺栓连接。封板与内部橡胶黏合； 2. 橡胶保护层在支座硫化前包裹	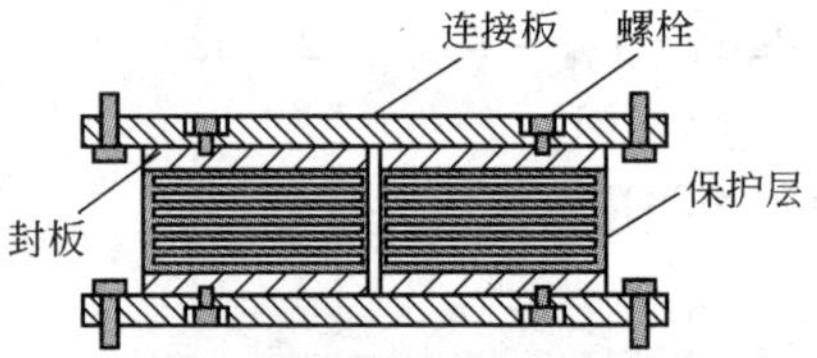 连接板 螺栓 保护层 封板
	1 连接板和封板用螺栓连接。封板与内部橡胶黏合； 2. 橡胶保护层在支座硫化后包裹	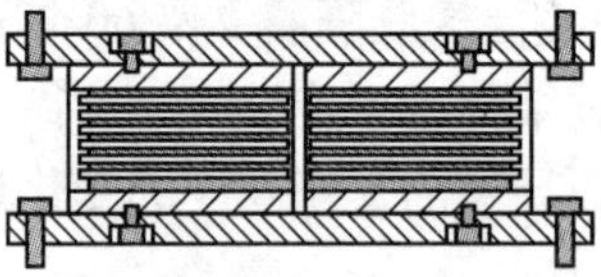
Ⅱ型	连接板直接与内部橡胶黏合	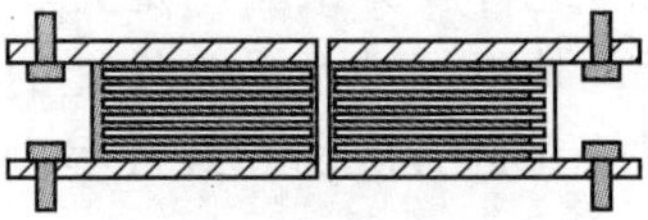
Ⅲ型	支座与连接板用凹槽或暗销连接	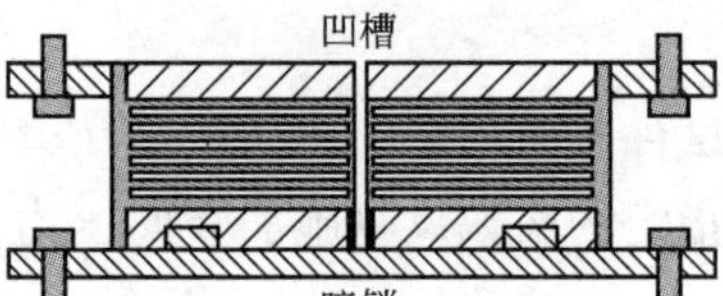 凹槽 暗销

表 2-7 按极限性能分类

极限剪应变/%	$\gamma_u \geqslant 350$	$350 > \gamma_u \geqslant 300$	$300 > \gamma_u \geqslant 250$	$250 > \gamma_u \geqslant 200$	$200 > \gamma_u \geqslant 150$	$\gamma_u < 150$
类 别	A	B	C	D	E	F

注：1. 支座极限剪应变 γ_u 应根据指定的压应力按参考文献［32］的附录 E 和附录 F 确定。

2. 支座分类标志举例如下：

$\sigma_{nom} = 8\text{MPa}$，$\gamma_u = 320\%$ B 类

$2\sigma_{nom} = 16\text{MPa}$，$\gamma_u = 240\%$ D 类

式中 σ_{nom}——制造厂提供的名义压应力，MPa；

$2\sigma_{nom}$——地震作用时最大名义压应力，MPa；

γ_u——极限剪应变。

标志为：N8B-M16D，N 代表名义值，M 代表最大名义值。

按极限性能分类时制造厂提供的名义压应力代表支座在长期荷载作用下允许承受的最大压应力；地震作用时最大名义压应力为考虑地震、恒载及活载等组合在支座上产生的最大压应力。

表 2-8 叠层橡胶隔震支座按剪切性能允许偏差的分类 （%）

类别	单个试件测试值	一批试件平均测试值
S-A	±15	±10
S-B	±25	±20

2.5.2 叠层橡胶隔震支座的设计压应力和设计剪应变

建筑隔震橡胶支座的设计压应力和设计剪应变由下面公式计算：

$$\sigma_0 = \frac{P_0}{A} \tag{2-34}$$

$$\sigma_{max} = \frac{P_{max}}{A_e} \tag{2-35}$$

$$\sigma_{min} = \frac{P_{min}}{A} \tag{2-36}$$

$$\gamma_0 = \frac{X_0}{T_r} \tag{2-37}$$

$$\gamma_{max} = \frac{X_{max}}{T_r} \tag{2-38}$$

式中 σ_0——设计压应力，MPa；

σ_{max}——最大设计压应力，MPa；

σ_{min}——最小设计压应力，MPa；

P_0——设计压力，kN；

P_{max}——最大设计压力，kN；

P_{min}——最小设计压力，kN；

A——有效面积，支座内部橡胶的平面面积，mm^2；

A_e——支座顶面和底面之间的有效重叠面积，mm^2；

γ_0——设计剪应变；

γ_{max}——最大剪应变；

X_0——设计剪切位移，mm；

X_{max}——最大设计剪切位移，mm；

T_r——内部橡胶总厚度（$T_r = n \times t_r$），mm。

叠层橡胶隔震支座的设计压应力 σ_0 主要指支座在长期荷载作用下的压应力，一般由设计师根据建筑结构的竖向荷载情况确定。最大设计压力 P_{max} 和最小设计压力 P_{min} 是指地震作用下支座产生的最大压力和最小压力，P_0、P_{max}、P_{min} 以及 X_0 和 X_{max} 均由设计师提供，设计剪应变通常采用100%。

2.5.3 隔震支座的力学性能要求

隔震支座的力学性能要求见表2-9~表2-12。

2.5.4 隔震支座的设计

2.5.4.1 支座的形状系数

叠层橡胶支座的性能取决于构成橡胶支座的橡胶的性能和橡胶支座的形状。橡胶支座的形状通过两个形状系数 S_1 和 S_2 来描述。

A 第一形状系数

S_1 与橡胶支座的竖向刚度和承载力密切相关，S_1 越大，钢板对橡胶约束的效果越好，竖向刚度和承载力就越大。

对于无开孔支座，第一形状系数可按下面式子计算：

圆形支座
$$S_1 = \frac{d_0}{4t_r} \tag{2-39}$$

方形支座
$$S_1 = \frac{a}{4t_r} \tag{2-40}$$

式中 d_0——内部钢板的外部直径，mm；

t_r——单层橡胶的厚度，mm；

a——方形支座内部橡胶的边长，mm。

对于开孔支座，第一形状系数可按下面式子计算：

圆形支座 $$S_1 = \frac{d_0 - d_i}{4t_r} \tag{2-41}$$

方形支座 $$S_1 = \frac{4a^2 - \pi d_i^2}{4t_r(4a + \pi d_i)} \tag{2-42}$$

式中，d_i 为内部钢板的开孔直径，mm。

表 2-9 隔震支座力学性能要求

序号	项目	要 求	试 件	试验方法和条件
1	压缩性能	竖向压缩刚度 K_v 允许偏差为 ±30%	型式检验：应采用足尺支座； 出厂检验：应采用支座产品	1. 加载方法采用《橡胶支座 第1部分：隔震橡胶支座试验方法》(GB/T 20688.1—2007) 的6.3.1.3节方法2加载3次，竖向压缩刚度 K_v 应按第3次加载循环测试值计算； 2. 试验标准温度为23℃，否则应对试验结果进行温度修正
2	剪切性能	1. 剪切性能允许偏差见表2-8； 2. 测量项目：(1) 水平等效刚度 K_h（天然橡胶支座）；(2) 水平等效刚度 K_h，等效阻尼比 h_{eq}（高阻尼橡胶支座）；(3) 水平等效刚度 K_h，等效阻尼比 h_{eq}（铅芯橡胶支座）。或者，屈服后刚度 K_d，屈服力 Q_d	型式检验：应采用足尺支座； 出厂检验：应采用支座产品	1. 加载方法采用《橡胶支座 第1部分：隔震橡胶支座试验方法》(GB/T 20688.1—2007) 的6.3.2.2节的3次加载循环法，加载3次，剪切性能应按第3次加载循环测试值计算。剪应变为 γ_0 或100%； 2. 若加载频率和设计频率不同，应对试验结果进行修正。基准频率为设计频率或0.5Hz； 3. 试验标准温度为23℃，否则应对试验结果进行温度修正； 4. 可采用单、双剪试验装置，试验方法见《橡胶支座 第1部分：隔震橡胶支座试验方法》(GB/T 20688.1—2007) 的6.3.2节
3	拉伸性能	拉伸性能应满足设计要求	足尺或缩尺模型B	1. 试件在指定剪应变作用下，进行指定拉力下的拉伸性能试验； 2. 可采用单、双剪试验装置，试验方法见《橡胶支座 第1部分：隔震橡胶支座试验方法》(GB/T 20688.1—2007) 的6.6节

续表2-9

序号	项目	要 求	试 件	试验方法和条件
4	极限剪切性能	1. 支座在最大和最小竖向荷载作用下，剪切位移达到设计最大值之前，不应出现破坏，屈曲或滚翻； 2. 测试极限剪切性能时采用的竖向应力，Ⅰ、Ⅱ型支座：σ_{max}、σ_{min}（可受拉）；Ⅲ型支座：σ_{max}、σ_{min}（不可受拉）	足尺或缩尺模型B	可采用单、双剪试验装置，试验方法见《橡胶支座 第1部分：隔震橡胶支座试验方法》(GB/T 20688.1—2007）的6.5节

表2-10 隔震支座剪切性能相关要求

序号	项目	要 求	试 件	试验条件
1	剪应变相关性	基准剪应变为设计剪应变γ_0	足尺支座	1. 剪应变取值范围为50%至γ_{max}，间隔增量可为50%，最后两个剪应变增量至少为50%。必要时可增加剪应变值10%和20%； 2. 可采用单、双剪试验装置，试验方法见《橡胶支座 第1部分：隔震橡胶支座试验方法》(GB/T 20688.1—2007）的6.4.1节
2	压应力相关性	基准压应力为设计压应力σ_0	足尺支座	1. 压应力取值为0、$0.5\sigma_0$、$1.0\sigma_0$、$1.5\sigma_0$、$2.0\sigma_0$，必要时可包括最大拉应力； 2. 可采用单、双剪试验装置，试验方法见《橡胶支座 第1部分：隔震橡胶支座试验方法》(GB/T 20688.1—2007）的6.4.2节
3	加载频率相关性	基准加载频率0.5Hz	足尺、缩尺模型A支座、标准试件或者剪切型橡胶试件	1. 加载频率取值见《橡胶支座 第1部分：隔震橡胶支座试验方法》(GB/T 20688.1—2007）的6.4.3节； 2. 可采用单、双剪试验装置，试验方法见《橡胶支座 第1部分：隔震橡胶支座试验方法》(GB/T 20688.1—2007）的6.4.3节

续表 2-10

序号	项目	要　求	试　件	试验条件
4	反复加载次数相关性	基准反复加载次数为第3次	足尺、缩尺模型支座	1. 反复加载次数为50次； 2. 可采用单、双剪试验装置，试验方法见《橡胶支座　第1部分：隔震橡胶支座试验方法》(GB/T 20688.1—2007）的6.4.4节
5	温度相关性	基准温度为23℃	足尺、缩尺模型支座、标准试件或者剪切型橡胶试件	1. 温度范围取值为-20℃～40℃，必要时可增加温度取值； 2. 可采用单、双剪试验装置，试验方法见《橡胶支座　第1部分：隔震橡胶支座试验方法》(GB/T 20688.1—2007）的6.4.4节

表 2-11　隔震支座压缩性能相关要求

序号	项目	要　求	试　件	试验条件
1	剪应变相关性	基准剪应变为0	足尺、缩尺模型	1. 剪应变取值见《橡胶支座　第1部分：隔震橡胶支座试验方法》(GB/T 20688.1—2007）的6.4.6节； 2. 应符合《橡胶支座　第1部分：隔震橡胶支座试验方法》(GB/T 20688.1—2007）的6.4.6节的规定
2	压应力相关性	基准压应力为$\sigma_0 \pm 0.3\sigma_0$	足尺、缩尺模型	1. 压应力取值范围为$\sigma_0 \pm 0.3\sigma_0$，$\sigma_0 \pm 0.5\sigma_0$，$\sigma_0 \pm 1.0\sigma_0$； 2. 应符合《橡胶支座　第1部分：隔震橡胶支座试验方法》(GB/T 20688.1—2007）的6.4.7节的规定

表 2-12　隔震支座耐久性能要求

序号	项目	要　求	试　件
1	老化性能	水平等效刚度K_h和等效阻尼比的变化率应满足设计要求	足尺试件、缩尺模型A支座、标准试件或剪切型橡胶试件
2	徐变性能	60年徐变量不应超过10%	足尺试件、缩尺模型支座

B　第二形状系数

S_2与橡胶支座的水平刚度和稳定性有关，S_2越大，橡胶支座越扁平，水平刚度越大，稳定性亦越好。

第二形状系数可按下面式子计算：

圆形支座
$$S_2=\frac{d_0}{T_r} \tag{2-43}$$

方形支座
$$S_2=\frac{d_0}{T_r} \tag{2-44}$$

根据目前的研究成果，建议设计时应满足：$S_1 \geqslant 15$，$4 \leqslant S_2 \leqslant 6$。如果 S_1、S_2 不满足这一要求，则应降低竖向使用平均压应力。

2.5.4.2　强度设计

A　竖向压缩刚度、压缩位移和压应变

竖向压缩刚度可按下式计算：

$$K_v=\frac{E_cA}{T_r} \tag{2-45}$$

式中，E_c 为修正压缩弹性模量，MPa。计算中使用的修正压缩模量为使理论计算得到的弹性模量与实测值一致，而对不同材料及尺寸支座的压缩弹性模量进行修正。

压缩位移 Y 和压缩应变 ε_c 可按下面式子计算：

$$Y=\frac{P}{K_v} \tag{2-46}$$

$$\varepsilon_c=\frac{Y}{T_r} \tag{2-47}$$

式中，P 为竖向压力，kN。

B　水平等效刚度、剪应变和等效阻尼比

水平等效刚度按下式计算：

$$K_h=G\frac{A}{T_r} \tag{2-48}$$

式中，G 为橡胶的剪切模量，MPa。

若考虑剪应变对橡胶剪切模量的影响，水平等效刚度可按下式计算：

$$K_h=G_{eq}(\gamma)\ \frac{A}{T_r} \tag{2-49}$$

式中，$G_{eq}(\gamma)$ 为剪应变为 γ 时的等效剪切模量，MPa。

剪切模量应在恒定应力和不同剪应变下由试验确定。试件应采用足尺或缩尺模型支座。

若试验时的压应力 σ 与设计压应力 σ_0 相差较大，则橡胶剪切模量还应考虑压应力的影响，水平刚度可按下式计算：

$$K_h = G\left[1-\left(\frac{\sigma}{\sigma_{cr}}\right)^2\right]\frac{A}{T_r} \tag{2-50}$$

式中 σ——支座压应力，MPa；

σ_{cr}——支座临界应力，MPa。

对于铅芯橡胶支座，水平等效刚度可按下式计算：

$$K_h = \frac{K_d X + Q_d}{X} \tag{2-51}$$

式中 K_d——铅芯橡胶支座的屈服后刚度，kN/mm；

Q_d——屈服力，kN；

X——剪切位移，mm。

剪切应变可按下式计算：

$$\gamma = \frac{X}{T_r} \tag{2-52}$$

等效阻尼比可按下式计算：

$$h_{eq} = \frac{1}{2\pi}\frac{W_d}{K_h X^2} \tag{2-53}$$

式中，W_d 为剪力－剪切位移滞回曲线的包络面积，即每加载循环所消耗的能量，单位为 kN · mm，由试验确定。

2.5.4.3 支座极限性能

A 支座无剪应变时的稳定性验算

根据 Haringx 理论可以知道，当支座荷载达到失稳临界荷载时，水平等效刚度等于零，由此可推得支座剪应变为零时，支座失稳的压应力为支座临界应力 σ_{cr}，σ_{cr}可按下式计算：

$$\sigma_{cr} = \frac{\pi}{4}\xi S_2\sqrt{E_b G} \tag{2-54}$$

式中 ξ——临界应力计算系数，对圆形支座，$\xi=1$；对方形支座，$\xi=2/\sqrt{3}$；

G——橡胶剪切模量（对应于剪应变 100%），MPa，对前芯橡胶支座，G 不考虑铅芯的影响；

E_b——受弯时，橡胶表观弹性模量，MPa，可按下式计算：

$$\frac{1}{E_b} = \frac{1}{E_0[1+(2/3\kappa S_1^2)]} + \frac{1}{E_\infty} \tag{2-55}$$

κ——修正系数。

支座设计压应力 σ_0 考虑受压稳定时，可按下式计算：

$$\sigma_0 \leqslant \frac{1}{\rho_c}\sigma_{cr} \tag{2-56}$$

式中，ρ_c 为按设计要求确定的安全系数。

B 支座拉伸性能

由于隔震支座受拉会造成支座极限剪切位移降低，内部也有可能发生损伤，隔震支座在罕遇地震作用下不宜出现拉应力。但支座拉伸性能仍应满足下式：

$$F_u \leqslant P_{Ty}\frac{1}{\rho_T} \tag{2-57}$$

式中 F_u——支座承受的提离拉力，kN；

P_{Ty}——支座的屈服拉力，kN，可按《橡胶支座 第1部分：隔震橡胶支座试验方法》(GB/T 20688.1—2007) 6.6节中的方法确定，其拉力－拉伸位移的关系曲线所对应的恒定剪切位移为支座最大剪切位移 X_{max}，mm；

ρ_T——安全系数，按设计确定。

2.5.4.4 支座内部钢板设计

支座内部钢板设计可按照下式计算：

$$\sigma_s = 2\lambda\frac{Pt_r}{A_e t_s} \leqslant f_t \tag{2-58}$$

式中 σ_s——内部钢板拉应力，MPa；

f_t——钢材的抗拉强度设计值，MPa；

A_e——支座的顶面和底面之间的有效重叠面积，mm^2；

t_s——单层内部钢板的厚度，mm；

λ——钢板应力修正系数，对无开孔，$\lambda = 1.0$；对开孔（$A_P/A = 0.03 \sim 0.1$），$\lambda = 1.5$。

圆形支座的顶面和底面之间的有效重叠面积，当 $X \leqslant 0.6D$ 时，支座顶面和底面之间的有效重叠面积可按简化方法计算：

$$A_e = \left(1 - 1.2\frac{X}{D}\right)A$$

式中，D 为不包括保护层厚度的支座内部橡胶直径，mm。

2.5.4.5 连接件的设计

支座的连接螺栓和连接板应确保在最大、最小竖向压力以及地震中剪切位移时的安全性。

A 连接螺栓的设计

连接螺栓在剪力和拉力作用下产生的剪应力和拉应力，可按下述步骤计算：

(1) 确定中性轴和螺栓至中性轴的距离。中性轴指支座顶面和底面重叠面的中轴线，见图2－16。

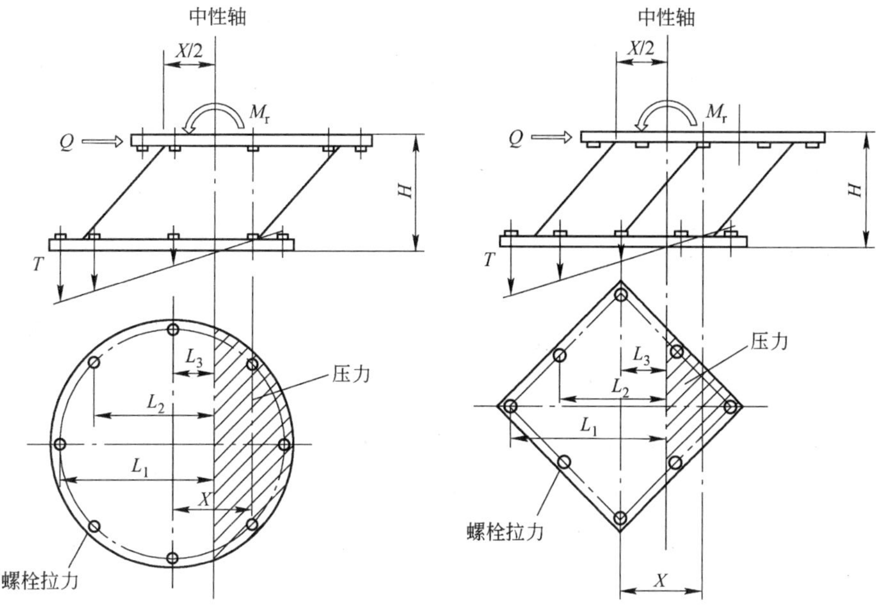

图 2-16 螺栓连接受力简图

(2) 确定荷载作用。水平荷载 Q、弯矩 M_r 和提离拉力 F_u 同时作用在支座上，按下面式子计算：

$$Q = K_h X$$

$$M_r = \frac{1}{2} QH$$

(3) 确定螺栓的最大拉应力。假定连接板保持平面，则螺栓拉应变和压应变与到中性轴的距离成正比，按下式计算：

$$T_1/L_1 = T_2/L_2 = \cdots = T_i/L_i \quad i = 1, 2, 3, \cdots \tag{2-59}$$

忽略压应力的影响，1 号螺栓由弯矩 M_r 产生的最大拉力 T_1 由下式计算：

$$T_1 = \frac{M_r}{L_1 + 2L_2^2/L_1 + 2L_3^2/L_1 + \cdots} \tag{2-60}$$

若支座提离拉力 F_u 由所有螺栓共同承担，则螺栓最大拉力 T_{max} 和最大拉应力 σ_B 按下面式子计算：

$$T_{max} = T_1 + F_u/n_b \tag{2-61}$$

$$\sigma_B = \frac{T_{max}}{A_b} \leqslant f_t^b \tag{2-62}$$

式中 σ_B——螺栓拉应力，MPa；

A_b——螺栓有效面积，mm^2；

f_t^b——螺栓抗拉设计强度，MPa。

假定所有螺栓承担的剪力相同，其剪应力按下式计算：

$$\tau_B = \frac{Q}{n_b A_b} \leqslant f_v^b \tag{2-63}$$

式中 τ_B——螺栓剪应力，MPa；

n_b——螺栓个数；

f_v^b——螺栓抗剪设计强度，MPa。

（4）螺栓强度验算。螺栓最大主拉应力应满足下式：

$$\left(\frac{\sigma_B}{f_t^b}\right)^2 + \left(\frac{\tau_B}{f_v^b}\right)^2 \leqslant 1 \tag{2-64}$$

B 连接板

连接板由于螺栓拉力产生的弯曲应力 σ_b 可按下式计算：

$$\sigma_b = \frac{M_F}{Z} \leqslant f_t \tag{2-65}$$

式中 $M_F = T_c$；

$Z = \frac{1}{6} t_f^2 B$；

B——连接板受弯部分的有效宽度，mm，$B = 2c + d_k$，见图 2-17；

d_k——钢材的抗拉、抗压和抗弯强度设计值，N/mm²；

f_t——连接板的厚度，mm；

t_f——螺栓孔的直径，mm。

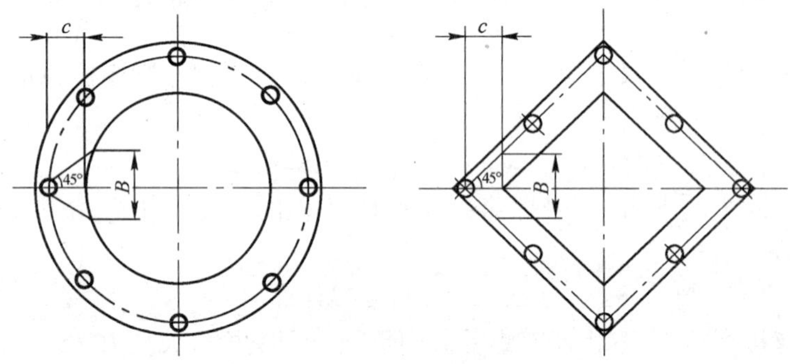

图 2-17 连接板的弯曲

叠层橡胶支座的强度设计主要是控制其平均压应力大小并尽量避免出现拉应力。一般将使用时的平均压应力控制在 0～15MPa，其中“0”表示不允许出现拉应力，对于第二形状系数 S_2 较小，比如小于 5，则隔震支座的允许平均压应力应降低。《建筑抗震设计规范》(GB 50011—2010) 规定平均压应力控制在10～15MPa，即使出现拉应力也不允许超过 1.0MPa。国外规范中平均压应力一般比我国规定值要低一些，常在 10MPa 以内。

3 建筑隔震结构的分析方法

3.1 建筑隔震支座的力学模型和参数标定

建筑隔震支座是隔震建筑的关键部件，因此建筑隔震支座合理的力学模型的采用，是决定隔震建筑结构分析结果是否合理的关键。本节所描述的力学模型可以单独使用，也可以组合使用以反映一些恢复力位移关系比较复杂的隔震装置以及一些采用串联或并联的方式设置的隔震装置的力学特性[11]。

3.1.1 建筑隔震支座的力学模型

建筑隔震支座力学模型的采用一般与结构分析的要求相适应，并应满足一定的精度要求。一般来说，由于建筑隔震支座均具有较大的阻尼（或者说滞回性能），因此力学模型的采用应合理考虑这些特性。常用的隔震支座力学模型有等效线性（线弹性）模型、双线型模型、Wen－Bonc 滞回模型、三线型模型以及适用于各种滑动摩擦型支座的摩擦模型。由于各种隔震支座经常和各种阻尼器结合使用，因此，在分析中还要应用到通用黏滞阻尼模型。下面介绍几种常用的力学模型。

3.1.1.1 等效线性（线弹性）模型

用一个线性刚度和一个阻尼来等效建筑隔震支座的力学性能应该说是最为简单和有效的模型了，也是隔震建筑结构分析时最常用的模型，如图 3－1 所示。

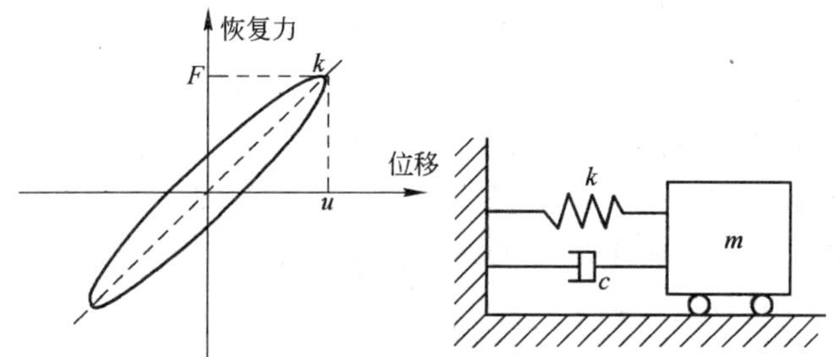

图 3－1 线弹性模型的滞回曲线和示意图

等效线性模型进行结构分析计算时，建筑隔震支座力学模型参数的确定往往需要进行多次迭代计算才能得到足够精度的计算结果。因此此分析方法称作等效线性化方法，相应力学模型的参数也被称为等效刚度和等效黏滞阻尼比。在确定等效线性模型的力学参数时，线性刚度 k 一般采用切线刚度或割线刚度，单方向的线性恢复力和位移的关系为：

$$F = ku \tag{3-1a}$$

当把隔震支座的阻尼力单独分析时，单方向的阻尼恢复力－位移关系为：

$$F = c\dot{u} \tag{3-1b}$$

黏滞型阻尼一般和振动频率有关，其模型参数通常用等效黏滞阻尼比来表示：

$$\xi = \frac{W_d}{4\pi W_e} = \frac{W_d}{2\pi k u^2} \tag{3-2}$$

式中 ξ——等效黏滞阻尼比；

W_d——等效阻尼耗能面积，kN · mm；

W_e——弹性恢复力做功面积，kN · mm；

k——水平等效线性刚度，kN/mm；

F——隔震支座水平恢复力，kN；

u——隔震支座水平位移，mm；

c——等效黏滞阻尼系数，一般由试验测定，对于承受竖向荷载的黏滞阻尼，可采用下式计算：

$$c = \frac{4\pi P\xi}{Tg} \tag{3-3}$$

P——隔震支座承受的竖向荷载，kN；

T——隔震结构第一自振周期，s；

g——重力加速度，m/s^2。

一般的建筑叠层橡胶隔震支座、未达到刚度刚化位移的高阻尼建筑隔震橡胶支座、各种黏滞型阻尼器、滞变型阻尼器均可以适用等效线性模型。特别是采用等效线性化方法进行结构分析时，也采用该模型来模拟其他各种类型建筑隔震支座的力－位移关系。

具有方向性的线弹性隔震支座，可以看做在两个方向是相互独立的。为了加快动力方程的求解过程，在实际求解过程中，所有的线弹性单元可以合成为合成刚度（K_x、K_y、K_r）。合成刚度中心（x_K，y_K）相对于隔震层质心（x_B，y_B）的刚度偏心为 $e_x^B = x_K - x_B$，$e_y^B = y_K - y_B$。

弹性恢复力－位移关系为：

$$\begin{cases} F_x = K_x(u_x^B - e_y^B u_r^B) \\ F_y = K_y(u_y^B - e_x^B u_r^B) \\ T = K_r u_r^B + K_y e_x^B u_y^B - K_x e_y^B u_x^B \end{cases} \tag{3-4}$$

式中，$K_y=\sum\limits_i k_{iy}$；$K_x=\sum\limits_i k_{ix}$；$K_r=\sum\limits_i(k_{ix}y_i^2+k_{iy}x_i^2)$。$k_{ix}$、$k_{iy}$、$x_i$、$y_i$ 为第 i 个隔震支座分别在 x、y 方向的剪切刚度及坐标。

所有的线性阻尼器隔震支座可以合成为合成阻尼（C_x、C_y、C_r）。合成阻尼中心（x_C，y_C）相对于隔震层质心（x_B，y_B）的阻尼偏心为 $e_x^B=x_C-x_B$，$e_y^B=y_C-y_B$。

阻尼恢复力－位移关系为：

$$\begin{cases}F_x=C_x(\dot{u}_x^B-e_y^B\dot{u}_r^B)\\F_y=C_y(\dot{u}_y^B-e_x^B\dot{u}_r^B)\\T=C_r\dot{u}_r^B+C_ye_x^B\dot{u}_y^B-C_xe_y^B\dot{u}_x^B\end{cases}\tag{3-5}$$

式中，$C_x=\sum\limits_i c_{ix}$；$C_y=\sum\limits_i c_{iy}$；$C_r=\sum\limits_i(c_{ix}y_i^2+c_{iy}x_i^2)$。$c_{ix}$、$c_{iy}$、$x_i$、$y_i$ 为第 i 个隔震支座分别在 x、y 方向的阻尼和坐标。

对于具有方向性的单向线弹性隔震支座来说，设其与主坐标轴 x 轴所成的角度为 θ，则弹性恢复力和位移的关系为：

$$\begin{pmatrix}F_x\\F_y\end{pmatrix}=\begin{pmatrix}k\cos^2\theta & k\cos\theta\sin\theta\\k\cos\theta\sin\theta & k\sin^2\theta\end{pmatrix}\begin{pmatrix}u_x\\u_y\end{pmatrix}\tag{3-6}$$

阻尼恢复力和位移的关系为：

$$\begin{pmatrix}F_x\\F_y\end{pmatrix}=\begin{pmatrix}c\cos^2\theta & c\cos\theta\sin\theta\\c\cos\theta\sin\theta & c\sin^2\theta\end{pmatrix}\begin{pmatrix}\dot{u}_x\\\dot{u}_y\end{pmatrix}\tag{3-7}$$

3.1.1.2 双线型模型

双线型模型是结构分析中最常用的一种非线性模型。双线型模型主要分为三种：理想弹塑性模型、线性强化弹塑性模型和具有负刚度特性的弹塑性模型。前两种模型在隔震支座的力学分析中应用比较多（见图 3－2），可以用线性强化弹塑性模型来统一研究这两种情况下模型的一些力学特点。当屈服后刚度取为 0 时，线性强化弹塑性模型就变为理想弹塑性模型了。

双线型模型的力－位移关系（单方向）为：

$$\begin{cases}F_b=K_e\cdot u_b & (u_b<u_y)\\F_b=\alpha\cdot K_e\cdot u_b+(1-\alpha)\cdot F_y & (u_b>u_y)\end{cases}\tag{3-8}$$

式中 α——屈服后与屈服前剪切刚度的比值，$\alpha=K_p/K_e$；

F_y——屈服力，kN；

u_y——屈服位移，mm；

K_e——屈服前刚度，kN/mm；

K_p——屈服后刚度，kN/mm；

F_b——隔震支座恢复力，kN；

u_b——隔震支座位移，mm。

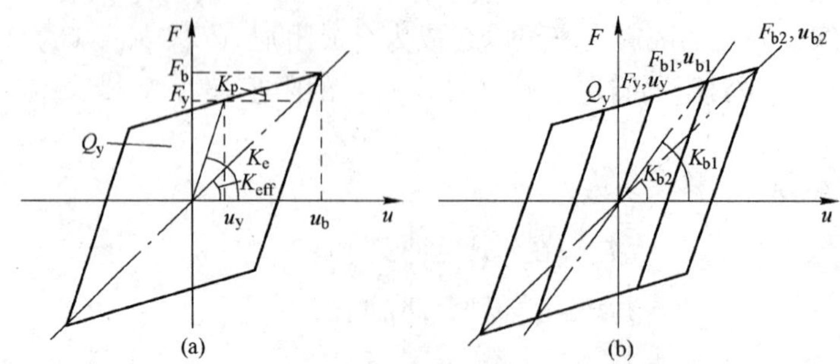

图 3－2 双线型模型示意图

（a）理想弹塑性模型；（b）线性强化弹塑性模型

K_{b1}—（F_{b1}，u_{b1}）的等效刚度，kN/mm；K_{b2}—（F_{b2}，u_{b2}）的等效刚度，kN/mm

如果把具有双线型模型特性的隔震支座用等效线性模型来模拟，等效刚度 K_{eff} 和等效黏滞阻尼比 ξ_{eff} 分别为：

$$K_{eff}=\frac{F_b}{u_b},\ \xi_{eff}=\frac{2}{\pi}(1-\alpha)\left(\frac{u_b-u_y}{u_b}\right)\frac{F_y}{F_b} \tag{3-9}$$

低阻尼的叠层橡胶隔震支座、带铅芯的叠层橡胶隔震支座、钢阻尼器以及未达到刚度硬化时的高阻尼的建筑橡胶隔震支座等都可以采用双线型模型进行结构分析。在实际应用中，这些类别的隔震支座的力学参数也往往以双线型力学模型给出。很多试验结果常常给出不同位移水平下的隔震支座的等效刚度和等效黏滞阻尼比，例如（F_{b1}，u_{b1}，K_{b1}，ξ_{b1}）、（F_{b2}、u_{b2}，K_{b2}，ξ_{b2}），它与双线型模型力学参数的换算关系如下式：

$$\begin{cases} Q_y=\dfrac{F_{b1}u_{b2}-F_{b2}u_{b1}}{u_{b2}-u_{b1}} \\ K_p=\dfrac{F_{b2}-F_{b1}}{u_{b2}-u_{b1}} \\ u_y=\dfrac{F_{b2}u_{b2}\xi_{b2}u_{b1}-F_{b1}u_{b1}\xi_{b1}u_{b2}}{F_{b2}u_{b2}\xi_{b2}-F_{b1}u_{b1}\xi_{b1}} \\ F_y=\dfrac{F_{b1}F_{b2}(u_{b2}\xi_{b2}-u_{b1}\xi_{b1})}{F_{b2}u_{b2}\xi_{b2}-F_{b1}u_{b1}\xi_{b1}} \\ K_e=\dfrac{F_{b1}F_{b2}(u_{b2}\xi_{b2}-u_{b1}\xi_{b1})}{F_{b2}u_{b2}\xi_{b2}u_{b1}-F_{b1}u_{b1}\xi_{b1}u_{b2}} \end{cases} \tag{3-10}$$

式中 ξ_{b1}——（F_{b1}，u_{b1}）的等效黏滞阻尼比；

ξ_{b2}——（F_{b2}，u_{b2}）的等效黏滞阻尼比。

当采用双线型模型进行结构动力分析，需要考虑隔震支座各个方向反应的相互影响时，不能分别用各个方向的独立关系来分别处理。对于理想弹塑性模型，其屈服模型可采用圆形屈服曲线的塑性理论来考虑（见图 3－3（a）），当然也可以采用其他类型的曲面，屈服后刚度不为零的隔震支座，可以采用 Prager 移动硬化模型（见图 3－3（b））。

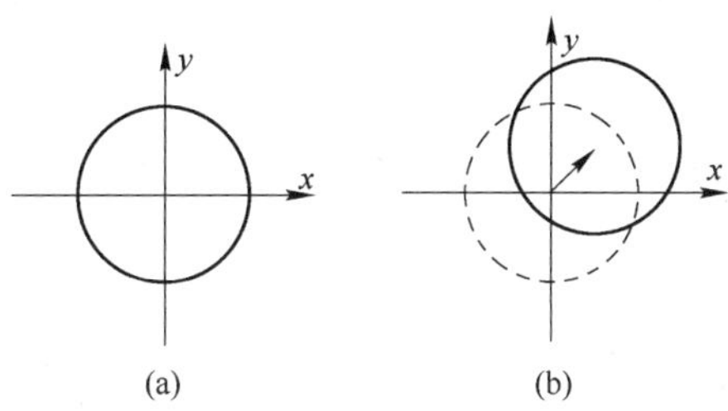

图 3－3 双线型模型的屈服模型

设 α_x、α_y 为 x、y 方向屈服后与屈服前剪切刚度的比值，F_x^y、Y_x、F_y^y、Y_y 为 x、y 方向单轴加载时的屈服力（kN）和屈服位移（mm）。

A 屈服面函数

$$S=\left(\frac{|F_x-F_x^0|}{F_x^y}\right)^n+\left(\frac{|F_y-F_y^0|}{F_y^y}\right)^n-1=0 \tag{3-11}$$

式中 S——屈服函数；

F_x^0，F_y^0——x、y 方向加载屈服面中心坐标；

n——加载屈服面曲面指数，当 $n=2$ 时，即为（椭）圆形屈服面。

B 屈服面移动规则

当加载点位于屈服面之内时，隔震支座处于弹性受力状态。当加载点到达屈服面之上，隔震支座开始屈服。若继续加载，屈服面将与加载点一起移动。可以假设屈服面的运动服从随动硬化规则，即当屈服面运动时，它的形状和大小不发生变化，仅发生移动。随动硬化规则可以较好地模拟 Bauschinger 效应。

屈服面中心移动增量表达式为：

$$\begin{pmatrix} dF_x^0 \\ dF_y^0 \end{pmatrix}=\frac{1}{\begin{pmatrix}\frac{\partial S}{\partial F_x} & \frac{\partial S}{\partial F_y}\end{pmatrix}\begin{pmatrix}F_x-F_x^0\\F_y-F_y^0\end{pmatrix}}\left(\begin{pmatrix}F_x-F_x^0\\F_y-F_y^0\end{pmatrix}\begin{pmatrix}\frac{\partial S}{\partial F_x}\\ \frac{\partial S}{\partial F_y}\end{pmatrix}^{\mathrm{T}}\right)\begin{pmatrix}dF_x\\dF_y\end{pmatrix} \tag{3-12a}$$

对于（椭）圆形屈服面，屈服面中心移动增量表达式为：

$$\begin{pmatrix}\mathrm{d}F_x^0\\ \mathrm{d}F_y^0\end{pmatrix}=\frac{1}{\left(\dfrac{F_x-F_x^0}{F_x^y}\right)^2+\left(\dfrac{F_y-F_y^0}{F_y^y}\right)^2}\begin{pmatrix}\left(\dfrac{F_x-F_x^0}{F_x^y}\right)^2 & \dfrac{(F_x-F_x^0)(F_y-F_y^0)}{(F_y^y)^2}\\ \dfrac{(F_x-F_x^0)(F_y-F_y^0)}{(F_x^y)^2} & \left(\dfrac{F_y-F_y^0}{F_y^y}\right)^2\end{pmatrix}\begin{pmatrix}\mathrm{d}F_x\\ \mathrm{d}F_y\end{pmatrix}$$

$$=\begin{pmatrix}\left(\dfrac{F_x-F_x^0}{F_x^y}\right)^2 & \dfrac{(F_x-F_x^0)(F_y-F_y^0)}{(F_y^y)^2}\\ \dfrac{(F_x-F_x^0)(F_y-F_y^0)}{(F_x^y)^2} & \left(\dfrac{F_y-F_y^0}{F_y^y}\right)^2\end{pmatrix}\begin{pmatrix}\mathrm{d}F_x\\ \mathrm{d}F_y\end{pmatrix} \tag{3-12b}$$

C 本构关系

弹性状态：

$$\begin{pmatrix}\mathrm{d}u_x\\ \mathrm{d}u_y\end{pmatrix}=\begin{pmatrix}K_{ex} & \\ & K_{ey}\end{pmatrix}^{-1}\begin{pmatrix}\mathrm{d}F_x\\ \mathrm{d}F_y\end{pmatrix} \tag{3-13}$$

式中，K_{ex}、K_{ey}分别为对 x、y 方向的屈服前刚度，kN/mm。

假定塑性流动沿加载曲面上加载点处的法向方向，塑性变形为加载点所在加载曲面的塑性变形之和，可以得到屈服状态下的本构关系：

$$\begin{pmatrix}\mathrm{d}u_x\\ \mathrm{d}u_y\end{pmatrix}=\left(\begin{pmatrix}K_{ex} & \\ & K_{ey}\end{pmatrix}^{-1}+\frac{\begin{pmatrix}\dfrac{\partial S}{\partial F_x}\\ \dfrac{\partial S}{\partial F_y}\end{pmatrix}\begin{pmatrix}\dfrac{\partial S}{\partial F_x}\\ \dfrac{\partial S}{\partial F_y}\end{pmatrix}^{\mathrm{T}}}{\begin{pmatrix}\dfrac{\partial S}{\partial F_x}\\ \dfrac{\partial S}{\partial F_y}\end{pmatrix}^{T}\boldsymbol{K}_{\mathrm{s}}\begin{pmatrix}\dfrac{\partial S}{\partial F_x}\\ \dfrac{\partial S}{\partial F_y}\end{pmatrix}}\right)\begin{pmatrix}\mathrm{d}F_x\\ \mathrm{d}F_y\end{pmatrix} \tag{3-14}$$

式中，$\boldsymbol{K}_{\mathrm{s}}$ 称作塑性刚度矩阵：

$$\boldsymbol{K}_{\mathrm{s}}=\begin{pmatrix}\gamma_x K_{ex} & \\ & \gamma_y K_{ey}\end{pmatrix},\ \gamma_x=\frac{\alpha_x}{1-\alpha_x},\ \gamma_y=\frac{\alpha_y}{1-\alpha_y} \tag{3-15a}$$

对于（椭）圆形屈服面，可写作

$$\begin{pmatrix}\mathrm{d}u_x\\ \mathrm{d}u_y\end{pmatrix}=\left(\begin{pmatrix}K_{ex} & \\ & K_{ey}\end{pmatrix}^{-1}+\frac{1}{\dfrac{\alpha_x}{1-\alpha_x}K_{ex}\left(\dfrac{F_x-F_x^0}{(F_x^y)^2}\right)^2+\dfrac{\alpha_y}{1-\alpha_y}K_{ey}\left(\dfrac{F_y-F_y^0}{(F_y^y)^2}\right)^2}\cdot\right.$$

$$\left.\begin{pmatrix}\left(\dfrac{F_x-F_x^0}{(F_x^y)^2}\right)^2 & \left(\dfrac{F_x-F_x^0}{(F_x^y)^2}\right)\left(\dfrac{F_y-F_y^0}{(F_y^y)^2}\right)\\ \left(\dfrac{F_y-F_y^0}{(F_y^y)^2}\right)\left(\dfrac{F_x-F_x^0}{(F_x^y)^2}\right) & \left(\dfrac{F_y-F_y^0}{(F_y^y)^2}\right)^2\end{pmatrix}\right)\begin{pmatrix}\mathrm{d}F_x\\ \mathrm{d}F_y\end{pmatrix} \tag{3-15b}$$

D 加载卸载判断准则

$$\begin{pmatrix}\dfrac{\partial S}{\partial F_x}\\ \dfrac{\partial S}{\partial F_y}\end{pmatrix}^{\mathrm{T}}\begin{pmatrix}K_{ex} & \\ & K_{ey}\end{pmatrix}\begin{pmatrix}\mathrm{d}u_x\\ \mathrm{d}u_y\end{pmatrix}\begin{cases}>0 & 加载\\ =0 & 中性变载\\ <0 & 卸载\end{cases} \tag{3-16}$$

对于（椭）圆形屈服面，加载卸载判断准则表达式为：

$$\frac{F_x-F_x^0}{(F_x^y)^2}K_{ex}\mathrm{d}u_x+\frac{F_y-F_y^0}{(F_y^y)^2}K_{ey}\mathrm{d}u_y\begin{cases}>0 & 加载\\ =0 & 中性变载\\ <0 & 卸载\end{cases} \tag{3-17}$$

3.1.1.3 Wen－Bonc 滞回模型

各种折线形模型在进行动力分析时，需要不断进行刚度变化点和拐点处的积分处理。对于需要考虑多轴相互作用、存在刚度刚化和退化的模型，还需要对加载面和屈服机制（屈服面移动、本构关系的变化、塑性流动等）进行大量处理，耗费大量的计算资源，使用起来非常复杂。Y. K. Wen 等建议的一种非线性力学模型可以有效解决这些问题，用一个微分方程来表征模型的滞回特征，在进行动力分析时，不需要进行上述的复杂处理。

A 单轴模型

Y. K. Wen 认为非线性滞回体系的恢复力由两部分组成：

$$F(u,\dot{u})=L(u,\dot{u})+z(u) \tag{3-18}$$

式中 F——非线性滞回体系恢复力，是体系的位移和速度的函数，kN；

u——体系的位移，mm；

$\dot{u}$——位移对时间的导数；

$L(u,\ \dot{u})$——非滞回部分的恢复力，kN，一般是非线性的，是某时刻速度和位移的函数；

$z(u)$——滞回特性分量，是位移时间历程的函数。

$L(u,\ \dot{u})$ 是瞬时位移和速度的函数，通常为非线性，可以将其看做是体系的弹性恢复力和黏滞阻尼力，一般对加载和卸载过程是对称的，满足对称条件，通常采用多项式表示如下：

$$L(u,\dot{u})=f(u)+h(\dot{u}) \tag{3-19}$$

$$f(u)=b_0\mathrm{sgn}(u)+b_1u+b_2u^2\mathrm{sgn}(u)+b_3u^3+\cdots \tag{3-20}$$

$$h(\dot{u})=a_0\mathrm{sgn}(\dot{u})+a_1\dot{u}+a_2\dot{u}^2\mathrm{sgn}(\dot{u})+a_3\dot{u}^3+\cdots \tag{3-21}$$

式中，sgn（）为符号函数；a_i、b_i 为常数。

滞回部分的恢复力特征主要与材料特性、反应大小以及体系的结构特点有关。在这里，滞回恢复力模型通过构造一个滞回恢复力 z 和体系位移 x 所满足的微分方程来建立：

$$\dot{z}=A\dot{u}-[\gamma \mathrm{sgn}(\dot{u}z)+\beta]|z|^n\dot{u} \tag{3-22}$$

式中，n、γ、β、A 是模型参数。为了理解式（3－22）的意义，将其变形为

$$\frac{\mathrm{d}z}{\mathrm{d}u}=A-[\gamma \mathrm{sgn}(\dot{u}z)+\beta]|z|^n \tag{3-23}$$

式（3－23）可以通过积分得到 z 和 u 的关系。$z(u)$ 主要与材料性能、反应的大小及结构的特性等因素有关。从该式看，参数 A 控制着滞回环的幅度；γ、β 控制着滞回环的一般形状；n 控制着力－位移曲线的光滑程度。通过调整这些参数的数值，可以构造出诸如刚度硬化或退化体系、窄带或宽带体系等各种各样的恢复力模型。图3－4给出了几种恢复力模型的构造实例，图中采用了无量纲的力和位移。

实际上，当 n 增大时，滞回环面积将增大，当 $n\to\infty$时，滞回恢复力模型将变为理想弹塑性力学模型。图3－5给出了一个随着 n 增大滞回曲线变化的一个实例。

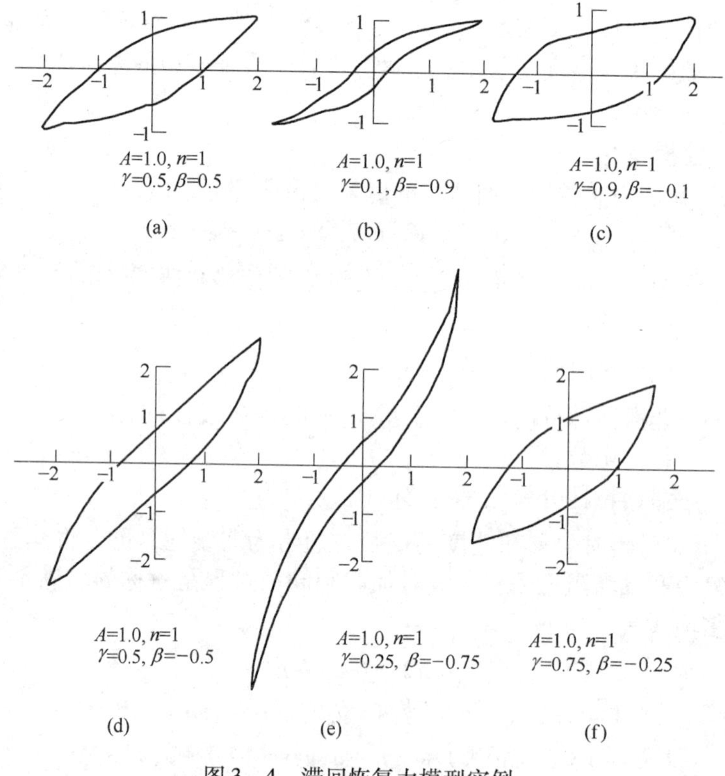

图3－4 滞回恢复力模型实例

B 多轴模型

对于从上述单轴模型推广到多轴模型，Y. K. Wen 给出了一种 $n=2$ 时的模

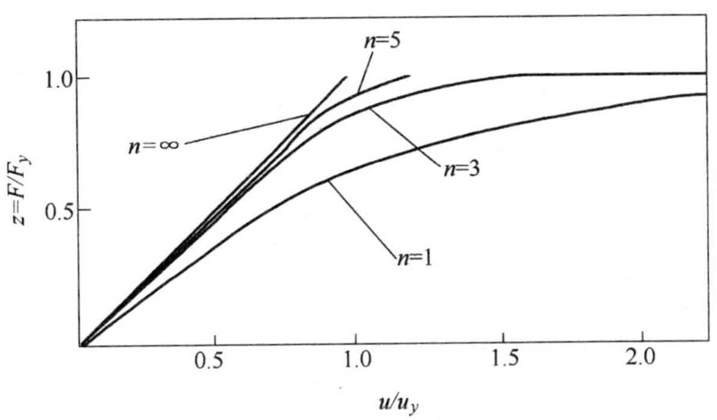

图 3－5 滞回曲线随 n 变化示意图

型，并进行了振动分析验证。线性部分的处理可以参见式（3－4）和式（3－5），滞变位移部分的力学模型为：

$$\begin{pmatrix} \dot{z}_x \\ \dot{z}_y \end{pmatrix} = \begin{pmatrix} A\dot{u}_x \\ A\dot{u}_y \end{pmatrix} - \begin{pmatrix} z_x^2[\gamma \mathrm{sgn}(\dot{u}_x z_x)+\beta] & z_x z_y[\gamma \mathrm{sgn}(\dot{u}_y z_y)+\beta] \\ z_x z_y[\gamma \mathrm{sgn}(\dot{u}_x z_x)+\beta] & z_y^2[\gamma \mathrm{sgn}(\dot{u}_y z_y)+\beta] \end{pmatrix} \begin{pmatrix} \dot{u}_x \\ \dot{u}_y \end{pmatrix} \tag{3-24}$$

式中，下标 x、y 表示物理量在该方向的分量。

下面以一种简单的位移路径（见图 3－6）来验证式（3－24），更详细的验证和论述请读者参考有关文献。对于图中所示的位移路径有：

$$z_x = z\cos\theta,\ z_y = z\sin\theta,\ u_x = u\cos\theta,\ u_y = u\sin\theta \tag{3-25}$$

将式（3－25）代入式（3－24）得

$$\dot{z} = A\dot{u} - [\gamma \mathrm{sgn}(\dot{u}z)+\beta]z^2\dot{u} \tag{3-26}$$

式(3－26) 和式(3－22) 是相同的，说明式(3－24) 所描述的本构关系是正确的。

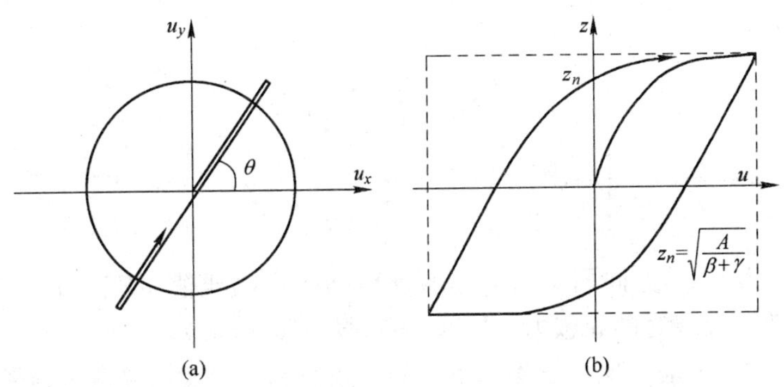

图 3－6 线性位移路径下的滞回特性示意图

C Wen－Bonc 滞回模型的优缺点

Wen－Bonc 滞回模型最初应用于随机动力分析中，用以表征非线性力，并在土结构相互作用和对钢筋混凝土结构和钢结构的分析中得到了广泛应用，目前在隔震建筑的分析中也得到了应用。其主要优点是：

（1）这种模型比较适合于采用逐步积分法进行动力分析的情形。在积分过程中，不用反复进行拐点迭代，其多轴模型有效解决了塑性机制的判断处理，节省了大量计算资源。

（2）有效解决了各种折线模型中的刚度突变问题，有效避免了由于刚度突变在计算过程中引起较大误差。

该模型的缺点是无法进行手算，对刚度退化问题的应用还需要进一步研究。

D 对双线型模型的模拟

建筑隔震支座一般具有滞回耗能特性，因此计算分析中采用 Wen－Bonc 弹塑性力学模型是比较合适的。下面给出一个同时考虑双方向的对双线型模型进行模拟的隔震支座恢复力模型，如图 3－7 所示。

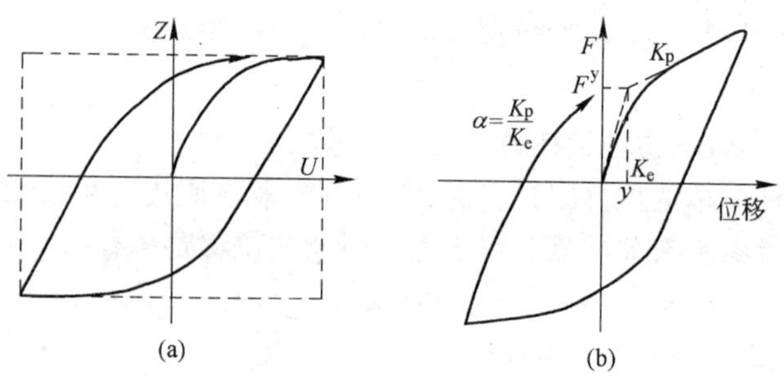

图 3－7 滞回型隔震支座力学特性示意图

（a）无量纲滞变位移；（b）滞回曲线

双线型滞回特性隔震支座的力－位移关系采用 Wen－Bonc 力学关系模型来描述：

$$\begin{cases} F_x = \alpha_x \dfrac{F_x^y}{Y_x} u_x + (1-\alpha_x) F_x^y Z_x \\ F_y = \alpha_y \dfrac{F_y^y}{Y_y} u_y + (1-\alpha_y) F_y^y Z_y \end{cases} \tag{3-27}$$

式中，α_x、α_y 为 x、y 方向屈服后与屈服前剪切刚度的比值；F_x^y、Y_x、F_y^y、Y_x 为 x、y 方向单轴加载时的屈服力（kN）和屈服位移（mm）。

在这里，为了考虑双向力学参数不同的一般情况，滞变恢复力部分采用了用屈服强度和屈服位移进行的无量纲化处理。无量纲滞变位移 Z_x 和 Z_y 微分控制方程由式（3－22）变为：

$$\begin{pmatrix} \dot{Z}_x \\ \dot{Z}_y \end{pmatrix} = \begin{pmatrix} A\dot{U}_x \\ A\dot{U}_y \end{pmatrix} - \begin{pmatrix} Z_x^2[\gamma \mathrm{sgn}(\dot{U}_x Z_x)+\beta] & Z_x Z_y[\gamma \mathrm{sgn}(\dot{U}_y Z_y)+\beta] \\ Z_x Z_y[\gamma \mathrm{sgn}(\dot{U}_x Z_x)+\beta] & Z_y^2[\gamma \mathrm{sgn}(\dot{U}_y Z_y)+\beta] \end{pmatrix} \begin{pmatrix} \dot{U}_x \\ \dot{U}_y \end{pmatrix} \tag{3-28}$$

式中，U_x、U_y 分别为隔震支座的无量纲位移；一般可取 $A=1.0$，$\beta=0.1$，$\gamma=0.9$。

E 双线型刚化弹簧模型

高阻尼建筑隔震橡胶支座在变形较大时具有明显的刚度硬化现象，双线型模型无法反映这种特性。有很多种三线型模型可供选择，但由于三线型模型在实际结构分析中应用过于复杂，考虑空间结构分析时存在许多很难解决的问题，下面介绍一种改进的双线型模型——双线型刚化弹簧模型，它可以看做是非线性弹性模型和理想弹塑性模型的并联。图3－8为弹性部分恢复力的单轴模型。

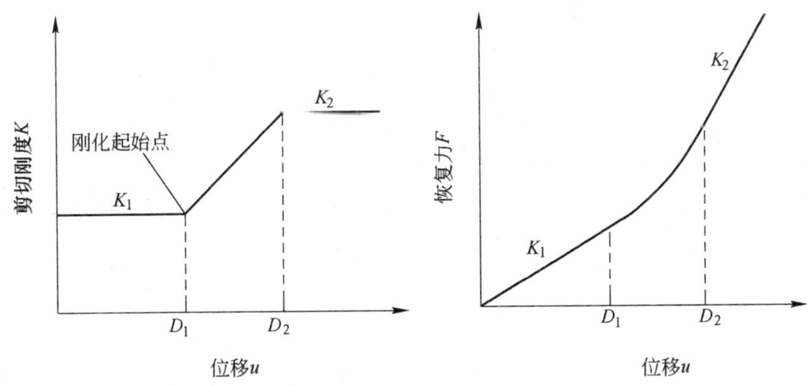

图3－8 双线型刚化弹簧模型

双线型刚化弹簧模型的弹性部分恢复力－位移关系为：

$$F=\begin{cases} K_1 u & (u \leqslant D_1) \\ \dfrac{(K_2-K_1)}{(D_2-D_1)}\dfrac{(u-D_1)^2}{2}\mathrm{sgn}(u)+K_1 u & (D_1 < u \leqslant D_2) \\ \dfrac{(K_1-K_2)(D_1+D_2)}{2}\mathrm{sgn}(u)+K_2 u & (u > D_2) \end{cases} \tag{3-29}$$

式中，K_1 为 $u<D_1$ 时的剪切刚度，kN/mm；K_2 为 $u>D_2$ 时的剪切刚度，kN/mm；u 是总位移，mm：

$$u=(u_x^2+u_y^2)^{1/2} \tag{3-30}$$

两个主轴方向的分力为：

$$\begin{cases} F_{xs} = F\cos\theta \\ F_{ys} = F\sin\theta \end{cases} \tag{3-31}$$

$$\begin{cases} \theta = \theta^* & (u_x, u_y > 0) \\ \theta = \theta^* + \pi/2 & (u_x < 0, u_y > 0) \\ \theta = \theta^* + \pi & (u_x, u_y < 0) \\ \theta = -\theta^* & (u_x > 0, u_y < 0) \\ \theta = \pi/2, u = u_y & (u_x = 0) \\ \theta = 0, u = u_x & (u_y = 0) \end{cases} \tag{3-32}$$

式中，$\theta^* = \arctan\left(\dfrac{|u_y|}{|u_x|}\right)$。

采用 Wen－Bonc 模型考虑滞回特性部分，则具有刚化特性的滞回型隔震支座的力－位移关系可以表示如下：

$$\begin{cases} F_x = Q_x Z_x + F_{xs} \\ F_y = Q_y Z_y + F_{ys} \end{cases} \tag{3-33}$$

式中 Q_x，Q_y——x、y 方向的名义屈服强度。

双线型刚化弹簧模型可以很好地模拟具有刚度刚化特征的高阻尼建筑隔震橡胶支座的力学特征，而且在程序实现方面也相对比较方便。

3.1.1.4 三线型模型

许多建筑隔震支座在变形较大时具有明显的刚度硬化或退化现象，这时可以采用三线型模型，如图 3－9 所示。

恢复力－位移关系为：

$$F = \begin{cases} K_1 u & (u \leqslant D_1) \\ K_1 u + (K_2 - K_1)(u - D_1) & (D_1 < u \leqslant D_2) \\ K_1 u + (K_2 - K_1)(u - D_1) + (K_3 - K_2)(u - D_2) & (u > D_2) \end{cases} \tag{3-34}$$

式中 F——恢复力，kN；

K_1——$u \leqslant D_1$ 时的剪切刚度，kN/mm；

K_2——$D_1 < u \leqslant D_2$ 时的剪切刚度，kN/mm；

K_3——$u > D_2$ 时的剪切刚度，kN/mm；

u——位移，mm。

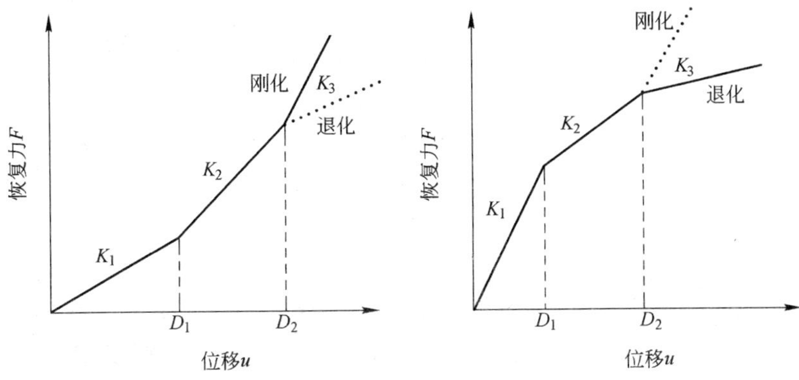

图 3-9 三线型模型

对三线型模型来说，将单轴模型推广到多轴并考虑多轴的相互作用是非常复杂的，如何考虑加载面的形状、加载面的移动规则、塑性流动规则、变形和恢复力的本构关系变化、加载卸载判断准则等规则都需要结合具体类型的隔震支座，进行大量的实验分析，确定与其力学特性相适合的上述规则。由于对现有多轴三线型模型对隔震支座适用性的研究极少，在这里将不再介绍，读者如果需要，可以参考有关结构分析模型和塑性理论方面的文献。但可以参考前述采用 Wen-Bonc 模型对双线型模型的模拟方法对三线型模型的多轴相互作用模型进行处理。

三线型模型主要应用于高阻尼建筑隔震橡胶支座、多个隔震支座串联体系的结构分析。

3.1.1.5 通用黏滞阻尼模型

目前在实际工程应用中，各式各样的黏滞型阻尼器被开发了出来。大量的研究表明，一般的黏滞型阻尼器与速度并不一定是线性比例关系。在模拟阻尼器的阻尼特性时，经常使用的黏滞型阻尼模型有 Coulomb（库仑）干摩擦阻尼、线性黏滞阻尼、orifice（孔板）阻尼。可以用下面公式来统一表示这几种阻尼模型：

$$F_{\mathrm{D}} = \left(\sum_{i=1}^{n} \left[F_{0i} + C_i \, |\dot{u}|^{\rho_i} \right] \right) \mathrm{sgn}\,(\dot{u}) \qquad (3-35)$$

式中 F_{0i}——初始阻尼值（速度为0时）；

C_i——阻尼系数；

ρ_i——阻尼指数。

一般情况下，取 $n=2$。

式（3-35）可以很好地模拟各种非线性阻尼器的力-位移关系曲线，见图 3-10。

对库仑阻尼来说，$\rho_i=0$，力－位移关系为：

$$F_D = C_i \mathrm{sgn}(\dot{u}) \qquad (3-36)$$

对线性比例阻尼来说，$\rho_i=1$，力－位移关系为：

$$F_D = C_i |\dot{u}| \mathrm{sgn}(\dot{u}) = C_i \dot{u} \qquad (3-37)$$

对非线性黏滞型阻尼来说，ρ_i 可以取不同的值。目前生产的阻尼器，ρ_i 一般在 0.4 和 2 之间。例如 $\rho_i=2$，力－位移关系为：

$$F_D = C_i |\dot{u}|^2 \mathrm{sgn}(\dot{u}) \qquad (3-38)$$

多轴模型的处理方法和等效线性模型相同。

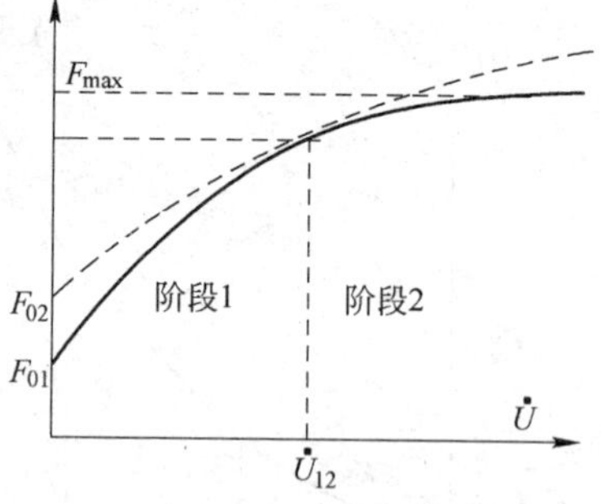

图 3－10 非线性阻尼器隔震支座的力与位移关系示意图

3.1.2 建筑隔震橡胶支座与结构柱串联系统的力学模型

本节前面部分所描述的建筑隔震支座的力学模型一般只适合应用于图 3－11（a）所示的隔震方案，即隔震支座上、下部支撑端的转动刚度为无限大的情况，这就要求位于隔震支座上、下端纵横两个方向的大梁或连梁的刚度必须很大，这种方案是不经济的。国外早期的隔震试点工程一般均采用这种布置方案。随着隔震技术的发展，出现了如图 3－11（b）所示的隔震方案，即将橡胶支座设置在下一层结构柱的顶部，这样处理不仅节省了纵横向的连梁，同时使净空增大。这在有地下室的隔震建筑和中间隔震层隔震体系中应用较多。当柱子底端为固定时，图 3－11（b）中所示的隔震层便是由一端固定柱与隔震支座组成的串联系统。下面基于 Haringx 和 Gent 的近似理论建立隔震支座与结构柱串联系统的力学分析模型，给出串联系统中隔震支座和结构柱各自的水平刚度与临界力计算公式以及整个串联系统的水平刚度计算公式，并对参数影响进行分析。

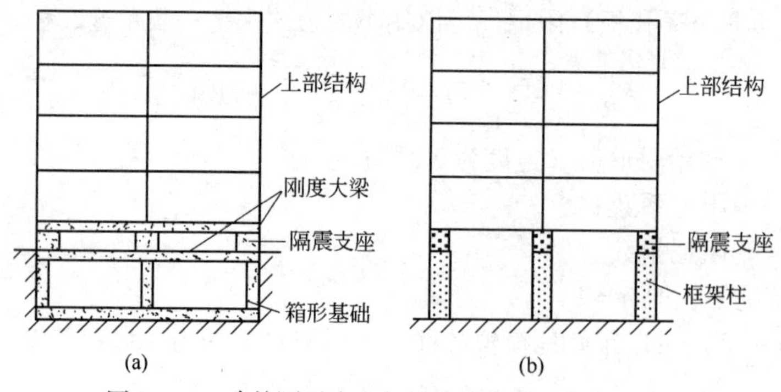

图 3－11 建筑隔震支座与结构柱串联系统示意图

3.1.2.1 隔震支座和结构柱串联系统的分析模型

当隔震支座被安装在结构柱顶端时，隔震支座和柱串联系统可简化为图3－12（a）所示的分析模型。上部结构对隔震支座的约束可简化为仅允许水平方向移动和竖向变形。

当橡胶支座被安装在结构柱下端时，隔震支座和柱串联系统的简化分析模型将为图3－12（b）所示的形式。

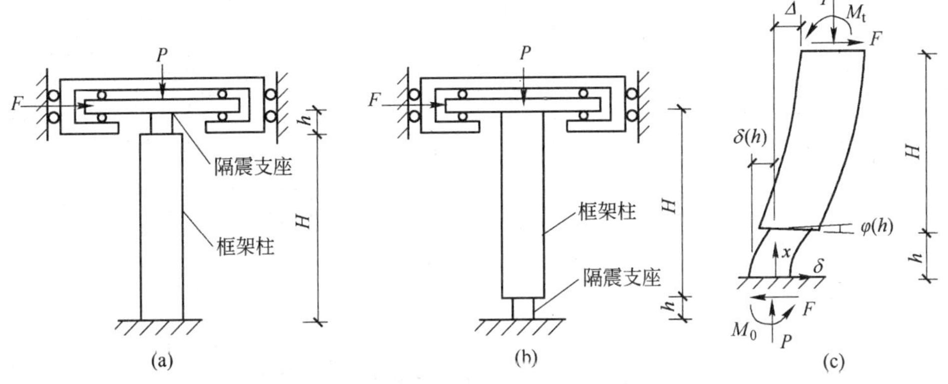

图3－12 隔震支座与结构柱串联系统简化模型

将图3－12（a）和（b）两个分析模型比较就可以发现，两者是等效的。为了方便起见，下面将对图3－12（b）所示模型进行分析，其力学分析模型如图3－12（c）所示。图中，P、F 分别为上部结构传来的竖向压力与水平力；M_t 为上部结构对柱上端的转动力矩；M_0 为下部结构对隔震支座的约束力矩；$\delta(h)$ 为隔震支座的水平变形；Δ 为柱子的水平变形；$\varphi(h)$ 为隔震支座与柱交界面的转角。串联系统总的水平变形为 $\delta(h)+\Delta$，因此串联系统的水平刚度为：

$$K=\frac{F}{\delta(h)+\Delta} \tag{3-39}$$

采用等效刚度形式时可写作：

$$K=\frac{1}{1/K_r+1/K_c} \tag{3-40}$$

式中 K_r——串联系统中隔震支座的水平刚度，kN/mm，$K_r=\dfrac{F}{\delta(h)}$；

K_c——串联系统中结构柱的水平刚度，kN/mm，$K_c=\dfrac{F}{\Delta}$。

在上述串联系统中，由于隔震支座的水平变形比较大，因此在考虑隔震支座和结构柱的水平刚度时，需要考虑 $P-\Delta$ 效应的影响。下面将给出有关计算公式。

3.1.2.2 串联系统中隔震支座的水平刚度

A 隔震支座水平刚度公式

考虑 $P-\Delta$ 效应的隔震支座水平刚度为：

$$K_r(P)=\frac{F}{\delta(h)}=\frac{P}{\dfrac{1-\cos\alpha h+dP\left(\dfrac{\sin\alpha h}{\alpha\beta}+\dfrac{H}{2}\right)}{\alpha\beta\sin\alpha h+dP\cos\alpha h}(1-\cos\alpha h)+\dfrac{\sin\alpha h}{\alpha\beta}-h} \tag{3-41a}$$

对上式取 $P=0$ 时的极限可得下述表述形式：

$$K_r(P=0)=\frac{1+d\dfrac{E_sI_s}{h}}{\dfrac{h^3}{12E_cI_c}+\dfrac{h}{G_sA_s}+\dfrac{dh}{3}\left(h+\dfrac{3H}{4}\right)+d\dfrac{E_sI_s}{G_sA_s}} \tag{3-41b}$$

$$\frac{K_r(P)}{K_r(P=0)}=\frac{P}{hK_r(P=0)}\cdot\frac{\alpha\beta h\sin\alpha h+dPh\cos\alpha h}{2\left(1+dP\dfrac{H}{4}\right)-\left[2+dP\left(\dfrac{H}{2}+h\right)\right]\cos\alpha h+\left(\dfrac{dP}{\alpha\beta}-\alpha\beta h\right)\sin\alpha h} \tag{3-41c}$$

式中，$P=0$ 表示取 $P\to0$ 时的极限；d 为柱子的转动柔度，忽略剪切变形的影响，$d=H/E_cI_c$，E_cI_c 为结构柱的等效弯曲刚度；α、β 由下式确定：

$$\begin{cases}\alpha^2=\dfrac{P(P+G_sA_s)}{E_sI_sG_sA_s}\\[2ex]\beta=\dfrac{G_sA_s}{P+G_sA_s}\end{cases} \tag{3-42}$$

E_sI_s 和 G_sA_s 为将隔震支座视为匀质弹性柱的等效弯曲刚度和等效剪切刚度，对于建筑隔震橡胶支座，有：

$$E_sI_s=E_rI_rh/n_rt_r \tag{3-43a}$$

$$G_sA_s=G_rA_rh/n_rt_r \tag{3-43b}$$

式中 E_r——叠层橡胶纵向表观弹性常数，MPa，$E_r=E_0(1+2\kappa S_1^2)$；

E_0——橡胶材料的杨氏弹性模量，MPa；

κ——与橡胶硬度有关的修正系数；

S_1——橡胶支座的第一形状系数；

t_r——单层橡胶片厚度，mm；

I_r——橡胶支座横截面惯性矩，mm^4；

h——橡胶支座高度，mm；

n_r——橡胶支座中橡胶片的层数；

G_r——橡胶材料的剪切模量，MPa；

A_r——橡胶支座的横截面面积，mm^2。

引入如下无量纲参数 H/h 和 p、λ、γ、p_λ，其物理意义为：

p——无量纲压力，$p=\dfrac{Ph}{\sqrt{E_sI_sG_sA_s}}$；

λ——隔震支座的弯曲刚度影响系数，$\lambda=\sqrt{\dfrac{E_sI_s}{G_sA_sh^2}}$；

γ——隔震支座与结构柱的刚度比，$\gamma=d\dfrac{E_sI_s}{h}=\dfrac{HE_sI_s}{hE_cI_c}$；

p_λ——压力影响系数：

$$p_\lambda=p\sqrt{1+\frac{1}{\lambda p}}=\alpha h \tag{3-44}$$

将式（3－44）代入式（3－41c），则有下述隔震支座的水平刚度无量纲表述方式：

$$\frac{K_r(p)}{K_r(p=0)}=\frac{p\left[1+\dfrac{1}{12\lambda^2(1+\gamma)}\left(1+4\gamma+3\gamma\dfrac{H}{h}\right)\right]\left(\dfrac{p\sin p_\lambda}{p_\lambda}+p\gamma\cos p_\lambda\right)}{2\left(1+\dfrac{p\gamma}{4\lambda}\dfrac{H}{h}\right)-\left[2+\dfrac{p\gamma}{\lambda}\left(1+\dfrac{H}{2h}\right)\right]\cos p_\lambda+\left(\gamma p_\lambda-\dfrac{p}{\lambda p_\lambda}\right)\sin p_\lambda} \tag{3-45a}$$

$$K_r(p=0)=\frac{G_sA_s}{h}\frac{1+\gamma}{1+\gamma+\dfrac{1}{12\lambda^2}\left[1+\gamma\left(4+\dfrac{3H}{h}\right)\right]} \tag{3-45b}$$

图3－13和图3－14所示为无量纲水平刚度 $K_r(p)/K_r(p=0)$ 与无量纲压力 p、柱与橡胶支座高度比 H/h、γ 之间的关系。从图中可以看到，无量纲水平刚度随无量纲压力的增大而减小。在图3－13中可看到，无量纲水平刚度随柱与橡胶支座高度比 H/h 的增大而减小，但临界压力 p^* 相等。在图3－14中可看到，随着 γ 的增大，无量纲水平刚度减小，临界压力 p^* 亦减小。

B 水平刚度公式的简化形式

（1）假设结构柱刚度无穷大，当 $\gamma=0$ 时，式（3－45）表示的隔震支座水平刚度变为：

$$\frac{K_r(p)}{K_r(p=0)}=\frac{\lambda p^2\left(1+\dfrac{1}{12\lambda^2}\right)}{2\lambda p_\lambda\tan(p_\lambda/2)-p} \tag{3-46a}$$

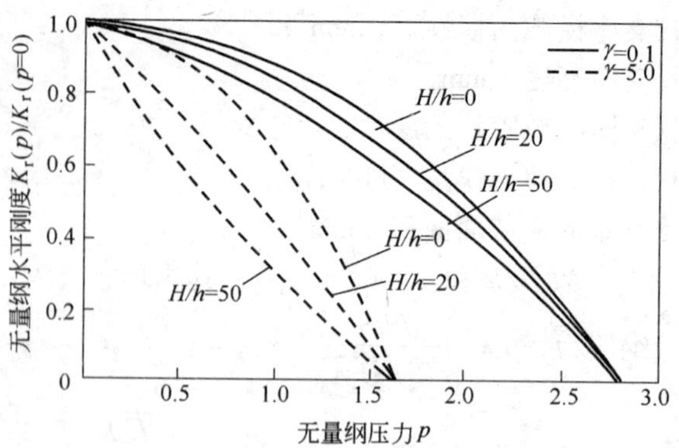

图3-13 串联系统中隔震支座的无量纲水平刚度与无量纲压力的关系（$\lambda=10$）

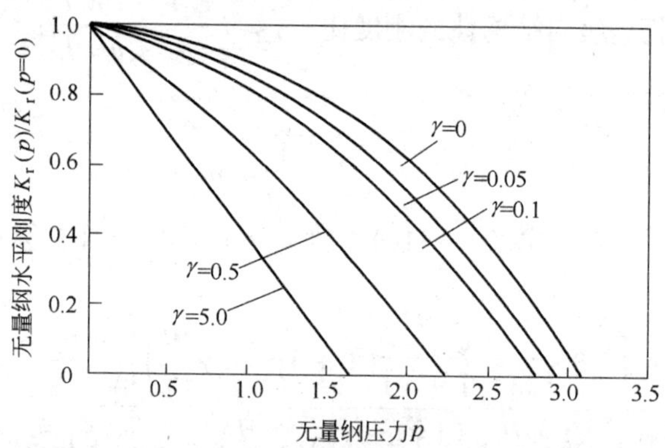

图3-14 串联系统中隔震支座的无量纲水平刚度与无量纲压力的关系（$\lambda=10$，$H/h=30$）

$$K_r(p=0)=\frac{1}{\left(\frac{h^3}{12E_sI_s}+\frac{h}{G_sA_s}\right)} \tag{3-46b}$$

这表示的是一端固定一端可沿水平方向滑动的隔震支座水平刚度（见图3-13）。

（2）当$\lambda\to\infty$时，$p_\lambda=p$，$K_r(p=0)=G_sA_s/h$，$K_r(p)/K_r(p=0)$与H/h的取值无关。这时式（3-45a）表示的隔震支座水平刚度变为：

$$\frac{K_r(p)}{K_r(p=0)}=\frac{p(\sin p+p\gamma\cos p)}{2(1-\cos p)+p\gamma\sin p} \tag{3-47}$$

（3）不考虑隔震支座弯曲刚度的影响，只考虑其剪切刚度，亦即当$E_sI_s\to\infty$时，有：

$$K_r(p)=K_r(p=0)=G_sA_s/h \tag{3-48}$$

C 隔震支座的临界荷载

在式（3-41a）中令其等于0，可得临界力方程：

$$\tan \alpha h = -\gamma\alpha h \tag{3-49a}$$

或

$$\tan \sqrt{p(p+1/\lambda)} = -\gamma \sqrt{p(p+1/\lambda)} \tag{3-49b}$$

从式（3－49）中解出的 αh 值在 $\pi/2 \sim \pi$ 之间，设为 $\xi\pi$，则临界力为：

$$p^{*} = \frac{1}{2}\left(\sqrt{\frac{1}{\lambda^{2}} + 4\xi^{2}\pi^{2}} - \frac{1}{\lambda}\right) \tag{3-50}$$

当 $\xi=1/2$ 时，式（3－50）转化为一端固定一端自由支座的临界力；当 $\xi=1$ 时，式（3－50）转化为一端固定一端滑动支座的临界力。

图 3－15 所示为临界力 p^{*} 与 γ 的关系曲线。

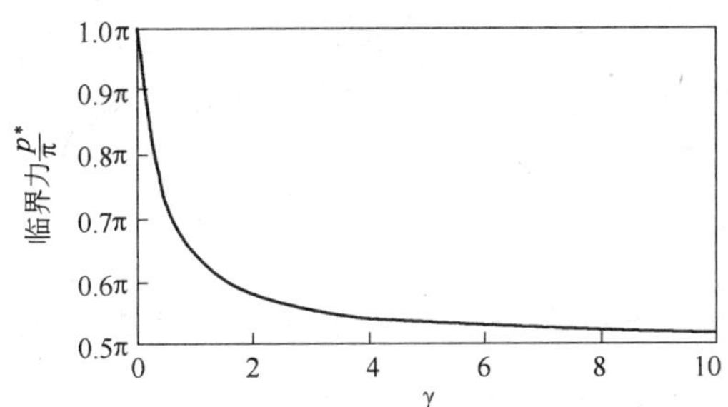

图 3－15 串联系统中隔震支座临界力 p^{*} 与参数 γ 的关系

3.1.2.3 串联系统中结构柱的水平刚度

串联系统中结构柱的水平刚度为：

$$K_{c}(p) = \frac{F}{\Delta(p)} = \frac{12}{dH}\frac{\alpha\beta\sin\alpha h + dp\cos\alpha h}{4H\alpha\beta\sin\alpha h + (dpH-6)\cos\alpha h + 6} \tag{3-51a}$$

或

$$K_{c}(p=0) = \frac{F}{\Delta(p=0)} = \frac{12E_{c}I_{c}}{H^{2}h}\frac{1+\gamma}{(4+r)\frac{H}{h}+3} \tag{3-51b}$$

$$\frac{K_{c}(p)}{K_{c}(p=0)} = \frac{(4+\gamma)\frac{H}{h}+3}{1+\gamma}\frac{\frac{p}{p_{\lambda}}\sin p_{\lambda} + p\gamma\cos p_{\lambda}}{4\frac{H}{h}\frac{p}{p_{\lambda}}\sin p_{\lambda} + \left(p\gamma\frac{H}{h} - 6\lambda\right)\cos p_{\lambda} + 6\lambda} \tag{3-51c}$$

令式（3－51a）等于零，可知串联系统中钢筋混凝土柱的临界力方程与式（3－49）相同，亦即结构柱与隔震支座同时失稳。

图 3－16 和图 3－17 所示为无量纲水平刚度 $K_{c}(p)/K_{c}(p=0)$ 与无量纲压力

p、柱与隔震支座高度比 H/h、γ 之间的关系。从图中可以看到，无量纲水平刚度 $K_c(p)/K_c(p=0)$ 随无量纲压力 p 的增大而减小。从图 3－16 中还可以看到，随柱与隔震支座高度比 H/h 的增大，无量纲水平刚度增大，但临界压力 p^* 相等。从图 3－17 中可以看到，随 γ 的增大，无量纲水平刚度减小，临界压力 p^* 亦减小。

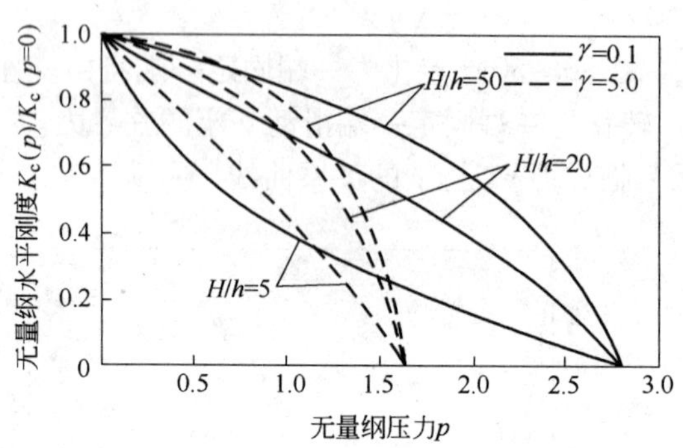

图 3－16　串联系统中结构柱的无量纲水平刚度与无量纲压力的关系（$\lambda=10$）

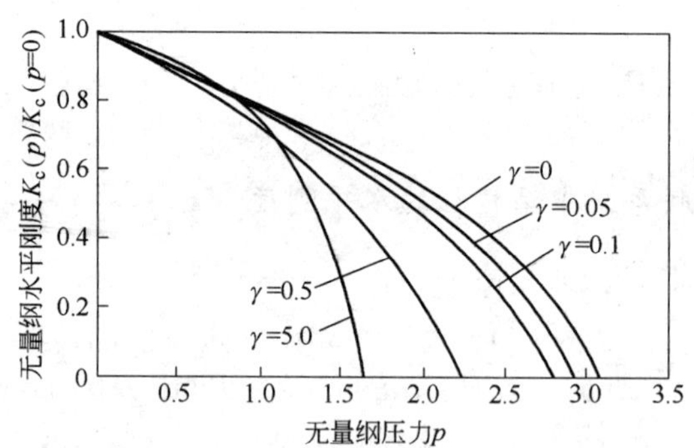

图 3－17　串联系统中结构柱的无量纲水平刚度与无量纲压力的关系（$\lambda=10$，$H/h=30$）

3.1.2.4　串联系统的水平刚度

串联系统由橡胶支座与钢筋混凝土柱组成。将式（3－46）和式（3－51）代入式（3－41），经整理和简化后，可求得以下串联系统水平刚度计算公式的无量纲表达式：

$$\frac{K(p)}{K(p=0)}=\frac{pA_1\left(\dfrac{p\sin p_\lambda}{p_\lambda}+p\gamma\cos p_\lambda\right)}{2+\dfrac{p\gamma}{\lambda}\dfrac{H}{h}+A_2\cos p_\lambda+A_3\sin p_\lambda}\qquad(3-52a)$$

$$K(p=0)=\frac{G_sA_s}{h}\frac{1}{1+\frac{1}{12\lambda^2(1+\gamma)}\left\{1+4\gamma+\gamma\frac{H}{h}\left[(4+\gamma)\frac{H}{h}\right]+6\right\}}\tag{3-52b}$$

式中 $A_1=1+\frac{1}{12\lambda^2(1+\gamma)}\left\{1+4\gamma+\gamma\frac{H}{h}\left[\frac{H}{h}(4+\gamma)+6\right]\right\}$;

$A_2=\frac{p^2\gamma^2}{12\lambda^2}\left(\frac{H}{h}\right)^2-\frac{p\gamma}{\lambda}\left(1+\frac{H}{h}\right)-2$;

$A_3=\gamma p_\lambda+\frac{p^2\gamma}{3\lambda^2 p_\lambda}\left(\frac{H}{h}\right)^2-\frac{p}{\lambda p_\lambda}$。

图 3－18 和图 3－19 所示为无量纲水平刚度 $K(p)/K(p=0)$ 与无量纲压力 p、柱与隔震支座高度比 H/h、γ 之间的关系。从图中可以看到，无量纲水平刚度随无量纲压力的增大而减小。从图 3－18 中还可以看到，$H/h=0\sim20$ 的范围内，无量纲水平刚度随柱与橡胶支座高度比 H/h 的增大而减小；$H/h=20\sim50$ 的范围内，当 $\gamma=0.1$ 时，无量纲水平刚度相差不大，当 $\gamma=5.0$ 时，无量纲水平刚度随柱与橡胶支座高度比 H/h 的增大而增大；但临界压力 p^* 与柱与橡胶支座高度比 H/h 无关。从图 3－19 中可以看到，随 γ 的增大，无量纲水平刚度减小，临界压力 p^* 亦减小。

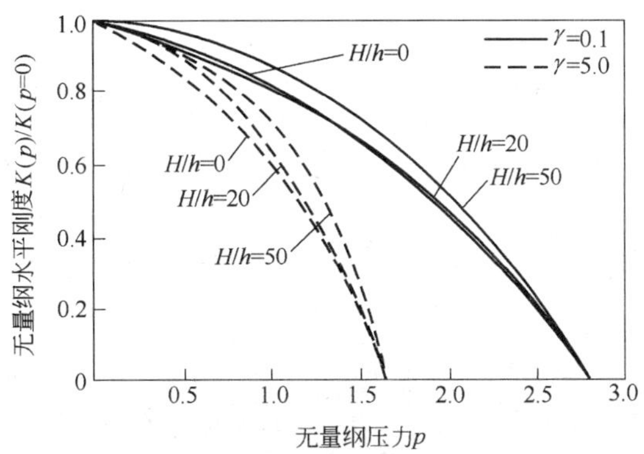

图 3－18 串联系统无量纲水平刚度与无量纲压力的关系（$\lambda=10$）

3.1.3 串联隔震支座力学模型

为了满足对隔震支座承载能力、水平刚度和变形能力等的各种要求，由两个不同截面尺寸的建筑隔震橡胶支座串联组成的组合橡胶支座有时是比较经济、实用的选择，通过合理设计可以达到中小地震时主要依靠其中截面较小者发挥作用，遭遇强烈地震时整个组合橡胶支座同时发挥作用的较优隔震

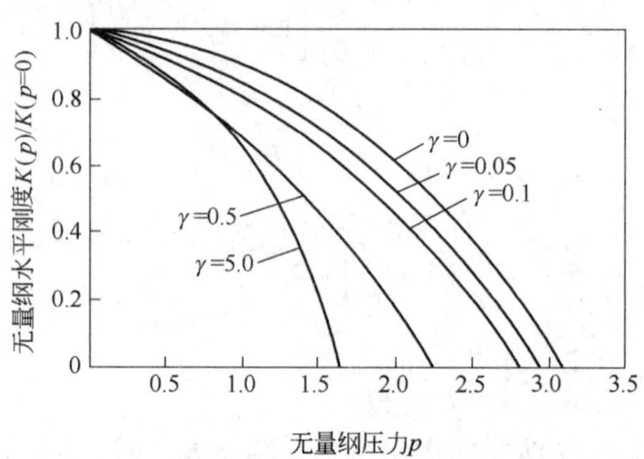

图3－19 串联系统无量纲水平刚度与无量纲压力的关系（$\lambda=10$，$H/h=30$）

效果。当采用建筑隔震橡胶支座和摩擦滑移机构的串联隔震方案时，应用组合橡胶支座还可有效地减小滑板的面积，从而达到经济、紧凑的设计。组合橡胶支座中上、下两个支座通常需要用钢板连接，其与橡胶支座中的端钢板一起构成刚性连接板，形成刚域，实际上组合橡胶支座是带刚域的串联系统。下面基于3.1.2节的分析，建立组合橡胶隔震支座的水平刚度系数计算公式，并对典型参数的影响进行分析。同时给出不考虑刚性连接板的水平刚度计算方法。

3.1.3.1 力学分析模型

由两个不同截面叠层钢板橡胶支座通过刚性板连接组成的组合橡胶支座可简化为图3－20所示的分析模型。当横梁的刚度为无限大时，上部结构对橡胶支座的约束可简化为仅允许水平方向移动和竖向变形的支座，刚性连接板仅发生刚体转动变形。

将图3－20（a）和（b）两个简化模型比较就可以发现，两者是等效的。为了方便起见，下面将对图3－20（b）所示模型进行分析，其力学分析模型如图3－20（c）所示。图中，P、F分别为上部结构传来的竖向压力与水平力；M_t为上部结构对组合橡胶支座上端的转动力矩；M_b为基础对组合橡胶支座下端的约束力矩，$\delta(h_1)$为截面较小橡胶支座的水平变形；$\delta(h_2)$为截面较大橡胶支座的水平变形；$\varphi(h_1)$为橡胶支座与刚性连接板交界面的转角，亦即为刚性连接板的转角变形。组合橡胶支座总的水平变形为$\delta(h_1)+\delta(h_2)+\varphi(h_1)h_\Delta$，因此组合橡胶支座的水平刚度为：

$$K=\frac{F}{\delta(h_1)+\varphi(h_1)h_\Delta+\delta(h_2)} \tag{3-53}$$

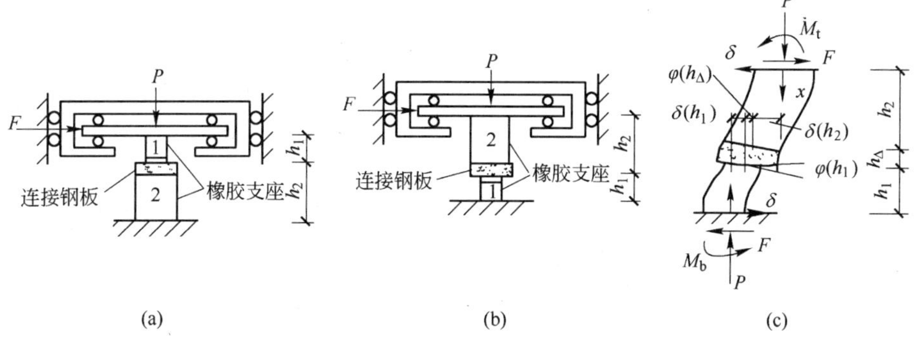

图 3－20 刚性连接板组合橡胶支座简化模型

根据式（3－51）和式（3－52），并根据变形连续条件，可得到组合橡胶支座的水平刚度计算公式：

$$\frac{K(p)}{K(p=0)}$$

$$= q\frac{\Psi_1\sin p_1\cos p_2+\Psi_2\sin p_2\cos p_1-\Psi_1\Psi_2\zeta_\Delta\sin p_1\sin p_2}{2+[\Psi_3\sin p_1-(1+\zeta)\Psi_2\cos p_1]\sin p_2-(2\cos p_1+(1+\zeta)\Psi_1\sin p_1)\cos p_2} \tag{3-54a}$$

$$\frac{1}{K(p=0)}=\left(\frac{h_1}{G_1A_1}+\frac{h_2}{G_2A_2}\right)\cdot$$

$$\left[1+\lambda\eta^2\frac{\zeta^4+\kappa^2+4\zeta\kappa(1+1.5\zeta+\zeta^2)+12\zeta\kappa\zeta_\Delta(1+\zeta+\zeta_\Delta)}{12\kappa(\kappa+\zeta)(\lambda+\zeta)}\right] \tag{3-54b}$$

式中 $p=\dfrac{Ph_2}{\sqrt{E_{s2}I_{s2}G_{s2}A_{s2}}}$，$\zeta=\dfrac{h_1}{h_2}$，$\zeta_\Delta=\dfrac{h_\Delta}{h_2}$，

$\kappa=\dfrac{E_{s1}I_{s1}}{E_{s2}I_{s2}}$，$\lambda=\dfrac{G_{s1}A_{s1}}{G_{s2}A_{s2}}$，$\eta=h_2\sqrt{\dfrac{G_{s2}A_{s2}}{E_{s2}I_{s2}}}$，

$q=\dfrac{p}{\eta}\left\{1+\dfrac{\zeta}{\lambda}+\dfrac{\eta^2}{12(\zeta+\kappa)}\left[\dfrac{\zeta^4}{\kappa}+\kappa+4\zeta(1+1.5\zeta+\zeta^2)+12\zeta\zeta_\Delta(1+\zeta+\zeta_\Delta)\right]\right\}$，

$p_1=\zeta\sqrt{\dfrac{p}{\xi\lambda}(p+\eta\lambda)}$，$p_2=\sqrt{p(p+\eta)}$，

$\Psi_1=\eta\sqrt{\dfrac{p\lambda}{\kappa(p+\eta\lambda)}}$，$\Psi_2=\eta\sqrt{\dfrac{p}{p+\eta}}$，

$$\Psi_3 = \sqrt{\frac{\lambda(p+\eta)}{\kappa(p+\eta\lambda)}} + \sqrt{\frac{\kappa(p+\eta\lambda)}{\lambda(p+\eta)}} + \Psi_1 \Psi_2 \zeta_\Delta (1+\zeta+\zeta_\Delta)。$$

在式（3－54a）中令 $K(p)/K(p=0)=0$，可得以下临界力方程：

$$\tan \alpha_1 h_1 = \alpha_2 \beta_2 \tan \alpha_2 h_2 \left(h_\Delta \tan \alpha_1 h_1 - \frac{1}{\alpha_1 \beta_1} \right) \tag{3－55a}$$

亦即

$$\frac{1}{\Psi_1 \tan p_1} + \frac{1}{\Psi_2 \tan p_2} = \zeta_\Delta \tag{3－55b}$$

当 $\zeta_\Delta=0$ 时，上式可表示为：

$$\sqrt{\frac{\lambda(p+\eta)}{\xi(p+\lambda\eta)}} \tan \left[\zeta \sqrt{\frac{p(p+\lambda\eta)}{\lambda\xi}} \right] = -\tan \sqrt{p(p+\eta)} \tag{3－55c}$$

3.1.3.2 橡胶支座变形以剪切变形为主的情况

假设 $\eta \to 0$，橡胶支座变形以剪切变形为主，这等价于可以忽略橡胶支座弯曲变形的影响，这时式（3－54）可简化为：

$$\frac{K(p)}{K(p=0)} = \frac{p\left(1+\frac{\zeta}{\lambda}\right)\left[\sqrt{\frac{\lambda}{\kappa}}\sin\left(\frac{\zeta p}{\sqrt{\kappa\lambda}}\right)\cos p + \sin p \cos\left(\frac{\zeta p}{\sqrt{\kappa\lambda}}\right)\right]}{2\left[1+\frac{1}{2}\left(\sqrt{\frac{\lambda}{\kappa}}+\sqrt{\frac{\kappa}{\lambda}}\right)\sin p \sin\left(\frac{\zeta p}{\sqrt{\kappa\lambda}}\right) - \cos p \cos\left(\frac{\zeta p}{\sqrt{\kappa\lambda}}\right)\right]} \tag{3－56a}$$

$$\frac{1}{K(p=0)} = \left(\frac{h_1}{G_1 A_1} + \frac{h_2}{G_2 A_2} \right) \tag{3－56b}$$

式（3－56）说明当不计橡胶支座的弯曲变形时，刚性连接板对组合橡胶支座的水平刚度无影响。在式（3－56a）中令 $K(p)/K(p=0)=0$，可得 $\eta \to 0$ 时的临界力方程：

$$\tan p = -\sqrt{\frac{\lambda}{\xi}} \tan \frac{\zeta p}{\sqrt{\xi\lambda}} \tag{3－57}$$

3.1.3.3 将橡胶支座1看做柱子的情况

将橡胶支座1看做柱子，此时图3－20所示便是柱子和橡胶支座由刚性板连接组成的串联系统（见图3－12）的精确模型，式（3－54）便是式（3－42）进一步考虑柱子的 $P-\Delta$ 效应和剪切变形以及刚性连接板影响的推广情形。

（1）柱子变形以弯曲变形为主，即相当于假设 λ（或 G_1A_1）$\to\infty$，此时式（3－54）中的参数可简化为：

$$\begin{cases} q = \dfrac{p}{\eta}\left\{1 + \dfrac{\eta^2}{12(\zeta + \xi)}\left[\dfrac{\zeta^4}{\xi} + \xi + 4\zeta(1 + 1.5\zeta + \zeta^2) + 12\zeta\zeta_\Delta(1 + \zeta + \zeta_\Delta)\right]\right\} \\ p_1 = \zeta\sqrt{\dfrac{p\eta}{\xi}},\ p_2 = \sqrt{p(p + \eta)} \\ \Psi_1 = \eta\sqrt{\dfrac{p}{\eta\xi}},\ \Psi_2 = \eta\sqrt{\dfrac{p}{p + \eta}},\ \Psi_3 = \sqrt{\dfrac{p + \eta}{\xi\eta}} + \sqrt{\dfrac{\xi\eta}{p + \eta}} + \Psi_1\Psi_2\zeta_\Delta(1 + \zeta + \zeta_\Delta) \end{cases} \tag{3-58}$$

（2）橡胶支座以剪切变形为主、柱子以弯曲变形为主时，即相应于假设 $\eta \to 0$、$\lambda \to \infty$，这时 $p_1 = 0$，$p_2 = p$，式（3-54a）可简化为：

$$\frac{K(p)}{K(p = 0)} = \frac{p\left(\dfrac{p\zeta}{\xi}\cos p + \sin p\right)}{2(1 - \cos p) + \dfrac{p\zeta}{\xi}\sin p} \tag{3-59}$$

橡胶支座以剪切变形为主、柱子以弯曲变形为主时，亦即当 $\eta \to 0$、$\lambda \to \infty$ 时，串联系统中的柱子水平位移可以不予考虑，因此可以认为柱子对橡胶支座只起转动弹簧的作用。此时临界力方程为：

$$\tan p = -p\zeta/\xi \tag{3-60}$$

3.1.3.4 刚域的影响

考虑比不考虑刚性连接板的无量纲水平刚度要小；但当连接板的厚度与单个橡胶支座的高度之比较小时，差别不大。对于建筑隔震橡胶支座来说，一般其竖向压力仅相当于单个支座极限荷载的 1/8 ~ 1/5，这时 $p = 0.04 \sim 0.1$，当 $\xi\Delta \leqslant 0.2$ 时，刚域的影响一般仅在 5% ~ 10% 左右，不是很大，参见图 3-21。

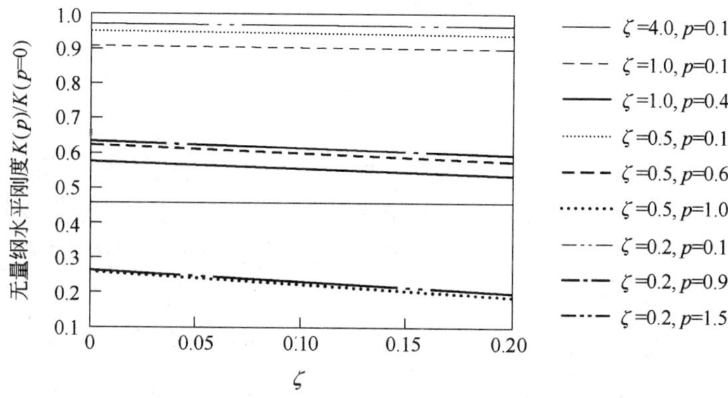

图 3-21 组合橡胶支座刚域对其无量纲水平刚度的影响示意图
（$\lambda = 0.5$，$\xi = 0.5$，$\eta = 1.0$）

3.1.4 建筑隔震支座的力学参数

目前在隔震建筑中使用的建筑隔震支座主要有：建筑隔震橡胶支座、滑动隔震支座及各种阻尼器。其中滑动隔震支座和建筑隔震橡胶支座是可以承受竖向荷载的。阻尼器一般只起到增强结构耗能能力的作用，不承担竖向荷载。

3.1.4.1 建筑隔震橡胶支座

目前从国内外的应用来看，建筑隔震橡胶支座共有四种类型：无铅芯叠层橡胶支座、铅芯叠层橡胶支座、高阻尼叠层橡胶支座、堆叠型叠层橡胶支座。隔震橡胶支座一般以天然橡胶为主要弹性材料。天然橡胶的阻尼比较小，一般为2% ~5%，因此无铅芯叠层橡胶支座一般采用等效线性模型，其阻尼按照黏滞阻尼考虑。铅芯橡胶支座也可采用等效线性模型，但更详细的分析一般要求采用双线型模型或 Wen – Bonc 模型等非线性模型，这时主要问题是要合理确定支座的屈服强度和屈服位移。屈服参数确定得不合理，会大大降低计算精度。对于铅芯橡胶支座来说，其名义屈服强度 Q 可由下式确定：

$$Q = \frac{\pi\xi_{\mathrm{eff}}k_{\mathrm{p}}u^2}{(2-\pi\xi_{\mathrm{eff}})u-2u_{\mathrm{y}}} = \frac{\pi\xi_{\mathrm{eff}}k_{\mathrm{eff}}u^2}{2(u-u_{\mathrm{y}})} \tag{3-61a}$$

在这里，屈服位移一般无法准确确定。大量的实验研究表明，屈服位移可以取橡胶隔震支座橡胶层总厚度的 0.05 ~0.1 倍，屈服位移确定之后，就可以确定其他参数了：

$$k_{\mathrm{p}} = k_{\mathrm{eff}} - \frac{Q}{u},\ F_{\mathrm{y}} = Q + k_{\mathrm{p}}u_{\mathrm{y}},\ k_{\mathrm{y}} = \frac{F_{\mathrm{y}}}{u_{\mathrm{y}}} \tag{3-61b}$$

等效刚度和等效黏滞阻尼比可以由试验数据确定：

$$k_{\mathrm{eff}} = \frac{|F^+|+|F^-|}{|\Delta^+|+|\Delta^-|},\ \xi_{\mathrm{eff}} = \frac{1}{2\pi}\left(\frac{W_{\mathrm{D}}}{k_{\mathrm{eff}}D^2}\right) \tag{3-61c}$$

式中，F^+ 和 F^-、Δ^+ 和 Δ^- 为正负方向的最大恢复力（kN）和最大变形（mm）；D 为隔震支座设计位移（mm）。

对于高阻尼橡胶隔震支座，由于恢复力 – 位移曲线在较大位移时存在明显的刚化现象，所以，一般可采用双线型刚化弹簧模型进行计算。根据支座的试验结果，刚化起始位移一般可取 150% ~200% 水平剪切变形，刚化完成位移一般可取 250% 水平剪切变形，第二刚度 k_2 一般可取第一刚度 k_1 的 3 ~6 倍。针对高阻尼橡胶支座的刚化现象，J. M. Kelly 曾给出了一种在线弹性模型或双线型模型的基础上，进一步考虑刚化的方法，刚化部分恢复力 – 位移关系为：

$$F_{\mathrm{s}} = \begin{cases} k_{\mathrm{L}}\mathrm{sgn}(u)(u-u_{\mathrm{gap}})^n & \text{（加载）} \\ k_{\mathrm{U}}\mathrm{sgn}(u)(|u|-u_{\mathrm{gap}})^m & \text{（卸载）} \end{cases} \tag{3-62}$$

式中 k_L——加载刚化刚度，kN/mm；

n——加载刚化指数；

k_U——卸载刚化刚度，kN/mm；

m——卸载刚化指数；

u_{gap}——刚化起始位移，mm。

这些参数可以根据试验曲线来确定。

3.1.4.2 各种阻尼器

阻尼器主要有两大类：恢复力依赖于位移的阻尼器和恢复力依赖于速度的阻尼器。

恢复力依赖于位移的阻尼器包括弹塑性阻尼器、摩擦阻尼器等。弹塑性阻尼器依靠材料的塑性变形来耗能，如钢阻尼器、铅挤压阻尼器等，它可以用各种弹塑性恢复力模型或摩擦滑动模型来模拟，也可以采用滞变型阻尼模型来描述。

恢复力依赖于速度的阻尼器主要有黏弹性阻尼器和黏性阻尼器。黏弹性阻尼器一般可等效为一个线性刚度和黏性阻尼模型的并联或串联。黏性阻尼器一般通过对流体的特殊控制来实现，例如通过强制流体通过小孔流动可以产生类似于纯黏性的阻尼特性，恢复力与速度的关系一般可以采用通用黏滞阻尼模型来很好地描述。

3.2 隔震结构动力分析模型的选取以及动力方程的建立

3.2.1 单质点基础隔震体系结构的动力分析

3.2.1.1 动力分析模型

对于基础隔震结构，其上部结构的层间刚度远远大于隔震装置的水平刚度（如砖混结构、剪力墙结构、框架或框剪结构），地震中上部结构的层间水平位移很小，结构体系的水平位移集中于基底隔震装置处，上部结构在地震中只做水平整体平动（见图3-22（a））。如果忽略上部结构的摆动式扭转作用，则结构可简化为一个单质点隔震结构动力分析模型（见图3-22（b）），并且隔震装置的刚度和阻尼也近似代表隔震结构体系的刚度和阻尼[10,12]。

现设定$\ddot{x}_g$、$\dot{x}_g$、x_g分别为地面水平地震相对加速度、速度和位移，$\ddot{x}_s$、$\dot{x}_s$、x_s分别为上部结构水平地震相对加速度反应、速度反应和位移反应；D_g为上部结构底板与基础面之间的相对位移；M为上部结构的总质量；K、C分别为隔震支座的水平等效刚度和等效阻尼值，该阻尼近似代表隔震结构体系的总阻尼（忽略结构本身的阻尼值，偏于安全）。

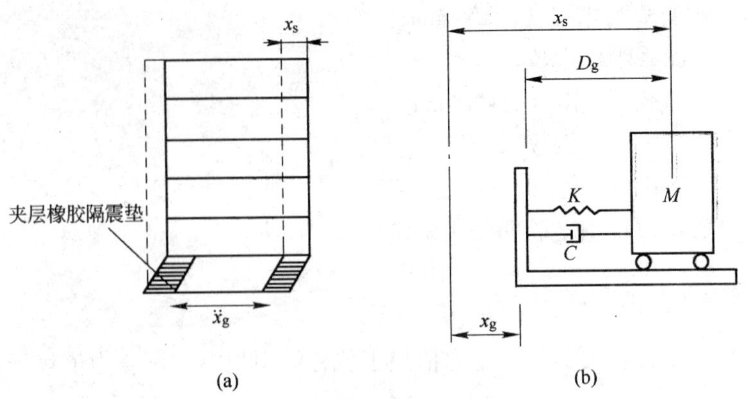

图 3－22　单质点基础隔震结构动力分析模型

3.2.1.2　隔震结构加速度反应分析

根据图 3－22（b），可以列出在地震动下的结构体系动力微分方程式：

$$M\ddot{x}_s + C\dot{x}_s + Kx_s = C\dot{x}_g + Kx_g \tag{3-63}$$

公式两边均除以 M，并定义隔震结构体系的固有频率 ω_n，阻尼比 ξ，即

$$\omega_n = \sqrt{\frac{K}{M}}$$

$$\xi = \frac{C}{2M\omega_n}$$

则式（3－63）可表示为：

$$\ddot{x}_s + 2\xi\omega_n\dot{x}_s + \omega_n^2 x_s = 2\xi\omega_n\dot{x}_g + \omega_n^2 x_g \tag{3-64}$$

为求得结构体系的加速度反应 $\ddot{x}_s$，可采用转变函数的方法。设结构体系的动力反应转换函数为 $H(\omega)$，地震地面的场地特征频率为 ω，地面地震加速度 $\ddot{x}_g = e^{i\omega t}$，则地震结构地震加速度反应 $\ddot{x}_s = H(\omega)e^{i\omega t}$。

把 $\ddot{x}_g$ 和 $\ddot{x}_s$ 代入式（3－64），经过整理归纳，可得到隔震结构体系的动力反应转换函数为：

$$H(\omega) = \frac{\ddot{x}_s}{\ddot{x}_g} = \sqrt{\frac{1 + (2\xi\omega/\omega_n)^2}{[1 - (\omega/\omega_n)^2]^2 + (2\xi\omega/\omega_n)^2}} \tag{3-65}$$

转换函数的物理意义为地震时隔震结构的地震加速度反应与地面地震加速度之比值。它表明隔震结构对地面地震加速度的衰减效果。

现定义 R_a 为隔震结构的加速度反应衰减比，即地震时隔震结构加速度反应与地面加速度之比：

$$R_a = \frac{\ddot{x}_s}{\ddot{x}_g} = \sqrt{\frac{1 + (2\zeta\omega/\omega_n)^2}{[1 - (\omega/\omega_n)^2]^2 + (2\zeta\omega/\omega_n)^2}} \tag{3-66}$$

式（3－66）是设计计算和控制隔震结构隔震效果的重要基本公式。若建筑结构物所在的场地特征频率 ω 为已知，则可合理选取隔震装置，进而求得隔震结构加速度衰减率 R_a，以确保地震中结构物或结构内部的装修、设备、仪器等的安全。

将式（3－65）和式（3－66）整理后可得到隔震结构阻尼比 ξ 的计算公式：

$$\xi = \frac{1}{2(\omega/\omega_n)}\sqrt{\frac{1-R_a^2[1-(\omega/\omega_n)^2]^2}{R_a^2-1}} \tag{3-67}$$

式（3－67）中的 ξ 代表隔震结构体系的阻尼比。由于上部结构在地震中的层间变位很小，基本上处于弹性状态，其结构的阻尼值很小，所以，此阻尼比 ξ 可近似为隔震装置的阻尼比。当隔震结构体系要求的加速度反应衰减比 R_a 为已知，场地特征频率 ω 与隔震装置的固有频率 ω_n 之比（ω/ω_n）也为已知时，隔震装置所要求的阻尼比就可以求得。

3.2.1.3 隔震结构位移反应分析

由图 3－22（b），可以列出在地震动下的结构体系动力微分方程式：

$$M\ddot{D}_s + C\dot{D}_s + KD_s = -M\ddot{x}_g \tag{3-68}$$

式（3－68）可表示为：

$$\ddot{D}_s + 2\xi\omega_n\dot{D}_s + \omega_n^2 D_s = -\ddot{x}_g \tag{3-69}$$

式中，$\omega_n = \sqrt{\frac{K}{M}}$；$\xi = \frac{C}{2M\omega_n}$。

为求得隔震结构体系的位移 D_s，亦可用转换函数的方法。经过整理归纳，可得到隔震结构体系的位移反应转换函数：

$$G(\omega) = \frac{D_s}{\ddot{x}_g} = \frac{1}{\omega_n^2}\sqrt{\frac{1}{[1-(\omega/\omega_n)^2]^2 + (2\xi\omega/\omega_n)^2}} \tag{3-70}$$

把式（3－70）移项整理，并设 $\ddot{x}_g$ 为地震时地面加速度的最大绝对值，则可求得地震时上部结构位移反应的最大绝对值为：

$$|D_s| = \frac{|\ddot{x}_g|}{\omega^2}\frac{(\omega/\omega_n)^2}{\sqrt{[1-(\omega/\omega_n)^2]^2 + (2\xi\omega/\omega_n)^2}} \tag{3-71}$$

因为地震时上部结构层间位移很小，所以隔震结构体系的水平位移基本上表征了隔震装置的水平位移。

$|D_s|$ 值的大小与地面加速度反应 $|\ddot{x}_g|$、场地的特征频率 ω、场地特征频率与隔震装置固有频率比 ω/ω_n 以及隔震装置的阻尼比 ξ 等参数密切相关。一般可通过调整隔震装置阻尼比 ξ 的值来减少隔震结构的位移值。

3.2.2　多质点基础隔震体系结构的动力分析

3.2.2.1　多质点平动体系结构动力分析

某些隔震结构的上部结构是较为高、柔的多层结构，其层间刚度相对较小（如多层钢框架结构或层数较多的钢筋混凝土框架结构），在地震中，结构的地震反应宜按照多质点体系进行分析。在一般情况下，因为隔震装置（如夹层橡胶隔震垫）的竖向刚度远远大于其水平刚度，所以，在进行动力分析时，可以近似认为隔震结构只做水平变形，即结构只做平动，而忽略其竖向变形引起的摆动。此种隔震结构称为多质点平动体系基础隔震结构，其分析模型可简化成图 3－23所示的模型。

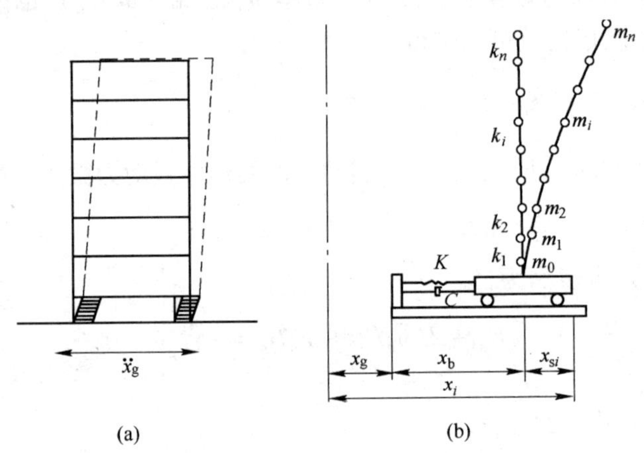

图 3－23　多质点平动体系基础隔震结构动力分析模型

从图 3－23 可知，上部结构第 i 层的地震反应为：

$$x_i = x_g + x_b + x_{si} \tag{3-72}$$

由达朗贝尔原理可列出隔震结构体系运动方程：

$$m_0(\ddot{x}_g + \ddot{x}_b) + \sum_{i=1}^{n} m_i(\ddot{x}_g + \ddot{x}_b + \ddot{x}_{si}) + C\dot{x}_b + Kx_b = 0 \tag{3-73}$$

上部结构相对运动方程为：

$$\boldsymbol{m}(\ddot{x}_s) + \boldsymbol{C}(\dot{x}_s) + \boldsymbol{K}(x_s) = -(\ddot{x}_g + \ddot{x}_b)\boldsymbol{m} \tag{3-74}$$

式中，$\ddot{x}_g$ 是地面运动加速度，$\ddot{x}_b$、$\dot{x}_b$、x_b 分别为隔震层相对于地面的加速度、速度和位移，$(\ddot{x}_s)$、$(\dot{x}_s)$、(x_s) 分别为上部结构相对于隔震层的加速度、速度和位移向量。$\boldsymbol{m}$、$\boldsymbol{K}$、$\boldsymbol{C}$ 是上部结构的质量、刚度和阻尼矩阵。

$\boldsymbol{C}$ 是 Reily 阻尼矩阵，$\boldsymbol{C} = \alpha\boldsymbol{m} + \beta\boldsymbol{K}$，$\alpha$、$\beta$ 为比例常数。

$$\boldsymbol{m}=\begin{pmatrix} m_1 & & & & \\ & m_2 & & & \\ & & \ddots & & \\ & & & m_{n-1} & \\ & & & & m_n \end{pmatrix}$$

$$\boldsymbol{C}=\begin{pmatrix} C_1+C_2 & -C_2 & & & \\ -C_2 & C_2+C_3 & -C_3 & & \\ & -C_3 & \ddots & \ddots & \\ & & \ddots & C_{n-1}+C_n & -C_n \\ & & & -C_n & C_n \end{pmatrix}$$

$$\boldsymbol{K}=\begin{pmatrix} K_1+K_2 & -K_2 & & & \\ -K_2 & K_2+K_3 & -K_3 & & \\ & -K_3 & \ddots & \ddots & \\ & & \ddots & K_{n-1}+K_n & -K_n \\ & & & -K_n & K_n \end{pmatrix}$$

设结构频率特征值矩阵 $\boldsymbol{\omega}=\mathrm{diag}\ (\omega_1^2,\ \omega_2^2,\ \omega_3^2,\ \cdots,\ \omega_n^2)$，其对应的振型特征向量矩阵为 $\boldsymbol{\Phi}$，并引入广义坐标 (q_j)，则结构位移反应为：

$$(x_s)=\boldsymbol{\Phi}(q_j) \tag{3-75}$$

将式（3-75）代入式（3-74）并于方程两边乘以 $\boldsymbol{\Phi}^{\mathrm{T}}$，则

$$\boldsymbol{\Phi}^{\mathrm{T}}\boldsymbol{m}\boldsymbol{\Phi}(\ddot{q})+\boldsymbol{\Phi}^{\mathrm{T}}\boldsymbol{C}\boldsymbol{\Phi}(\dot{q})+\boldsymbol{\Phi}^{\mathrm{T}}\boldsymbol{K}\boldsymbol{\Phi}(q)=-(\ddot{x}_g+\ddot{x}_b)\boldsymbol{\Phi}^{\mathrm{T}}\boldsymbol{m}$$

上式可化为：

$$\boldsymbol{I}(\ddot{q})+\boldsymbol{C}^*(\dot{q})+\boldsymbol{\omega}(q)=-(\ddot{x}_g+\ddot{x}_b)\boldsymbol{\Phi}^{\mathrm{T}}\boldsymbol{m} \tag{3-76}$$

式中，$\boldsymbol{C}^*=\boldsymbol{\Phi}^{\mathrm{T}}\boldsymbol{C}\boldsymbol{\Phi}$。

对应于任一振型 j 的方程为：

$$\ddot{q}_j+2\xi_j\omega_j\dot{q}_j=-(\sum_{i=1}^{n}\varphi_{ij}m_i)(\ddot{x}_g+\ddot{x}_b) \tag{3-77}$$

式中　ξ_j——第 j 振型的阻尼比。

从式（3-77），由杜哈梅积分可得：

$$q_j=-\frac{\beta_j}{\omega_j}\int_0^t[\ddot{x}_g(\tau)+\ddot{x}_b(\tau)]\mathrm{e}^{-\xi_j\omega_j(t-\tau)}\times\sin\bar{\omega}_j(t-\tau)\mathrm{d}t$$

式中，$\beta_j=\sum_{i=1}^{n}\varphi_{ij}m_i$；$\bar{\omega}_j=\omega_j\sqrt{1-\xi_j^2}$。

把上式代入式（3-75）可得结构第 i 层的位移反应：

$$x_{si} = -\sum_{j=1}^{m}\frac{\varphi_{ij}\beta_j}{\omega_j}\int_0^t[\ddot{x}_g(\tau)+\ddot{x}_b(\tau)]e^{-\xi_j\omega_j(t-\tau)}\times\sin\bar{\omega}_j(t-\tau)\mathrm{d}\tau \tag{3-78}$$

相应的速度和加速度反应为：

$$\dot{x}_{si} = -\sum_{j=1}^{m}(\omega_j/\bar{\omega}_j)\varphi_{ij}\beta_j\int_0^t[\ddot{x}_g(\tau)+\ddot{x}_b(\tau)]\times\cos[\bar{\omega}_j(t-\tau)+\theta_j]\mathrm{d}\tau \tag{3-79}$$

$$\ddot{x}_{si} = -\sum_{j=1}^{m}\varphi_{ij}\beta_j[\ddot{x}_g(\tau)+\ddot{x}_b(\tau)]+\sum_{j=i}^{m}\varphi_{ij}\beta_j(\omega_j/\bar{\omega}_j)\times \int_0^t[\ddot{x}_g(\tau)+\ddot{x}_b(\tau)]e^{-\xi_j\omega_j(t-\tau)}\cos[\bar{\omega}_j(t-\tau)-\psi_j]\mathrm{d}\tau \tag{3-80}$$

式中 $\theta_j = \mathrm{arctam}\dfrac{\xi_j}{\sqrt{1-\xi_j^2}}$；

$\psi_j = \arctan[(1-2\xi_j^2)/2\xi_j\sqrt{1-\xi_j^2}]$。

把式（3－80）代入式（3－73）得

$$m_0(\ddot{x}_g+\ddot{x}_b)+\sum_{i=1}^{n}m_i(\ddot{x}_g+\ddot{x}_b)-\sum_{j=1}^{m}\bar{M}_j(\ddot{x}_g+\ddot{x}_b)+ \sum_{j=1}^{m}(\bar{M}_j/\bar{\omega}_j)\omega_j^2\int_0^t[\ddot{x}_g(\tau)+\ddot{x}_b(\tau)]e^{-\xi_j\omega_j(t-\tau)}\times \cos[\bar{\omega}_i(t-\tau)-\psi_j]\mathrm{d}\tau+C\dot{x}_b+Kx_b=0 \tag{3-81}$$

式中，$\bar{M}_j = \sum_{i=1}^{n}\psi_{ij}m_i\beta_j$。

用数值法求解式（3－81）可求得结构底层与基础面之间的水平相对位移、速度、加速度（x_b、$\dot{x}_b$、$\ddot{x}_b$），并用式（3－79）~式(3－81）求得 x_{si}、$\dot{x}_{si}$、$\ddot{x}_{si}$，而 x_b、$\dot{x}_b$、$\ddot{x}_b$ 为已知，故可用式（3－72）求得隔震结构任何一层的地震反应 x_i、$\dot{x}_i$、$\ddot{x}_i$。

为了求解式（3－81)，可采用离散化公式、积分递推公式、增量形式的差分方程式或其他数值方法。

3.2.2.2 多质点平摆动体系结构动力分析

少数隔震结构的上部结构是较为高、柔的多层结构，其层间刚度相对较小（如多层钢结构框架或层数较多的钢筋混凝土框架结构），结构的垂直荷载也较大，而其所采用的橡胶垫的橡胶总厚度也大，可能产生明显的竖向变形。对这种情况，隔震结构的地震反应不仅要按多质点平动体系进行分析，并且要考虑结构的摆动。这种体系成为多质点平摆动体系基础隔震结构。实际工程中只有少数的多质点体系需要按这种体系进行分析。图3－24中，m_0 为隔震结构底板的重量；m_1、m_2、…、m_n 为第1、2、…、n 层的质量；k_1、k_2、…、k_n 为第1、2、…、n 层的层间水平刚度；H_i 为第 i 层至结构底板的垂直距离；K 为橡胶垫水平总刚度；$\dot{C}$ 为橡胶垫阻尼；x_g、$\dot{x}_g$、$\ddot{x}_g$ 为地面地震位移、速度和加速度；x_b、$\dot{x}_b$、$\ddot{x}_b$ 为结构底板与基础面之间的水平相对位移、速度和加速度；$x_{\theta i}$、$\dot{x}_{\theta i}$、$\ddot{x}_{\theta i}$ 为由于结构底板摆动引起的上部结构第 i 层的相对位移反应、速度反应和加速度反应；x_{si}、$\dot{x}_{si}$、$\ddot{x}_{si}$ 为由于结构平动引起的上部结构第 i 层对结构底部的水平相对位移反应、速度反应和加速度反应；θ_b 为结构底层的摆动转角；h_l 为第 l 个橡胶垫的弹性橡胶总厚度；E_l 为第 l 个橡胶垫的竖向弹性模量；P_l 为第 l 个橡胶垫的竖向压力；δ_l 为第 l 个橡胶垫的竖向变位；M 为结构底板摆动引起的弯矩；K_θ 为结构底板的转动刚度。

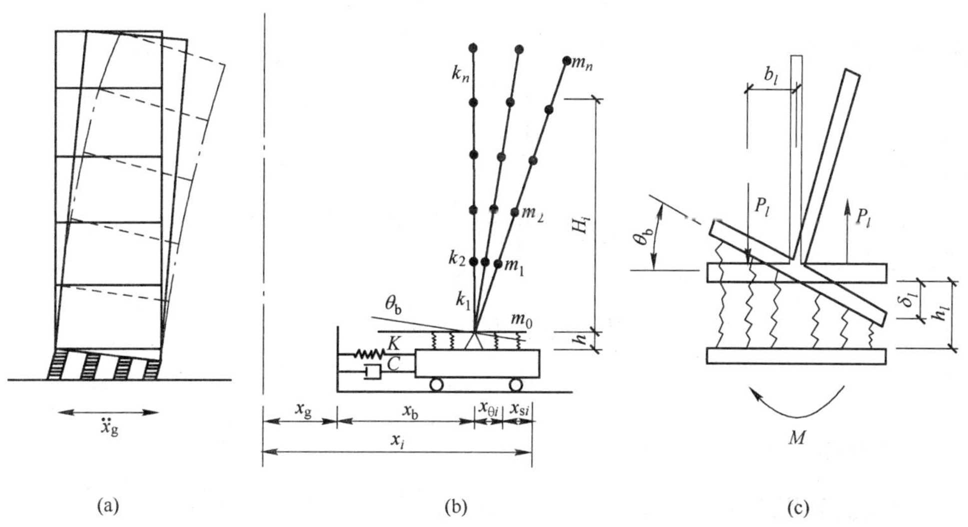

图3－24 多质点平动体系基础隔震结构动力分析模型

上部结构第 i 层的地震反应为：

$$x_i = x_g + x_b + x_{\theta i} + x_{si}$$

可表示为：

$$x_i = x_g + x_b + H_i\theta_b + x_{si} \tag{3-82}$$

上部结构的运动方程组为：

$$\boldsymbol{m}(\ddot{x}_i) + \boldsymbol{C}(\dot{x}_i) + \boldsymbol{K}(x_i) = 0 \tag{3-83}$$

将式（3－82）代入式（3－83）得

$$\boldsymbol{m}(\ddot{x}_i) + \boldsymbol{C}(\dot{x}_i) + \boldsymbol{K}(x_i) = -(\ddot{x}_g + \ddot{x}_b)\boldsymbol{m} - \ddot{\theta}_b\boldsymbol{Hm} \tag{3-84}$$

$$\boldsymbol{H} = \mathrm{diag}(H_1, H_2, \cdots, H_i, \cdots, H_n)$$

由达朗贝尔原理，可列出隔震结构体系的运动方程：

$$m_0(\ddot{x}_g + \ddot{x}_b) + \sum_{i=1}^{n} m_i(\ddot{x}_g + \ddot{x}_b + H_i\ddot{\theta}_b + \ddot{x}_{si}) + M = 0 \qquad (3-85)$$

式中，M 为隔震结构摆动对底层产生的弯矩。

方程（3-84）中有 $n+2$ 个未知量，方程（3-85）中又增加一个未知量，共计有 $n+3$ 个未知量。但现在只有 $n+2$ 个方程，如果能建立 M 与 θ 的关系式，则就能解出所有未知量，即能求得结构任意一层的地震反应。

现通过下面推导可建立 M 与 θ 的关系。

设隔震体系有 r 个橡胶垫，第 l 个橡胶垫距结构底板的水平距离为 b_l，竖向弹性反力为 P_l，则

$$\sum_{l=1}^{r} P_l b_l = M \qquad (3-86)$$

第 l 个橡胶垫的弹性橡胶总厚度为 h_l，竖向变形为 δ_l，则

$$\delta_l = P_l h_l / E_l A_l$$

而

$$\delta_l = b_l \theta_b$$

则可求得

$$P_l = \delta_l E_l A_l / h_l = (b_1 E_l A_l / h_l)\theta_b$$

代入式（3-86）得

$$M = \sum_{l=1}^{r}(b_l^2 E_l A_l / h_l)\theta_b$$

即

$$M = K_\theta \theta_b \qquad (3-87)$$

式中，结构隔震层的转动刚度 $K_\theta = \sum_{l=1}^{r} \frac{b_l^2 E_l A_l}{h_l}$。

至此，利用式（3-84）、式（3-85）及式（3-87），共有 $n+3$ 个方程，即可求解未知量。最终利用式（3-82）可求解结构任意一层的地震反应。

为求解上述公式，可采用离散化公式、积分递推公式、增量形式的差分方程或其他数值方法。

3.2.2.3 多质点非对称结构动力分析

A 分析模型

对刚性楼盖非对称结构，由于刚心偏离质心，结构发生平移振动的同时，还会发生扭转振动。这是因为，地震作用在建筑各质量所产生的惯性力的合力通过质量中心，而结构各竖向构件因侧移而产生的恢复力的合力通过刚度中心。质心与刚心的偏离形成水平力矩，使结构产生扭转振动。

如果结构单向不对称，每层楼盖除了一个平移未知量以外，还有一个水平转

角未知量。如果结构双向不对称，即沿纵向和横向均存在着偏心，在某一方向水平力作用下，各层楼盖在沿地震方向平移和扭转的同时，楼盖的转动还会引起另一正交方向的平移。就是说，每层楼盖将有三个基本位移未知量，即三个自由度。考虑双向水平地震作用时，不论结构是单向偏心还是双向偏心，每层楼盖都会产生三个位移，即两个正交方向的平移和一个水平转角。

进行非对称结构地震反应分析时，可采用“串联刚片系”模型作为结构的振动模型，即每层楼盖用一块水平刚片来表示。由于隔震结构较抗震结构多了一个隔震层的设置，故在简化为串联刚片系模型时，层数相同的隔震结构比抗震结构要多一个刚片（即底层的隔震层），见图 3－25。隔震层质量设为 m_0。图中 C_{m_r}表示第 r 片刚片的质心，对于隔震结构，$r=0$，1，2，…，n。

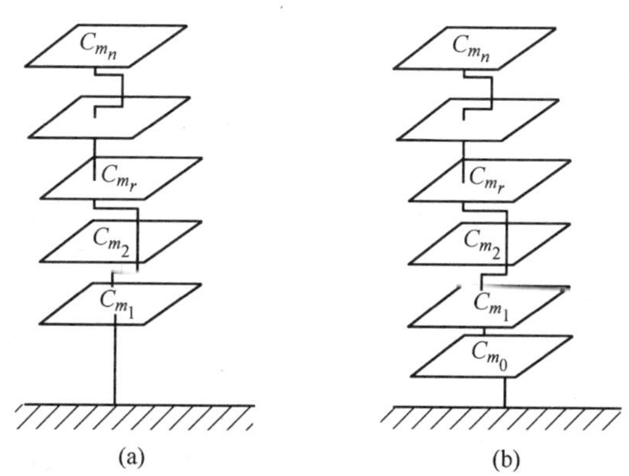

图 3－25 偏心结构平扭耦联振动分析模型

（a）抗震结构简化模型；（b）隔震结构简化模型

B 基本假定

进行非对称结构地震反应分析时，有如下基本假定：

（1）假定上部结构在地震作用下处于弹性范围。通过对基础隔震结构在国内外多次实际地震中的地震反应记录及大量大比例模型振动台试验结果的分析可以看出，基础隔震系统可以显著降低上部结构的地震反应，上部结构基本处于弹性范围，因而这一假定是合理的。

（2）假定楼板平面内刚度无限大，平面外刚度为零。每层楼板有三个自由度，即两个水平方向的平动自由度和绕竖直轴的转动自由度。

（3）假定隔震装置具有各向同性的特性。同时，由于采用基础隔震技术使上部结构地震反应显著降低，并且基础隔震技术适用于多层及中高层建筑，倾覆弯矩相对较小，因而不考虑倾覆弯矩对隔震装置轴力的影响。

（4）隔震系统与刚性基础连接，不考虑地基、基础与隔震系统的相互作用。

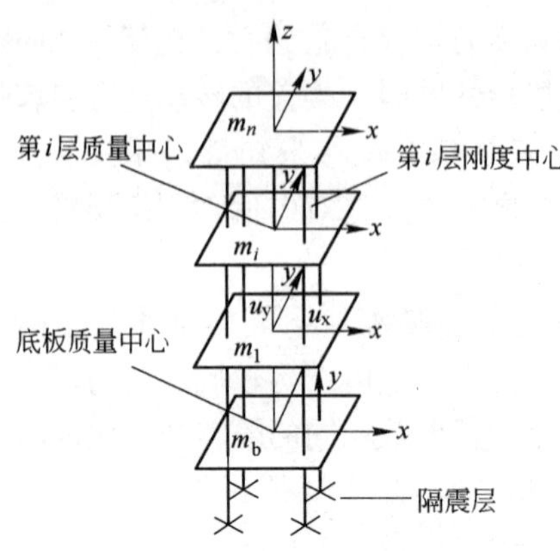

图 3-26 基础隔震结构空间模型简图

(5) 不考虑地震动的竖向振动分量。

C 结构平扭耦联振动方程的建立

对基础隔震结构每层保留三个自由度 u_x、u_y、u_θ，以底板质量中心建立空间整体坐标系，如图 3-26 所示。基础隔震结构在地震作用下位移如图 3-27 所示，假设空中有一静止坐标系，地面相对于静止坐标系的位移向量为 $\boldsymbol{u}_g$（两个水平方向的平动分量 u_{gx}、u_{gy}），隔震层底板相对于地面的位移向量为 $\boldsymbol{u}_b$（包括 u_{bx}、u_{by}、$u_{b\theta}$），上部结构相对于地面的位移向量为 $\boldsymbol{u}_i$（u_{ix}、u_{iy}、$u_{i\theta}$）。n 为上部结构层数，每层质心均在同一垂直线上，每层的刚心与质心不重合，即上部结构存在偏心。

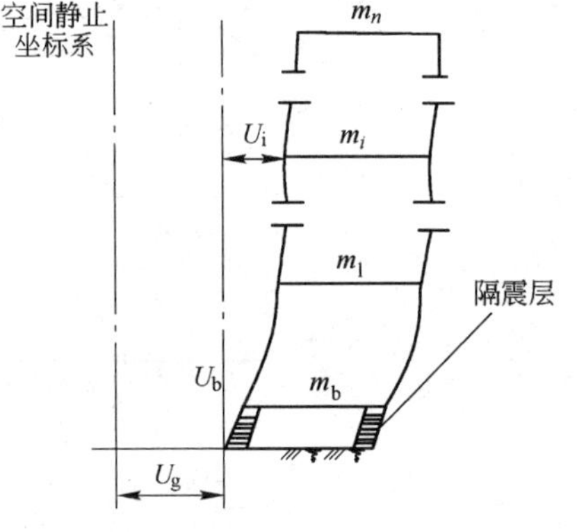

图 3-27 基础隔震结构位移反应示意图

在地面运动 x 和 y 双向平动分量作用下，结构将会产生耦联反应，串联刚片系的平移—扭转耦联振动微分方程为：

$$\boldsymbol{M}(\ddot{u}) + \boldsymbol{C}(\dot{u}) + \boldsymbol{K}(u) = -\boldsymbol{M}(\ddot{u}_g) \tag{3-88}$$

式中，$(\ddot{u}_g)$ 为地面运动水平加速度；(u)、$(\dot{u})$、$(\ddot{u})$ 分别为楼层相对于地面的位移、速度和加速度向量。

$$(u)^{\mathrm{T}} = ((p)^{\mathrm{T}}(q)^{\mathrm{T}}(\theta)^{\mathrm{T}}) \tag{3-89}$$

式中，(p)、(q) 和 (θ) 为 $n+1$ 维的向量，分别表示 x 方向、y 方向和绕 z 轴转动方向的位移。$\boldsymbol{C}$ 为框架结构系统的阻尼，采用 Rayleigh 阻尼。

$$\boldsymbol{C} = \alpha_0 \boldsymbol{M} + \alpha_1 \boldsymbol{K} \tag{3-90}$$

$$\alpha_0 = \frac{2(\xi_i \omega_j - \xi_j \omega_i)}{\omega_j^2 - \omega_i^2} \omega_i \omega_j \tag{3-91}$$

$$\alpha_1 = \frac{2(\xi_j \omega_j - \xi_i \omega_i)}{\omega_j^2 - \omega_i^2} \tag{3-92}$$

式中，ω_i、ω_j 分别为第 i、j 振型的圆频率；ξ_i、ξ_j 分别为第 i、j 振型的阻尼比。通常取 $i=1$，$j=2$，$\xi_i=\xi_j=0.05$。

M 和 **K** 分别为系统的质量矩阵和刚度矩阵，可表示为：

$$\boldsymbol{M}=\begin{pmatrix}\boldsymbol{m} & 0 & 0\\ 0 & \boldsymbol{m} & 0\\ 0 & 0 & \boldsymbol{J}\end{pmatrix},\ \boldsymbol{K}=\begin{pmatrix}\boldsymbol{K}_{xx} & 0 & \boldsymbol{K}_{x\theta}\\ 0 & \boldsymbol{K}_{yy} & \boldsymbol{K}_{y\theta}\\ \boldsymbol{K}_{\theta x} & \boldsymbol{K}_{\theta y} & \boldsymbol{K}_{\theta\theta}\end{pmatrix} \tag{3-93}$$

式中，$\boldsymbol{K}_{\theta x}=\boldsymbol{K}_{x\theta}^{\mathrm{T}},\boldsymbol{K}_{\theta y}=\boldsymbol{K}_{y\theta}^{\mathrm{T}}$；$\boldsymbol{m}$ 和 $\boldsymbol{J}$ 分别为质量和转动惯量 $n+1$ 维子阵，可表示为：

$$\boldsymbol{m}=(m_0\quad m_1\quad m_2\quad \cdots\quad m_n),\ \boldsymbol{J}=(J_0\quad J_1\quad J_2\quad \cdots\quad J_n) \tag{3-94}$$

式中，m_i 和 J_i 分别为第 i 层的质量和转动惯量；m_0 和 J_0 分别为隔震底板的质量和转动惯量。

如果用 $\boldsymbol{K}_{xj}$ 和 n_y 分别表示平行于 x 轴第 j 榀框架的刚度矩阵和平行于 x 轴框架的榀数，用 $\boldsymbol{K}_{yr}$ 和 n_x 分别表示平行于 y 轴第 r 榀框架的刚度矩阵和平行于 y 轴框架的榀数，则 $\boldsymbol{K}$ 中子阵为：

$$\boldsymbol{K}_{xx}=\sum_{j=1}^{n_y}\boldsymbol{K}_{xj},\boldsymbol{K}_{yy}=\sum_{r=1}^{n_x}\boldsymbol{K}_{yr}$$

$$\boldsymbol{K}_{x\theta}=\sum_{j=1}^{n_y}\boldsymbol{K}_{xj}\boldsymbol{Y}_j,\boldsymbol{K}_{y\theta}=\sum_{r=1}^{n_x}\boldsymbol{K}_{yr}\boldsymbol{X}_r$$

$$\boldsymbol{K}_{\theta\theta}=\sum_{j=1}^{n_y}\boldsymbol{Y}_j^T\boldsymbol{K}_{xj}\boldsymbol{Y}_j+\sum_{r=1}^{n_x}\boldsymbol{X}_i^T\boldsymbol{K}_{yr}\boldsymbol{X}_r$$

式中，$\boldsymbol{X}_r$ 为第 r 榀 y 方向框架对质心的 x 坐标；$\boldsymbol{Y}_j$ 为第 j 榀 x 方向框架对质心的 y 坐标。

D 质心与刚心位置及刚度偏心矩的求法

a 质心的求法

第 r 层刚片的质量中心，是指沿竖向就近集中到第 r 层楼盖处的所有重力荷载的中心。在以该楼盖平面左下角为原点的 $X'O'Y'$ 坐标系中，刚片质心 C_{m}^r 的坐标为：

$$x_{\mathrm{m}}^r=\frac{\sum\limits_k G_k^r x_k^r}{\sum\limits_k G_k^r},\ y_{\mathrm{m}}^r=\frac{\sum\limits_k G_k^r y_k^r}{\sum\limits_k G_k^r} \tag{3-95}$$

式中，G_k^r 为集中于第 r 层楼盖处第 k 构件的重力荷载；x_k^r、y_k^r 为第 k 构件的中心坐标（见图 3-28）。

b 刚心的求法

虽然非对称高层结构发生扭转振动时不存在固定不变的刚心，但是在计算中，为了使计算公式特别是矩阵中的元素写得简单一些，并使各元素符号具有明显的规律性，借用结构平移振动时的刚度中心，即“平移刚心”（简称刚心），作为一种符号来使用。

第 r 层刚片的刚心，是指其他各层刚片保持原位不动，仅使第 r 层刚片沿 x、

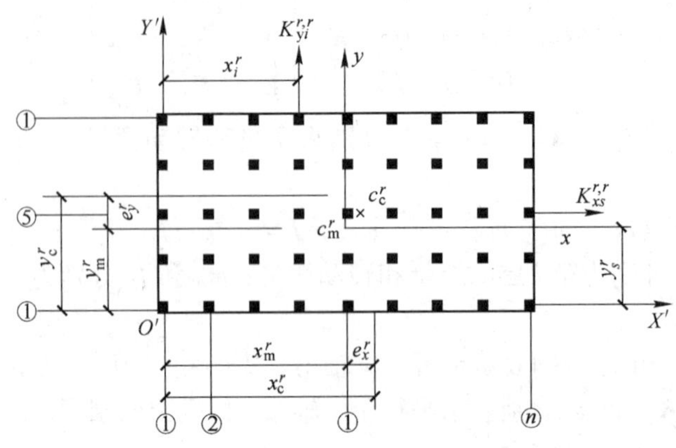

图 3－28　第 r 层楼盖的质心和刚心

y 方向各平移一个单位位移（$\Delta_x=1$，$\Delta_y=1$）时，第 r 层刚片各竖向构件处所需施加的纵、横向水平力（即刚度系数 $K_{xs}^{r,r}$ 和 $K_{yi}^{r,r}$）的合力交会点。在 $X'O'Y'$ 坐标系中，刚片刚心 c_c^r 的坐标（见图 3－28）为：

$$x_c^r = \sum_i K_{yi}^{r,r} x_i^r / \sum_i K_{yi}^{r,r},\ y_c^r = \sum_i K_{xs}^{r,r} y_s^r / \sum_i K_{xs}^{r,r} \qquad (3-96)$$

式中　$K_{xs}^{r,r}$，$K_{yi}^{r,r}$——第 r 层楼盖处第 s 纵向构件或第 i 横向竖构件沿 x 或 y 方向的侧移刚度系数；

x_i^r，y_s^r——坐标原点 O' 至第 i 横向竖构件或第 s 纵向竖构件所在竖平面的垂直距离。

c　刚度偏心矩

质心到刚心的距离称为刚度偏心矩 e，第 r 层楼盖（刚片）沿 x 方向和 y 方向的偏心矩分别为：

$$e_x^r = x_c^r - x_m^r,\ e_y^r = y_c^r - y_m^r \qquad (3-97)$$

3.2.3　基础隔震结构体系竖向地面震动反应分析

图 3－29 表示基础隔震体系对地面竖向震动作用效应的分析模型。图中 m 为上部结构总质量（因上部结构竖向刚度较大，可近似为刚体，即近似为单质点体系）；K_v、C_v 分别为隔震装置的竖向刚度和阻尼；$\ddot{x}_{vg}$、$\dot{x}_{vg}$、x_{vg} 为地面竖向加速度、速度和位移；$\ddot{x}_{vs}$、$\dot{x}_{vs}$、x_{vs} 为上部结构的竖向加速度反应、速度反应和位移反应；D_{vs} 为隔震装置的竖向变形，即上部结构与基础之间的相对位移。

3.2.3.1　竖向震动反应计算公式

按图 3－29 可建立运动微分方程：

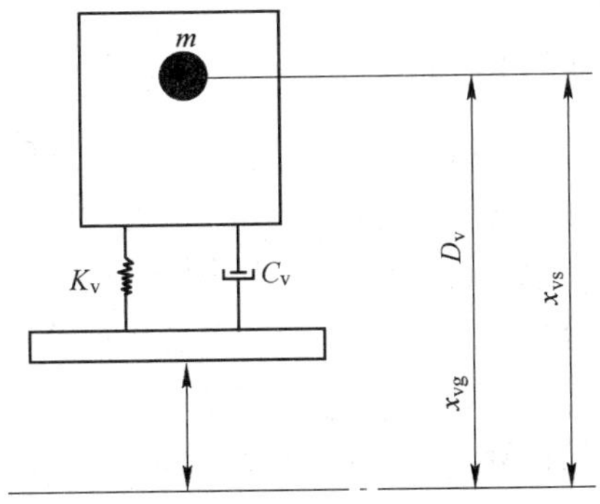

图 3－29 基础隔震体系对地面竖向震动作用反应的分析模型

$$m\ddot{x}_{vs} + C_v(\dot{x}_{vs} - \dot{x}_{vg}) + K_v(x_{vs} - x_{vg}) = 0 \tag{3-98}$$

$$\ddot{x}_{vs} + 2\omega_{vn}\xi_v\dot{x}_{vs} + \omega_{vn}^2 x_{vs} = 2\omega_{vn}\xi_v\dot{x}_{vg} + \omega_{vn}^2 x_{vg} \tag{3-99}$$

式中 ω_{vn}——结构竖向固有频率，$\omega_{vn} = K_v/m$；

ξ_v——结构竖向震动等效阻尼比，$\xi_v = C/2m\omega_v$。

引入转换函数 h（ω），令 $\ddot{x}_{vg} = e^{i\omega t}$，则有：

$$\ddot{x}_{vs} = h(\omega)\ e^{i\omega t} \tag{3-100}$$

把 x_{vs} 及 x_{vg} 的各阶导数表达式代入式（3－100），经过整理得到转换函数 $h(\omega)$ 的表达式为：

$$h(\omega) = \frac{\ddot{x}_{vs}}{\ddot{x}_{vg}} = \sqrt{\frac{1 + (2\xi_v\omega/\omega_{vn})^2}{[1 - (\omega/\omega_{vn})^2]^2 + (2\xi_v\omega/\omega_{vn})^2}} \tag{3-101}$$

定义 R_{va} 为隔震结构竖向加速度反应衰减比，即隔震结构竖向加速度反应与地面竖向加速度之比：

$$R_{va} = \frac{\ddot{x}_{vs}}{\ddot{x}_{vg}} = \sqrt{\frac{1 + (2\xi_v\omega/\omega_{vn})^2}{[1 - (\omega/\omega_{vn})^2]^2 + (2\xi_v\omega/\omega_{vn})^2}} \tag{3-102}$$

3.2.3.2 竖向震动反应分析

对于采用叠层橡胶隔震支座的结构，隔震支座的竖向刚度较大，其竖向固有周期大约为 $T_{vt} = 0.05 \sim 0.08$s，而一般场地的特征周期约为 $T_g = 0.5 \sim 0.8$s，即 $\omega/\omega_n = 0.06 \sim 0.16$。把它代入式（3－102）得 $R_{va} \to 1.0$，这意味着，对采用叠层橡胶隔震支座的基础隔震结构，虽未达到衰减结构地震竖向震动的作用，但也不会加剧结构的竖向震动效应。由于上部结构的竖向承载能力已有足够安全度，所以，地震时隔震结构在地面竖向震动作用下仍能确保安全。

3.3　隔震建筑的时程分析方法

由于隔震建筑中隔震支座的力学特性比较复杂，阻尼比通常结构的阻尼要大，传统的简化分析方法或振型分解反应谱分析方法往往无法保证计算分析的精度，时程分析方法是进行隔震建筑结构动力分析的最有效方法。时程分析方法需要编制计算机软件进行分析，下面的分析更多是从计算机软件编制的角度进行说明。

隔震结构时程分析的计算分析框图可参见图 3－30。

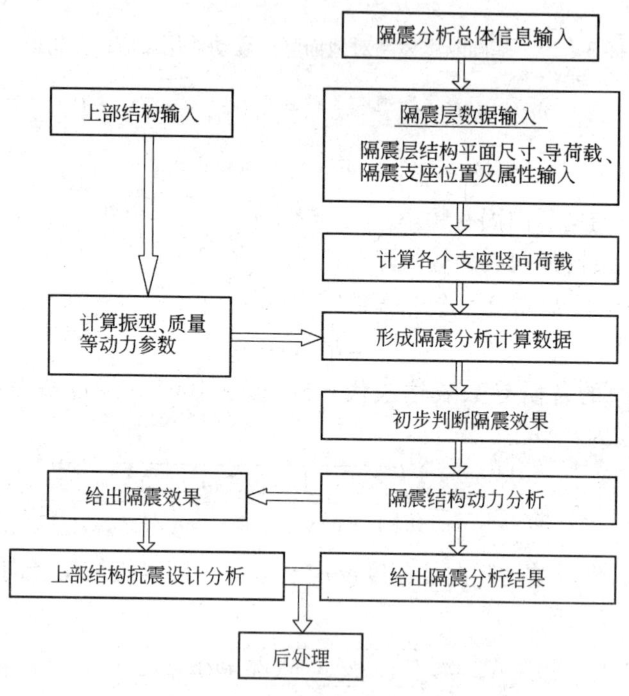

图 3－30　隔震建筑分析框图

3.1 节介绍了隔震支座力学模型及其恢复力与位移的关系，3.2 节介绍了隔震结构动力分析结构模型的选取以及动力方程的建立。不论采用哪种模型，都可以建立形如下式的动力分析方程：

$$(F_I)_t + (F_D)_t + (F_S)_t + (F_N)_t = (P)_t \tag{3-103}$$

亦即

$$\boldsymbol{M}\ddot{\boldsymbol{u}}_t + \boldsymbol{C}\dot{\boldsymbol{u}}_t + \boldsymbol{K}\boldsymbol{u}_t + \boldsymbol{f}_t = \boldsymbol{P}_t \tag{3-104}$$

在式（3－104）中，由于隔震支座的非线性特性，把隔震支座的非线性恢复力在动力方程中单独考虑是一种可以节省计算资源和加快计算速度的很好的方法。通过这样处理，如果采用比例阻尼模型的话，式（3-104）中的结构矩阵都可以化为对角形式，即使对于非比例阻尼，非比例阻尼部分也可以作为非线性部分类似于隔震支座恢复力那样处理。这样式（3-104）中 $\boldsymbol{f}_t$ 代表了结构体系中的所有非线性力项，其他的结构矩阵都可以化为对角形式。可以把式（3-104）化为如下形式：

$$\boldsymbol{M}\ddot{\boldsymbol{u}}_t+\boldsymbol{C}\dot{\boldsymbol{u}}+\boldsymbol{K}\boldsymbol{u}=\boldsymbol{P}_t-\boldsymbol{f}_t \tag{3-105}$$

如果把式（3-105）右边看做是左边结构体系的扰动荷载，这个动力方程实际上就变为一个线性体系的动力方程了。

对式（3-105）直接采用合适的数值积分方法，就可以得到各种动力荷载下的结构动力反应。

3.3.1 结构动力方程的数值解法

对于非线性结构体系的动力分析来说，为了求得结构的整体动力反应，采用逐步积分法（Step by Step）是比较合适的。由结构的整体动力方程可以得到其增量形式的微分动力方程为：

$$\boldsymbol{M}\Delta\ddot{\boldsymbol{u}}_t+\boldsymbol{C}\Delta\dot{\boldsymbol{u}}_t+\boldsymbol{K}\Delta\boldsymbol{u}_t=\Delta\boldsymbol{P}-\Delta\boldsymbol{f}_t \tag{3-106}$$

在每一个积分步长内，如果把上面动力方程的右边看成是左边结构体系所受的扰动荷载，隔震结构的整体动力方程实际上是一个线性方程组，因而可以采用 Wilson-θ 法或 Newmark-β 法，由于隔震层非线性的影响，逐步积分法的积分步长应根据隔震层非线性特性的变化加以细化，可以采用变步长的数值积分方法。

在上述整体动力方程求解过程的每一个选择合适的积分步长内，需要求解非线性恢复力增量 Δf_t。一般来说，该增量是当前时刻的位移、速度增量及滞变位移的函数。由于存在非线性，可以采用 Pseudo-force 迭代法进行求解。在求解位移和速度增量时，需要求解隔震支座的非线性滞回曲线，如果需要求解非线性微分方程，可以采用传统的四阶 Runge-Kutta 方法。

下面说明一下求解过程。

（1）建立刚度矩阵 $\boldsymbol{K}$、质量矩阵 $\boldsymbol{M}$ 和阻尼矩阵 $\boldsymbol{C}$。

（2）选择合适的积分步长。摩擦系数跟速度直接有关的滑动隔震支座在滑动过程中，当速度突然降低时，会产生负刚度现象，当速度由低变高时，会产生很大的刚度，因此在这种情况下，合适的积分步长的选择是很重要的，对计算结果的准确性影响很大。

（3）计算数值积分方法的形式刚度矩阵。

（4）采用 Pseudo-force 迭代法求解非线性恢复力增量。

（5）采用数值积分方法求解体系的运动状态，并回到第（2）步进行下一个时间步长的计算。

3.3.2 数值积分方法

数值积分过程中，数值积分的收敛性、稳定性、计算精度和计算速度是衡量数值积分方法优劣的指标，数值积分方法选择的合适与否很大程度上决定了时程分析结果的精度。数值积分方法有很多种，线性加速度法是最早应用的方法之一，但由于它是有条件收敛的，现在已经很少采用了。K. Wilson 提出了著名的 Wilson $-\theta$ 数值积分方法，获得了广泛的应用。M. Newmark 提出的 Newmark $-\beta$ 数值积分方法是目前应用最广的方法之一，它可以保证计算的收敛和稳定，并且可以有效保证计算精度，可以说是目前最先进的数值积分方法。下面介绍这两种数值积分方法。为了分析方便，将式（3－106）中右边的项统一写作 $\widetilde{P}$。

$$\boldsymbol{M}\ddot{\boldsymbol{u}}_t+\boldsymbol{C}\dot{\boldsymbol{u}}_t+\boldsymbol{K}\boldsymbol{u}_t=\boldsymbol{P}_t-\boldsymbol{f}_t=\widetilde{\boldsymbol{P}}_t \tag{3-107}$$

3.3.2.1 Newmark $-\beta$ 法

Newmark $-\beta$ 法也可以看做是线性加速度法的推广，此方法的基本假定是：

$$\dot{u}_{t+\Delta t}=\dot{u}_t+[(1-\beta)\ddot{u}_t+\beta\ddot{u}_{t+\Delta t}]\cdot\Delta t \tag{3-108a}$$

$$u_{t+\Delta t}=u_t+\dot{u}_t\Delta t+[(0.5-\delta)\ddot{u}_t+\delta\ddot{u}_{t+\Delta t}]\cdot\Delta t^2 \tag{3-108b}$$

其中 β 和 δ 为参数，根据稳定性和精度分析而确定。

（1）当 $\beta=\frac{1}{2}$，$\delta=\frac{1}{6}$ 时，就成为线性加速度方法，算法为有条件稳定；

（2）当 $\beta=\frac{1}{2}$，$\delta=0$ 时，就等价为中心差分法，算法为条件稳定；

（3）当 $\beta=\frac{1}{2}$，$\delta=\frac{1}{4}$ 时，就成为平均等加速度法，算法为无条件稳定。这也是 M. Newmark 本人最初的建议值，这其实就是假定在每个时间步长内，加速度保持常量，即为 $0.5(\ddot{u}_t+\ddot{u}_{t+\Delta t})$，如图 3－31 所示。

在 $t+\Delta t$ 时刻的结构动力方程为：

$$\boldsymbol{M}\ddot{\boldsymbol{u}}_{t+\Delta t}+\boldsymbol{C}\dot{\boldsymbol{u}}_{t+\Delta t}+\boldsymbol{K}\boldsymbol{u}_{t+\Delta t}=\widetilde{\boldsymbol{P}}_{t+\Delta t} \tag{3-109}$$

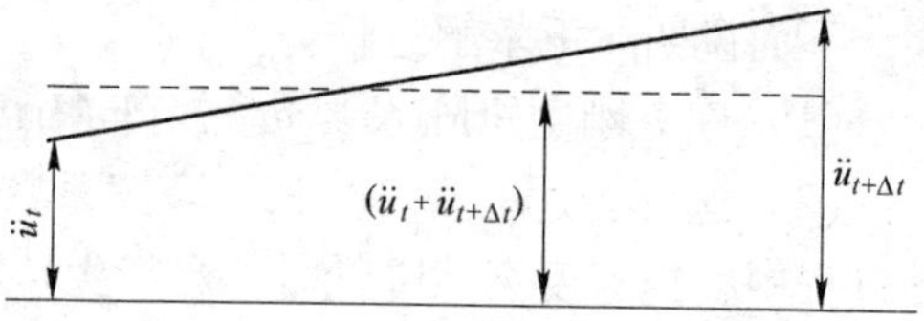

由式（3－108b）所得到的 $\ddot{u}_{t+\Delta t}$ 代入式（3－108a），得到

图 3－31 Newmark 平均等加速度假设

$$u_{t+\Delta t}=u_t+\Delta u_{t+\Delta t} \tag{3-110a}$$

$$\ddot{u}_{t+\Delta t}=\frac{1}{\delta\Delta t^2}\left[\Delta u_{t+\Delta t}-\dot{u}_t\Delta t-\left(\frac{1}{2}-\delta\right)\ddot{u}_t\Delta t^2\right] \tag{3-110b}$$

$$\dot{u}_{t+\Delta t}=\frac{\beta}{\delta\Delta t}\Delta u_{t+\Delta t}+\left(1-\frac{\beta}{\delta}\right)\dot{u}_t+\left(1-\frac{\beta}{2\delta}\right)\ddot{u}_t\Delta t \tag{3-110c}$$

将式（3－110）代入式（3－109），得到形式平衡方程：

$$\boldsymbol{K}^*\cdot\Delta\boldsymbol{u}_{t+\Delta t}=\boldsymbol{P}^*_{t+\Delta t} \tag{3-111}$$

式中，$\boldsymbol{K}^*$称作积分方法的形式刚度矩阵，$\boldsymbol{P}^*_{t+\Delta t}$称作积分方法的形式扰动荷载。

$$\boldsymbol{K}^*=\boldsymbol{K}+\alpha_1\cdot\boldsymbol{M}+\alpha_4\cdot\boldsymbol{C} \tag{3-112}$$

$$\boldsymbol{P}^*_{t+\Delta t}=\widetilde{\boldsymbol{P}}_{t+\Delta t}+\boldsymbol{M}[\alpha_2\dot{\boldsymbol{u}}_t+(\alpha_3-1)\ddot{\boldsymbol{u}}_t]+\boldsymbol{C}[(\alpha_5-1)\dot{\boldsymbol{u}}_t+\alpha_6\ddot{\boldsymbol{u}}_t]-\boldsymbol{K}\boldsymbol{u}_t \tag{3-113}$$

上式中的积分常数为：

$$\alpha_1=\frac{1}{\delta\cdot(\Delta t)^2},\alpha_2=\frac{1}{\delta\cdot\Delta t},\alpha_3=\frac{1}{2\cdot\delta},\alpha_4=\frac{\beta}{\delta\cdot\Delta t},\alpha_5=\frac{\beta}{\delta},\alpha_6=\Delta t\cdot\left(\frac{\beta}{2\cdot\delta}-1\right) \tag{3-114}$$

通过求解线性方程组（3－111）即可解出位移增量$\Delta u_{t+\Delta t}$，然后由式（3－110）计算出$u_{t+\Delta t}$和$\dot{u}_{t+\Delta t}$，为了减小累积误差，$\ddot{u}_{t+\Delta t}$一般不由式（3－110）计算得出，而由结构动力方程式（3－109）计算得出。

具体计算过程如下：

（1）建立系统的结构矩阵，取定结构体系反应初值，选定积分步长Δt和积分参数β、δ；

（2）积分步长Δt或系统结构参数发生变化时，计算积分常数$\alpha_1\sim\alpha_6$，构造形式刚度矩阵$\boldsymbol{K}^*$；

（3）对每一个积分步长Δt计算形式扰动荷载$\boldsymbol{P}^*_{t+\Delta t}$；

（4）求解形式平衡方程，得到$t+\Delta t$时刻的位移增量$\Delta u_{t+\Delta t}$；

（5）计算$t+\Delta t$时刻的位移$u_{t+\Delta t}$、速度$\dot{u}_{t+\Delta t}$，并从总体平衡方程计算该时刻的加速度$\ddot{u}_{t+\Delta t}$；

（6）将计算得到的结构反应作为下一步的初始条件，回到第（2）步，进行下一积分步长的运算。

在 Newmark－β 法中，参数β和δ影响着积分方法的稳定性和精度，为保证算法不低于二阶精度，要求参数$\beta=1/2$，一般情况下可取$\delta=1/8\sim1/4$。

3.3.2.2 Wilson－θ 法

Wilson－θ 法是线性加速度法的推广，线性加速度法假定加速度在一个时间步长内是线性变化的，但由此导致这种算法是有条件稳定的。K. Wilson 引入了一个控制参数θ，假设加速度在［t，$t+\theta\Delta t$］上是线性变化的，以改善积分方法的稳定性。

设$0 \leqslant \tau \leqslant \theta\Delta t$，根据线性加速度假设，有

$$\ddot{u}_{t+\tau} = \ddot{u}_t + \frac{\tau}{\theta\Delta t}(\ddot{u}_{t+\theta\Delta t} - \ddot{u}_t) \tag{3-115a}$$

积分上式后，得到速度和位移为

$$\dot{u}_{t+\tau} = \dot{u}_t + \ddot{u}_t\tau + \frac{\tau^2}{2\theta\Delta t}(\ddot{u}_{t+\theta\Delta t} - \ddot{u}_t) \tag{3-115b}$$

$$u_{t+\tau} = u_t + \dot{u}_t\tau + \frac{\tau^2}{2}\ddot{u}_t + \frac{\tau^3}{6\theta\Delta t}(\ddot{u}_{t+\theta\Delta t} - \ddot{u}_t) \tag{3-115c}$$

当$\tau = \theta\Delta t$时，式（3-115）变为

$$\dot{u}_{t+\theta\Delta t} = \dot{u}_t + \theta\Delta t\ddot{u}_t + \frac{\theta\Delta t}{2}(\ddot{u}_{t+\theta\Delta t} - \ddot{u}_t) \tag{3-116a}$$

$$u_{t+\theta\Delta t} = u_t + \theta\Delta t\dot{u}_t + \frac{(\theta\Delta t)^2}{6}(\ddot{u}_{t+\theta\Delta t} + 2\ddot{u}_t) \tag{3-116b}$$

由式（3-116）得到

$$\ddot{u}_{t+\theta\Delta t} = \frac{6}{(\theta\Delta t)^2}(u_{t+\theta\Delta t} - u_t) - \frac{6}{\theta\Delta t}\dot{u}_t - 2\ddot{u}_t \tag{3-117a}$$

$$\dot{u}_{t+\theta\Delta t} = \frac{3}{\theta\Delta t}(u_{t+\theta\Delta t} - u_t) - 2\dot{u}_t - \frac{\theta\Delta t}{2}\ddot{u}_t \tag{3-117b}$$

在$t+\theta\Delta t$时刻的结构动力方程为：

$$M\ddot{u}_{t+\theta\Delta t} + C\dot{u}_{t+\theta\Delta t} + Ku_{t+\theta\Delta t} = \widetilde{P}_{t+\theta\Delta t} \tag{3-118}$$

其中外荷载向量可用线性外推获得：

$$\widetilde{P}_{t+\theta\Delta t} = \widetilde{P}_t + \theta\ (\widetilde{P}_{t+\Delta t} - \widetilde{P}_t) \tag{3-119}$$

将式（3-117）、式（3-119）代入式（3-118），得到

$$\boldsymbol{K}^* \cdot (u)_{t+\theta\Delta t} = \boldsymbol{P}^*_{t+\theta\Delta t} \tag{3-120}$$

式中，$\boldsymbol{K}^*$称作积分方法的形式刚度矩阵，$\boldsymbol{P}^*_{t+\theta\Delta t}$称作积分方法的形式扰动荷载。

$$\boldsymbol{K}^* = \boldsymbol{K} + \frac{6}{(\theta\Delta t)^2}\boldsymbol{M} + \frac{3}{\theta\Delta t}\boldsymbol{C} \tag{3-121}$$

$$\boldsymbol{P}^*_{t+\theta\Delta t} = \widetilde{\boldsymbol{P}}_t + \theta(\widetilde{\boldsymbol{P}}_{t+\Delta t} - \widetilde{\boldsymbol{P}}_t) + \left[\frac{6}{(\theta\Delta t)^2}(u)_t + \frac{6}{\theta\Delta t}(\dot{u})_t + 2(\ddot{u})_t\right]\boldsymbol{M} + \left[\frac{3}{\theta\Delta t}(u)_t + 2(\dot{u})_t + \frac{\theta\Delta t}{2}(\ddot{u})_t\right]\boldsymbol{C} \tag{3-122}$$

从式（3-119）可求得$u_{t+\theta\Delta t}$，利用式（3-115）~式（3-117）可得

$$\ddot{u}_{t+\Delta t} = \frac{6}{(\theta\Delta t)^2}(u_{t+\theta\Delta t} - u_t) - \frac{6}{\theta\Delta t}\dot{u}_t + \left(1 - \frac{3}{\theta}\right)\ddot{u}_t \tag{3-123a}$$

$$\dot{u}_{t+\Delta t} = \dot{u}_t + \frac{\Delta t}{2}(\ddot{u}_{t+\Delta t} + \ddot{u}_t) \tag{3-123b}$$

$$u_{t+\Delta t}=u_t+\Delta t\dot{u}_t+\frac{(\Delta t)^2}{6}(\ddot{u}_{t+\Delta t}+2\ddot{u}_t) \tag{3-123c}$$

Wilson $-\theta$ 法具体计算过程如下：

（1）建立系统的结构矩阵，取定结构体系反应初值，选定积分步长 Δt 和积分参数 θ；

（2）积分步长 Δt 或系统结构参数发生变化时，计算积分常数 $a_0\sim a_8$，构造形式刚度矩阵 $\boldsymbol{K}^*$；

$a_0=\frac{6}{(\theta\Delta t)^2}$，$a_1=\frac{3}{\theta\Delta t}$，$a_2=2a_1$，$a_3=\frac{\theta\Delta t}{2}$，$a_4=\frac{a_0}{\theta}$，$a_5=-\frac{a_2}{\theta}$，$a_6=1-\frac{3}{\theta}$，

$a_7=\frac{\Delta t}{2}$，$a_8=\frac{(\Delta t)^2}{6}$，$\boldsymbol{K}^*=\boldsymbol{K}+a_0\boldsymbol{M}+a_1\boldsymbol{C}$

（3）对每一个积分步长 Δt 计算形式扰动荷载 $\boldsymbol{P}^*_{t+\theta\Delta t}$；

$$\boldsymbol{P}^*_{t+\theta\Delta t}=\boldsymbol{P}_t+\theta\ (\boldsymbol{P}_{t+\Delta t}-\boldsymbol{P}_t)\ +\ [a_0u_t+a_2\dot{u}+2\ddot{u}_t]\ \boldsymbol{M}+\ [a_1u_t+2\dot{u}_t+a_3\ddot{u}_t]\ \boldsymbol{C}$$

（4）求解形式平衡方程，得到 $t+\theta\Delta t$ 时刻的位移 $u_{t+\theta\Delta t}$；

（5）计算 $t+\Delta t$ 时刻的位移 $u_{t+\Delta t}$、速度 $\dot{u}_{t+\Delta t}$、加速度 $\ddot{u}_{t+\Delta t}$；

$$\dot{u}_{t+\Delta t}=\dot{u}_t+a_7\ (\ddot{u}_{t+\Delta t}+\ddot{u}_t)$$

$$u_{t+\Delta t}=u_t+\Delta t\dot{u}_t+a_8\ (\ddot{u}_{t+\Delta t}+2\ddot{u}_t)$$

$$\ddot{u}_{t+\Delta t}=a_4\ (u_{t+\theta\Delta t}-u_t)\ +a_5\dot{u}_t+a_6\ddot{u}_t$$

（6）将计算得到的结构反应作为初始条件，回到第（2）步，进行下一积分步长的运算。

可以证明 Wilson $-\theta$ 法当 $\theta\geqslant1.37$ 时是无条件收敛的，目前对一般工程问题进行时程分析时，常取 $\theta=1.4$。有关分析表明，该方法实际上存在人工阻尼，因此可以保证收敛，其人工阻尼一般在 1% ~2% 左右，对于隔震结构来说，由于阻尼一般都比较大，因此是可以接受的。

3.3.3 非平衡力的处理

造成非平衡力的主要原因有两个，一是由于在计算过程中，将动力方程中的非线性力函数曲线用 Δt 时间段内的割线斜率以切线斜率代替；二是在程序的时程计算中，假定每个时间段 Δt 中，结构的各种模型参数保持不变，然后计算出该 Δt 时间段末的结构反应。如果在时间段 Δt 内结构的各种力学特性都不发生改变，这种假定是成立的。但如果在时间段 Δt 内某些构件发生非线性反应，就将产生不平衡力，增量动力平衡方程将不再平衡。当然数值积分方法也会产生一定的不平衡。

为了避免积分过程中不平衡力的累积造成误差，程序应在每积分一步后，计算出体系的未平衡力，并加到下一步的外力增量中去。

3.3.4　非线性力的求解

一般说来，非线性恢复力增量 Δf_t 是当前时间段 Δt 的位移、速度增量及滞变位移的函数，常常存在一定的非线性，无法直接求解，这里介绍一种方法——Pseudo - force（假定扰动）迭代法。

该方法是把非线性力增量 Δf_t 看做附加的外力增量，得到形如式（3 - 107）的结构动力方程，将方程右边的各项之和看做结构体系的外加激励力，通过反复迭代求解非线性力增量，具体计算过程如下：

（1）在迭代过程开始时，根据经验设定非线性恢复力增量初始值；

（2）根据整体动力方程计算体系的位移、速度和加速度增量；

（3）根据计算得到的隔震支座的运动状态，根据隔震支座的本构关系，计算隔震非线性恢复力增量；

（4）计算得到的非线性恢复力增量的误差；

（5）如果计算得到的误差不满足设定的计算精度要求，重新回到第（2）步进行计算；

（6）如果计算得到的误差满足设定的计算精度要求，则迭代过程完成。

Pseudo - force 迭代法曾被运用于解决壳体结构的非线性动力分析问题，也曾被用于解决土力学中的土壤相互作用问题。它具有以下优点：

（1）在一个积分步长内，结构体系的等效刚度矩阵和各种计算常数只需计算一次，便可用于整个计算过程中，对于隔震结构分析来说，大大简化了计算过程，提高了计算效率。

（2）此方法对于解决高度非线性问题具有较好的优越性。

（3）运用此方法解决非线性问题所得的结果比较准确。

3.3.5　拐点的处理

采用折线型的恢复力模型进行结构分析时，常会出现结构参数发生突变的情况，例如刚度发生较大变化、构件发生屈服或由屈服状态卸载恢复弹性等，即在一个时间步长 Δt 内，结构体系的变形 $u_{t+\Delta t}$ 继续发展，这时体系的结构参数发生较大变化，因此要求确定体系参数发生变化的位置，一般可采用修改积分步长的方法，亦即找出结构参数发生较大变化的时间位置（$t+p\Delta t$），此时积分步长变为 $p\Delta t$。

确定 p 的方法很多，但都是先按已求得的 u_t 和 $u_{t+\Delta t}$ 值适当内插，估计 p 值，然后按照新的积分步长，重新根据前一步长 t 末时的条件，计算 $t+p\Delta t$ 时的结构反应，判断 p 值是否满足要求，如不满足要求，反复迭代即可。

为了避免求解 p 值时的反复迭代，下面以卸载类型拐点为例说明一种近似方

法。卸载类型拐点的特点是，在拐点位置处，体系的速度为零，并且体系发生反向，因此有

$$\dot{u}_{t+p\Delta t}=\dot{u}_t+\Delta\dot{u}_{t+p\Delta t}=0 \tag{3-124}$$

$$\Delta\dot{u}_{t+p\Delta t}=-\dot{u}_t \tag{3-125}$$

可以假设在新的计算步长之末，加速度与速度的变化与原计算的本步长时的曲线相同，有

$$\Delta\dot{u}_{t+p\Delta t}=-\dot{u}_t=\ddot{u}_t(p\Delta t)+\frac{\Delta\ddot{u}_{t+\Delta t}}{\Delta t}\frac{(p\Delta t)^2}{2} \tag{3-126}$$

从而求得新的计算步长 $p\Delta t$，然后计算 $t+p\Delta t$ 时的结构反应，并判断是否满足要求，若不满足，可以重复上述过程，在（t，$t+p\Delta t$）范围内求解新的 $p_{\text{next}}\Delta t$，直到精度满足要求为止。

3.4 隔震建筑的能量分析方法

隔震结构体系中隔震层耗能能力的大小直接关系到结构在地震作用下的安全性，在抗震设计中是极为重要的一项参数。因此，从能量设计角度出发，对隔震结构进行分析，可以进一步反映隔震技术的基本原理[22]。

3.4.1 能量设计原理和设计准则

从能量角度分析，隔震结构体系中由于隔震层各种隔震装置的刚度与上部结构相比很低，从而使结构的自振周期增大，而且在强地震作用下，隔震装置率先进入非线性状态，大量吸收或隔离地震能量，在地震作用下上部结构做近似刚体的水平运动，保持弹性或不进入明显的塑性状态，大量的实验研究也表明了这一点，可以近似认为地震能量全部由隔震层耗散（吸收），这样假设可以有效简化分析方法和分析过程，避免传统延性耗能结构中使用该方法时由于结构屈服机制的复杂性、能量分布的不确定性和材料离散性等因素带来的困难。这样处理，一方面简化了分析计算，另一方面可作为工程中的安全储备。因此，在地震总输入能量确定的基础上，可以通过能量平衡关系对隔震结构体系的反应进行预测分析，对结构的可靠性作出评价。

隔震结构体系的能量设计准则为：

$$W_{\text{a}}\geqslant E(t_0) \tag{3-127}$$

且

$$\delta_{\max}\leqslant[\delta] \tag{3-128}$$

式中，W_{a} 为隔震层的能量吸收能力；$E(t_0)$ 为地震动的总输入能量；$\delta_{\max}$ 为地震作用下隔震层的最大反应位移；$[\delta]$ 为隔震结构的允许最大变形；t_0 为地震动的持续时间。

能量准则式（3－128）可以表述隔震结构体系发生最大变形时的形式，设发生最大变形的时刻为 t_m，$E(t_m)$ 为该时刻地震动的总输入能量，$W_a(t_m)$ 为该时刻隔震层吸收的能量，有

$$W_a(t_m) \geqslant E(t_m) \tag{3-129}$$

由于地震输入给系统的总能量 $E(t_e)$ 是随时间单调增加的，用地震终了时的能量输入 $E(t_0)$ 代替式（3－129）中的 $E(t_m)$，对于隔震系统的设计是偏于安全的，因此，在简化计算中，式（3－129）可变为

$$W_a(t_m) \geqslant E(t_0) \tag{3-130}$$

集中于隔震层的能量可能以下述形式被构件吸收：

（1）作为结构构件的弹性应变能来吸收；

（2）作为结构构件的塑性应变能来吸收；

（3）作为结构构件的黏性阻尼能来吸收。

图 3－32 所示为地震作用下隔震结构能量时程反应模式，横轴为地震作用时间轴，$E(t)$、$W_p(t)$、$W_h(t)$ 分别为 t 时刻能量输入、隔震结构累积塑性变形能、隔震结构黏性阻尼能。$W_e(t)$ 为 t 时刻的弹性振动能，隔震结构的能量平衡方程式为

$$W_e(t) + W_p(t) + W_h(t) = E(t) \tag{3-131}$$

$W_e(t)$ 在 $t = t_m$ 时达到最大值 $E(t_m)$，$t = t_0$ 时几乎消失。因此在进行隔震结构反应计算时，可以采用下述 $t = t_m$、$t = t_0$ 时的能量平衡方程式：

$$W_e(t_m) + W_p(t_m) + W_h(t_m) = E(t_m) \tag{3-132}$$

$$W_e(t_0) + W_p(t_0) + W_h(t_0) = E(t_0) \tag{3-133}$$

可以用地震终了时的能量输入 $E(t_0)$ 代替式（3－132）中的 $E(t_m)$，对于隔震系统的设计是偏于安全的：

$$W_e(t_m) + W_p(t_m) + W_h(t_m) = E(t_0) \tag{3-134}$$

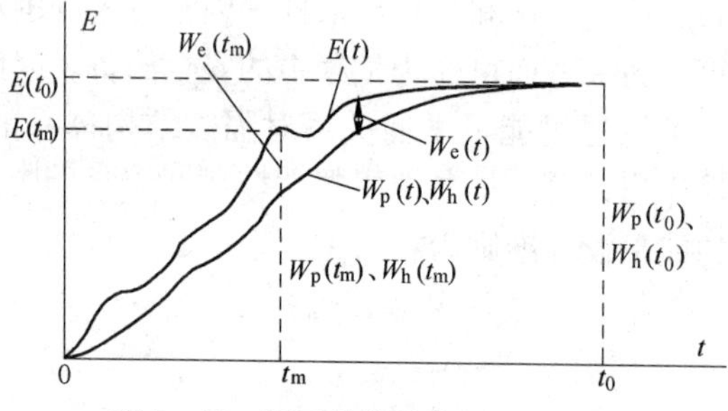

图 3－32　隔震结构的能量时程反应

3.4.2　计算方法

采用式（3－131）可以采用逐步积分法对隔震结构体系进行基于能量准则

的时程分析，计算整个结构的地震反应。下面介绍一下采用能量方法计算结构最大位移和基底最大剪力的简化方法。

隔震结构的能量法简化分析一般基于以下假设：

（1）结构未完全对称，分析过程中不考虑扭转因素带来的影响；

（2）上部结构假设为刚体，忽略上部结构的耗能因素，认为地震总输入能量全部集中在结构的隔震层。

这样处理，一方面简化了分析计算，另一方面可作为工程中的安全储备。

根据隔震建筑所在场地的场地类别、设防水准确定地震动输入，然后计算结构的地震总输入能量。在简化计算中，可以由下式计算

$$E(t_0)=\frac{1}{2}M(\lambda V_E)^2 \tag{3-135}$$

式中，λ 为能量反应影响系数；V_E 为地震动能量谱值。

隔震系统的吸收能量为

$$W_a(t_m)=W_e(t_m)+W_p(t_m) \tag{3-136}$$

式中 $W_e(t_m)$——t_m 时刻隔震系统的弹性变形能；

$W_p(t_m)$——t_m 时刻隔震系统的塑性变形能。

在简化分析时，等效线性化方法是经常采用的方法，往往根据实际地震输入水平确定隔震系统的等效刚度 K_H 和等效黏滞阻尼比 ξ_{eq}，这也是实际应用中最为经常给出的隔震系统的力学参数。

隔震建筑的水平自振周期可用下式简化计算：

$$T_H=2\pi\sqrt{\frac{M}{K_H}} \tag{3-137}$$

式中 K_H——隔震层水平等效剪切刚度；

M——隔震建筑总质量。

当隔震系统达到最大变形时，隔震系统的最大弹性变形能可以用下式计算：

$$W_e(t_m)=\frac{1}{2}K_H\delta_{max}^2=\frac{2\pi^2M}{T_H^2}\delta_{max}^2 \tag{3-138}$$

已有的研究结果表明，对于具有理想弹塑性滞回关系的阻尼（耗能）装置，在最大变形发生时，累积塑性变形 δ_p 与最大变形 δ_{max}间存在以下的近似关系：

$$\delta_p=8\delta_{max} \tag{3-139}$$

平均塑性变形倍数与平均累积塑性变形系数之间的关系为：

$$\bar{\eta}_m=4\bar{\mu}_m \tag{3-140}$$

因此，在最大变形发生时刻，阻尼装置的塑性应变能近似为：

$$W_p(t_m)=2\Delta W \tag{3-141}$$

其中，ΔW 为最大变形时刻阻尼装置每滞回变形一圈耗散的能量：

$$\Delta W=4Q_y(\delta_{\rm pm}-\delta_y)=4\pi\xi_{\rm eq}W_{\rm e}=\frac{8\pi^3\xi_{\rm eq}M}{T_{\rm H}^2}\delta_{\max}^2 \tag{3-142}$$

将式（3－142）代入式（3－141），所得结果与式（3－138）一起代入式（3－134）：

$$\frac{2\pi^2M}{T_{\rm H}^2}\delta_{\max}^2+2\frac{8\pi^3\xi_{\rm eq}M}{T_{\rm H}^2}\delta_{\max}^2=\frac{1}{2}M(\lambda V_{\rm E})^2 \tag{3-143}$$

有

$$\delta_{\max}=\frac{T_{\rm H}\lambda V_{\rm E}}{2\pi}\sqrt{\frac{1}{1+8\pi\xi_{\rm eq}}} \tag{3-144}$$

基底最大剪力为：

$$Q_{\max}=K_{\rm H}\delta_{\max} \tag{3-145}$$

3.5　隔震建筑的振型分析方法

对于线性结构体系，采用比例阻尼假定进行结构分析时，可以采用结构无阻尼模态的完备正交振型体系将结构动力方程解耦，进而采用振型叠加方法通过叠加各阶振型的贡献求得体系的反应，它是结构分析中最常用的方法之一，与直接结构动力方法相比，可以大大加快结构分析的进程。通过振型分解，可以利用反应谱理论分析结构的地震反应，这种分析手段称作振型分解反应谱方法。

隔震结构在设计时，为了减小结构的位移反应，一般均设置一定数量的阻尼装置，因此隔震结构的阻尼特征一般来说不满足比例阻尼假定。处理方式可以有两种，一是将隔震层假定为线性模型，采用隔震层的等效线性刚度和等效黏滞阻尼，仍采用实振型分析方法进行分析，一般来说，当隔震层的阻尼不是太大时，其计算精度可以满足要求；另一种方法是采用复振型分析方法，但分析方法要复杂得多[2,15]。

进行结构地震反应分析时，结构的一般动力方程可以写作：

$$\boldsymbol{M}\ddot{\boldsymbol{u}}+\boldsymbol{C}\dot{\boldsymbol{u}}+\boldsymbol{K}\boldsymbol{u}=-\boldsymbol{M}(1)\ddot{\boldsymbol{u}}_{\rm g} \tag{3-146}$$

式中，$\boldsymbol{M}$、$\boldsymbol{C}$、$\boldsymbol{K}$ 分别为结构体系的质量、阻尼和刚度矩阵；$\boldsymbol{u}$ 为结构体系相对于地面的位移向量；$\ddot{\boldsymbol{u}}_{\rm g}$ 为地震动位移向量，位移向量上的点表示对时间的微分，结构体系的自由度数目为 N；(1) 为元素全为 1 的向量。

3.5.1　实振型分析方法

实振型分析方法在各种文献和教科书上均有详细论述，因此本节不再进行理论分析，只列出其实用分析结果。

线性结构的自振振型是完备正交系，通过模态分析可以求隔震结构的所有自振频率 $\boldsymbol{\omega}_i$（$i=1, \cdots, N$）和与其相应的振型 $\boldsymbol{\Phi}_i$（$i=1, \cdots, N$），且满足正交

条件:

$$\boldsymbol{\Phi}_i^{\mathrm{T}}\boldsymbol{M}\boldsymbol{\Phi}_j=0,\quad \boldsymbol{\Phi}_i^{\mathrm{T}}\boldsymbol{K}\boldsymbol{\Phi}_j=0\quad i\neq j \tag{3-147}$$

$$\boldsymbol{\Phi}_i^{\mathrm{T}}\boldsymbol{M}\boldsymbol{\Phi}_i=\boldsymbol{M}_i,\quad \boldsymbol{\Phi}_i^{\mathrm{T}}\boldsymbol{K}\boldsymbol{\Phi}_i=\boldsymbol{M}_i\boldsymbol{\omega}_i^2 \tag{3-148}$$

式中,$\boldsymbol{M}_i$ 为第 i 振型的广义质量。

如果结构的阻尼矩阵采用比例阻尼模型,结构的动力方程就可以解耦,最常采用的 Releigh 阻尼:

$$\boldsymbol{C}=a\boldsymbol{M}+b\boldsymbol{K} \tag{3-149}$$

则结构动力方程可以解耦为与单自由度体系形式相同的动力方程:

$$\ddot{y}_i+2\xi_i\omega_i\dot{y}_i+\omega_i^2y_i=-\gamma_i\ddot{u}_{\mathrm{g}}\quad i=1,\ \cdots,\ N \tag{3-150}$$

第 i 振型的初始条件为:

$$y_i(0)=\frac{\boldsymbol{\Phi}_i^{\mathrm{T}}\boldsymbol{M}u(0)}{\boldsymbol{\Phi}_i^{\mathrm{T}}\boldsymbol{M}\boldsymbol{\Phi}_i},\ \dot{y}_i(0)=\frac{\boldsymbol{\Phi}_i^{\mathrm{T}}\boldsymbol{M}u(0)}{\boldsymbol{\Phi}_i^{\mathrm{T}}\boldsymbol{M}\boldsymbol{\Phi}_i} \tag{3-151}$$

式中,y_i 为第 i 振型的广义位移,ξ_i 为第 i 振型的黏滞阻尼比,γ_i 为第 i 振型的振型参与系数:

$$\xi_i=\frac{a}{2\omega_i}+\frac{b\omega_i}{2} \tag{3-152}$$

$$\gamma_i=\frac{\boldsymbol{\Phi}_i^{\mathrm{T}}\boldsymbol{M}(1)}{\boldsymbol{\Phi}_i^{\mathrm{T}}\boldsymbol{M}\boldsymbol{\Phi}_i} \tag{3-153}$$

这里有

$$\sum_{i=1}^{N}\gamma_i\boldsymbol{\Phi}_i=(1) \tag{3-154}$$

利用式(3-150)求出每个振型的地震反应后,就可以求出结构的总体动力反应:

$$\boldsymbol{u}=\boldsymbol{\Phi y}=\sum_{i=1}^{N}\boldsymbol{\Phi}_iy_i(t),\ \boldsymbol{\Phi}=(\boldsymbol{\Phi}_1,\cdots,\boldsymbol{\Phi}_i,\cdots,\boldsymbol{\Phi}_N) \tag{3-155}$$

对于求解结构的其他反应参数,例如各种结构构件的内力和应力,可以先求出各振型下的结构反应参数 $q_i(t)$,然后利用振型叠加法求出结构该项参数的总体反应:

$$\boldsymbol{s}=\sum_{i=1}^{N}\boldsymbol{\Phi}_iq_i(t) \tag{3-156}$$

在实际应用振型叠加法时,可根据结构自振特性确定选取的振型个数。

3.5.2 复振型分解方法

处理一般阻尼问题,可采用引入一个辅助向量 $v=\begin{pmatrix}\dot{u}\\u\end{pmatrix}$ 对结构动力方程进行降阶处理的方法，福斯（Foss）给出的降阶方程为：

$$\begin{pmatrix} \boldsymbol{M} & 0 \\ 0 & -\boldsymbol{K} \end{pmatrix}\dot{\boldsymbol{v}} + \begin{pmatrix} \boldsymbol{C} & \boldsymbol{K} \\ \boldsymbol{K} & 0 \end{pmatrix}\boldsymbol{v} = -\begin{pmatrix} \boldsymbol{M} & 0 \\ 0 & -\boldsymbol{K} \end{pmatrix}\begin{pmatrix} (1) \\ 0 \end{pmatrix}\ddot{\boldsymbol{u}}_{\mathrm{g}} \tag{3-157a}$$

MATLAB 软件给出的降阶方程为

$$\begin{pmatrix} \boldsymbol{M} & 0 \\ 0 & -\boldsymbol{I} \end{pmatrix}\dot{\boldsymbol{v}} + \begin{pmatrix} \boldsymbol{C} & \boldsymbol{K} \\ \boldsymbol{I} & 0 \end{pmatrix}\boldsymbol{v} = -\begin{pmatrix} \boldsymbol{M} & 0 \\ 0 & -\boldsymbol{I} \end{pmatrix}\begin{pmatrix} (1) \\ 0 \end{pmatrix}\ddot{\boldsymbol{u}}_{\mathrm{g}} \tag{3-157b}$$

实际上两者是一样的，可写作下述形式

$$\boldsymbol{M}^*\dot{\boldsymbol{v}} + \boldsymbol{K}^*\boldsymbol{v} = -\boldsymbol{M}^*(1)^*\ddot{\boldsymbol{u}}_{\mathrm{g}} \tag{3-157c}$$

其自由振动方程为

$$\boldsymbol{M}^*\dot{\boldsymbol{v}} + \boldsymbol{K}^*\boldsymbol{v} = 0 \tag{3-158}$$

设式（3－158）的解形式为 $v = v_0 \mathrm{e}^{\lambda t}$，代入式（3－158）化简得

$$(\lambda\boldsymbol{M}^* + \boldsymbol{K}^*)\boldsymbol{v}_0 = 0 \tag{3-159a}$$

即

$$(\lambda\boldsymbol{I} - \boldsymbol{A})\boldsymbol{v}_0 = 0, \boldsymbol{A} = -\boldsymbol{M}^{*-1}\boldsymbol{K}^* \tag{3-159b}$$

$\boldsymbol{A}$ 是一个 $2N \times 2N$ 的非对称实矩阵。式（3－159）是一个求非对称实矩阵特征值和特征向量的问题，采用数值计算方法很容易解决，而且已经有很成熟的计算程序，其简要思路是：矩阵 $\boldsymbol{A}$ 可以采用相似变换方法化为上 Hessenberg 实矩阵，然后可以采用 Francis 提出的双步 QR 算法求得全部特征值，再采用其他方法计算特征向量。通常可以采用迭代法求出特征向量，这种方法精度高、收敛快、稳定性好。

设矩阵 $\boldsymbol{A}$ 的特征值已经求出，为 N 对共轭复数，第 i 个特征值为 λ_i，其特征向量为：

$$\boldsymbol{v}_i = \begin{pmatrix} \lambda_i \psi_i \\ \psi_i \end{pmatrix} \tag{3-160}$$

很容易证明这些振型满足正交条件：

$$\boldsymbol{v}_i^{\mathrm{T}}\boldsymbol{M}^*\boldsymbol{v}_j = 0,\ \boldsymbol{v}_i^{\mathrm{T}}\boldsymbol{K}^*\boldsymbol{v}_j = 0,\ i \neq j \tag{3-161}$$

设 λ_i 和 λ_j 为共轭复数，为了表达方便，规定 $j = N + i$，它们的振型向量 $\boldsymbol{v}_i$ 和 $\boldsymbol{v}_j$ 也可化为并规定为共轭复向量对，则有

$$\lambda_i\lambda_j = \omega_i^2,\ \lambda_i + \lambda_j = -2\xi_i\omega_i \tag{3-162}$$

故第 i 振型的自振频率和阻尼比为

$$\omega_i^2 = \frac{\bar{\boldsymbol{\psi}}_i^{\mathrm{T}}\boldsymbol{K}\boldsymbol{\psi}_i}{\bar{\boldsymbol{\psi}}_i^{\mathrm{T}}\boldsymbol{M}\boldsymbol{\psi}_i},\ \xi_i = \frac{\bar{\boldsymbol{\psi}}_i^{\mathrm{T}}\boldsymbol{C}\boldsymbol{\psi}_i}{2\sqrt{\bar{\boldsymbol{\psi}}_i^{\mathrm{T}}\boldsymbol{M}\boldsymbol{\psi}_i\bar{\boldsymbol{\psi}}_i^{\mathrm{T}}\boldsymbol{K}\boldsymbol{\psi}_i}} \tag{3-163}$$

非比例阻尼体系的振型总是成对出现的，因此可以将一对共轭的复振型看做一个完整的振型，设 $\psi_i = \varphi_i + i\phi_i$，$\lambda_i = -\xi_i\omega_i + i\omega_i\sqrt{1-\xi_i^2}$，并记 $\omega_i^r = \omega_i$

$\sqrt{1-\xi_i^2}$，则有第 i 对振型反应为

$$u_i+\bar{u}_i=2\mathrm{e}^{-\xi_i\omega_i t}\left(\varphi_i\cos\omega_i^r t+\phi_i\sin\omega_i^r t\right) \tag{3-164}$$

由式中可以看出，非比例阻尼体系的振型反应与正则体系有着本质的不同，对于无阻尼或比例阻尼体系，自由振动的各阶振型的形状是唯一确定的，即在某一振型中，所有质点同时达到最大位移和最小位移，同时通过中性轴，各质点的位移始终保持着固有的比例；而非比例阻尼体系则不同，某一振型是由不同振幅、相位差为 π/2 的两个简谐分量合成的，这就决定了各质点的振动不仅幅值不同，而且相位也不同。

利用上面求出的复振型，可以将式（3－157）的结构动力方程解耦

$$\dot{\boldsymbol{Y}}_i-\boldsymbol{\lambda}_i\boldsymbol{Y}_i=-\gamma_i\ddot{\boldsymbol{u}}_{\mathrm{g}}\quad i=1,\ \cdots,\ N \tag{3-165}$$

式中

$$\gamma_i=\frac{\boldsymbol{\psi}_i^T\boldsymbol{M}(1)}{2\lambda_i\boldsymbol{\psi}_i^T\boldsymbol{M}\boldsymbol{\psi}_i+\boldsymbol{\psi}_i^T\boldsymbol{C}\boldsymbol{\psi}_i} \tag{3-166}$$

由式（3－166）可以求得结构的各个振型反应，利用振型叠加法，总体结构反应为：

$$\boldsymbol{v}=\begin{pmatrix}\dot{\boldsymbol{u}}\\ \boldsymbol{u}\end{pmatrix}-\sum_{i=1}^{2N}\boldsymbol{v}_i\boldsymbol{Y}=\sum_{i=1}^{2N}\begin{pmatrix}\boldsymbol{\lambda}_i\boldsymbol{\psi}_i\\ \boldsymbol{\psi}_i\end{pmatrix}\boldsymbol{Y}_i \tag{3-167}$$

所以有

$$\boldsymbol{u}=\sum_{i=1}^{2N}\boldsymbol{\psi}_i\boldsymbol{Y},\dot{\boldsymbol{u}}=\sum_{i=1}^{2N}\lambda_i\boldsymbol{\psi}_i\boldsymbol{Y}_i \tag{3-168}$$

根据共轭振型的性质有

$$\dot{\boldsymbol{u}}=\sum_{i=1}^{N}\left(\boldsymbol{\lambda}_i\boldsymbol{\psi}_i\boldsymbol{Y}_i+\overline{\boldsymbol{\lambda}_i\boldsymbol{\psi}_i\boldsymbol{Y}_i}\right)=2\sum_{i=1}^{N}R_{\mathrm{e}}\left(\boldsymbol{\lambda}_i\boldsymbol{\psi}_i\boldsymbol{Y}_i\right) \tag{3-169}$$

$$\boldsymbol{u}=\sum_{i=1}^{N}\left(\boldsymbol{\psi}_i\boldsymbol{Y}_i+\overline{\boldsymbol{\psi}_i\boldsymbol{Y}_i}\right)=2\sum_{i=1}^{N}R_{\mathrm{e}}\left(\boldsymbol{\psi}_i\boldsymbol{Y}_i\right) \tag{3-170}$$

3.5.3 振型分解反应谱分析方法

上面介绍的分析方法是针对隔震结构的全时程动力反应分析的，即振型叠加是针对每一个时刻进行的。在工程上往往最关心的是隔震结构的最大反应，尤其是隔震结构的最大地震内力反应，这时可以采用振型分解反应谱理论。采用这种方法可以用较少的计算工作量求取隔震结构的最大反应。振型分解反应谱理论的基本假设是：

（1）隔震结构的地震反应是线弹性的，可以采用叠加原理计算结构反应；

（2）结构基础是无限刚性的，所有支撑处的地震动输入完全相同；

（3）结构的最不利结构反应为结构的最大地震反应；

（4）地震动过程是平稳随机过程。

为了和反应谱理论相一致，这里做这样的代换，$q_i(t)=\gamma_i\delta_i(t)$，$\delta_i(t)$ 是下述运动方程的结构反应

$$\ddot{\delta}_i+2\xi_i\omega_i\dot{\delta}_i+\omega_i^2\delta_i=-\ddot{u}_g \tag{3-171}$$

上式实际就是计算反应谱时所采用的单自由度体系结构动力方程。

隔震结构的地震反应可以表示为：

$$s(t)=\sum_{i=1}^{N}s_i(t)=\sum_{i=1}^{N}\gamma_i\Phi_i\delta_i(t) \tag{3-172}$$

振型分解反应谱方法的着眼点在于上述振型反应的最大值，并可以采用反应谱来计算这个最大值，设第 i 个振型地震反应的最大值为 S_i，则有

$$S_i=\sum_{i=1}^{N}\gamma_i\Phi_i(\delta_i(t))_{\max} \tag{3-173}$$

$(\delta_i(t))_{\max}$可以利用相对位移反应谱来求得

$$(\delta_i(t))_{\max}=S_d(\omega_i,\xi_i) \tag{3-174}$$

当地震动为平稳随机过程时，随机振动分析理论指出，结构动力反应最大值可以近似表示为

$$S=\sqrt{\sum_{i=1}^{N}\sum_{j=1}^{N}\rho_{ij}S_iS_j} \tag{3-175}$$

这就是 CQC 振型组合公式，式中 ρ_{ij} 为振型互相关函数，可采用下式近似计算：

$$\rho_{ij}=\frac{8(\omega_i\xi_i+\omega_j\xi_j)(\omega_i\omega_j)^{3/2}(\xi_i\xi_j)^{1/2}}{2(\omega_i\xi_i+\omega_j\xi_j)^2(\omega_i^2+\omega_j^2)+(\omega_i^2-\omega_j^2)^2} \tag{3-176}$$

通常，若体系的自振频率满足

$$\omega_i<\frac{0.2}{0.2+\xi_i+\xi_j}\omega_j \quad i<j \tag{3-177}$$

则可认为体系的自振频率相隔较远，这时，可取 $\rho_{ij}=0$，$(i\neq j)$，$\rho_{ii}=1$，振型组合公式变为

$$S=\sqrt{\sum_{i=1}^{N}S_i^2}$$

这就是平方和开平方（SRSS）振型组合公式。

在实际进行工程设计时，习惯采用地震作用计算振型地震反应（内力或位移等），可以把地震作用作为一个荷载加于结构上，像处理静力问题那样计算振型地震反应，然后采用式（3－175）进行组合，求出结构的总体最大地震反应分布。与这种分析相对应，抗震设计中采用地震影响系数 α 谱曲线作为计算地震作用的依据。地震影响系数和绝对加速度反应谱之间的关系为：

$$\alpha(\omega,\ \xi)=S_a(\omega,\ \xi)/g \tag{3-178}$$

所谓地震作用，是指地震动在结构上面引起的惯性力，根据动力学原理，有

$$f(t)=-\boldsymbol{M}[\ddot{u}(t)+(1)\ddot{u}_g(t)] \tag{3-179}$$

将式（3－154）代入式（3－179）得

$$f(t)=-\sum_{i=1}^{N}\boldsymbol{M\Phi}_i\gamma_i\ddot{\delta}_i(t)+\ddot{u}_g(t)=\sum_{i=1}^{N}f_i(t) \tag{3-180}$$

记

$$f_i(t)=-\boldsymbol{M\Phi}_i\gamma_i(\ddot{\delta}_i(t)+\ddot{u}_g(t)) \tag{3-181}$$

为第 i 振型的地震作用。

第 i 个振型地震作用最大值为：

$$F_i=(f_i(t))_{\max}=-M\Phi_i\gamma_iS_a(\omega_i,\ \xi_i)=-G\Phi_i\gamma_i\alpha_i \tag{3-182}$$

式中

$$G=Mg,\ \alpha_i=\alpha(\omega_i,\ \xi_i) \tag{3-183}$$

应该注意的是，对于地震作用不存在类似于式（3－175）的振型组合公式，这时因为对于一般情况，总的地震作用最大值与各振型地震作用最大值之间不存在这种类似的关系。因此，振型分解反应谱法是针对结构体系的地震反应进行组合的，而不应对地震作用进行组合。

分解反应谱法进行结构地震反应分析的基本步骤为：

（1）进行结构模态分析，求解结构的自振频率和振型，计算振型参与系数等参数；

（2）利用式（3－182）和式（3－183）确定各个振型的地震影响系数，计算各个振型的地震作用；

（3）用静力法求各个振型的地震反应 S_i；

（4）利用式（3－175）采用振型组合法计算结构的总体地震反应最大值 S。

对于多自由度体系，用静力法求各个振型的地震反应计算工作量比较大，因此可以先求出相应于各个振型位移反应的最大值：

$$U_i=\frac{\alpha_i\gamma_ig}{\omega_i^2} \tag{3-184}$$

然后根据各振型位移计算各振型内力及所有需要的振型地震反应。

利用式（3－175）进行振型组合时，CQC 法用于自振频率比较密集的结构，如考虑平移和扭转耦联振动的结构体系；SRSS 法主要用于自振频率相距较远的场合，如比较规则的剪切型串联多自由度结构体系。

反应谱理论的实质是通过反应谱把随时程变化的地震作用转化为最大的等效侧力，结构在地震作用下的作用效应就转化为等效侧向力下的作用效应分析，从而大大简化了结构的抗震分析。

3.6　隔震建筑的简化分析方法

建筑隔震橡胶支座基础隔震体系是目前应用最为广泛的隔震体系，其一方面通过延长结构的基本自振周期，远离场地的卓越周期，使结构的基频处于地震能量较高的频段之外，从而有效地降低建筑物的地震反应；另一方面适度增大叠层橡胶支座的阻尼，以更多地吸收传入结构的地震能量，抑制地震波中长周期成分可能给建筑物带来的大变形。通过这两个方面的控制，既可以使隔震建筑的上部结构基本近似于一个刚体，在地震时做整体平动，同时，又可将隔震层的变形控制在允许范围内。由于该种隔震体系模型比较简单，采用时程分析法比较繁琐，许多研究者发展了多种简化计算方法，本节加以介绍[33]。

采用能量原理进行隔震结构分析的简化分析方法，在本章前面已经介绍，我国规范针对上部结构原有自振周期较小的剪切型结构规定了简化算法，本书后面章节将加以详细论述，在本节不再赘述。

3.6.1　新西兰 Shinnev 等人建议的方法

隔震建筑的上部结构安装在隔震支座上，支座在水平荷载下的柔性要比结构本身的柔性大得多，可以将上部结构近似看做刚体，以沿高度大致相同的位移向一边摆动，相应于第一隔震振型[15]。

（1）对于线性隔震系统，自振周期 T_b 和速度阻尼系数 ξ_b 为：

$$T_b = 2\pi\sqrt{M/K_b} \tag{3-185}$$

$$\xi_b = C_b T_b / 4\pi M \tag{3-186}$$

式中，M 为隔震结构总质量；K_b 为隔震层总剪切刚度，kN/mm；C_b 为等效（黏滞）速度阻尼。

系统的最大地震反应用设计地震谱在隔震器周期 T_b 和阻尼 ξ_b 时的谱值来近似表示。结构任意 i 处的最大位移 X_i 为

$$X_i \approx S_D(T_b,\ \xi_b) \tag{3-187}$$

第 i 个质量 m_i 上的最大惯性荷载为

$$F_i \approx m_i S_A(T_b, \xi_b) \tag{3-188}$$

这些惯性力是大致同相位的，所以可以相加得出每个层位上的剪力。基底平面剪力可由下式给出：

$$S_b \approx M S_A(T_b,\ \xi_b) \tag{3-189}$$

（2）对于双线性隔震系统，有效自振周期 T_b 和有效速度阻尼系数 ξ_b 为：

$$T_B = 2\pi\sqrt{M/K_B} \tag{3-190}$$

$$\xi_B = \xi_b + \xi_h \tag{3-191}$$

$$T_b = C_b T_B / 4\pi M \qquad (3-192)$$

$$\xi_h = (2/\pi) A_h / 4 S_b X_b \qquad (3-193)$$

式中，K_B 为隔震支座割线刚度；ξ_h 为等效黏滞阻尼系数；A_h 为滞回曲线面积；S_b、X_b 为对应有效周期 T_b 恢复力和位移，即有

$$T_B = S_b / X_b \qquad (3-194)$$

对双线性隔震系统，其等效该地震反应仍可由设计地震谱值得出，但解的精度要比线性隔震系统的差。最大基底位移 X_b 和最大基底剪力 S_b（忽略速度阻尼力）如下：

$$X_b \approx C_F S_D (T_B, \xi_B) \qquad (3-195)$$

$$S_b \approx Q_y + K_{b2}(X_b - X_y) \qquad (3-196)$$

式中，C_F 是校正系数，其变化范围较大；Q_y 是屈服力；K_{b2} 为第二刚度；X_y 为屈服位移。因为 T_B 和 ξ_B 是 X_b 和 S_b 的函数，这里的方法是迭代的。

3.6.2 美国规范建议的方法

美国隔震建筑设计规范中，应用等效静力法进行隔震结构简化设计的适用条件是非常严格的。该方法认为隔震系统中，在隔震面上下的地震剪力是不连续的。隔震界面以下的基底剪力 V_b 采用以下公式计算：

$$V_b = \frac{K_{max} D}{1.5} \qquad (3-197)$$

对隔震界面以上的上部结构，基底剪力 V_B 采用下面公式计算：

$$V_B = \frac{K_{max} D}{R_{w1}} \qquad (3-198)$$

式(3-197)和式(3-198)中，K_{max} 是最大有效刚度；R_{w1} 是与上部结构延性有关的系数，大致相当于我国《工业与民用建筑抗震设计规范》（TJ11—78）中结构系数的倒数，其值变化范围很大；D 是设计位移，由下式计算：

$$D = 10 Z N S_1 T_1 / B \qquad (3-199)$$

式中，Z 为地区系数；B 为与材料阻尼有关的系数，其值为 0.8 ~ 2.0；N 是与结构和活动断裂距离有关的系数，可称为断层影响系数；S_1 是场地影响系数；T_1 是隔震结构的周期，以秒计，按下式计算：

$$T_1 = 2\pi \sqrt{\frac{W}{K_{min} g}} \qquad (3-200)$$

式中，W 为隔震界面以上的结构总重量；K_{min} 为隔震体系的最小有效刚度；g 为重力加速度。

采用基础隔震以后上部结构的地震力沿高度的分布大体呈矩形分布，可采用下式进行计算：

$$F_i = \frac{V_B W_i}{\sum_{i=1}^{n} W_i} \tag{3-201}$$

式中，W_i 是沿高度 i 层的楼层变量；n 是上部结构的层数。

在以上计算中，结构的刚度是指在循环荷载作用下的等价刚度，可按下式进行计算：

$$K_{eff} = \frac{F^+ - F^-}{\Delta^+ - \Delta^-} \tag{3-202}$$

式中，F^+ 和 F^- 分别是在一个荷载循环中的最大力和最小力；Δ^+ 和 Δ^- 分别是一个荷载循环中最大位移和最小位移。当用式（3-202）计算各次循环的 K_{eff} 时，若将其中的 F^+ 和 F^- 取最小的值 F^+_{min} 和 F^-_{min}，即是最小有效刚度；若将其中的 F^+ 和 F^- 取 F^+_{max} 和 F^-_{max}，即是最大有效刚度。

3.6.3　周锡元建议的方法

该方法将隔震结构简化为双自由度模型，即将上部结构等效为一个质点，隔震层作为一个质点，然后确定上部结构与隔震层的地震反应。

按照地震时两个体系动能和基底剪力相等的条件可得上部结构的等价质量 $M_{s,eq}$ 和等价刚度 $K_{s,eq}$，如下：

$$M_{s,eq} = \frac{\left[\sum_{i=1}^{N} m_i x_1(i)\right]^2}{\sum_{i=1}^{N} m_i x_1^2(i)} \tag{3-203}$$

$$K_{s,eq} = \omega_{s,1}^2 M_{s,eq} = \left[\frac{\sum_{i=1}^{N} M_i x_1(i)}{\sum m_i x_1^2(i)}\right]^2 \sum_{i=1}^{N} k_i x_1^2(i) \tag{3-204}$$

式中，N 为上部结构层数；m_i 为上部结构第 i 层的质量；k_i 为上部结构第 i 层的刚度；$x_1(i)$ 为上部结构基底固定时的基本振型；$\omega_{s,1}$ 为相应的基频；相应的基本周期 $T_{s,1}$ 为：

$$T_{s,1} = \frac{2\pi}{\omega_{s,1}} = 2\pi\sqrt{\frac{M_{s,eq}}{K_{s,eq}}} \tag{3-205}$$

双自由度体系的基本周期 T_1 和第二周期 T_2 如下：

$$T_1 \approx \sqrt{T_{s,1}^2 + T_b^2} \tag{3-206}$$

$$T_2 = T_{s,1}\sqrt{(1+\mu)\left(1+\frac{T_{s,1}^2}{T_b^2}\right)} \tag{3-207}$$

式中，$\mu=M_{s,eq}/M_b$，为质量比；M_b 为隔震层质量；$T_b=2\pi\sqrt{\dfrac{M_b+M_{s,eq}}{K_b}}$，为上部结构为刚体时隔震结构基本周期；$K_b$ 为隔震层刚度。

双自由度体系的振型及相应的参与系数如下：

$$\text{第一振型：}\frac{x_s}{x_b}=1+\frac{T_{s1}^2}{T_b^2}，\text{参与系数 }\gamma_1=\frac{1+\mu\left(1+\dfrac{T_{s,1}^2}{T_b^2}\right)}{1+\mu\left(1+2\dfrac{T_{s,1}^2}{T_b^2}\right)} \tag{3-208}$$

$$\text{第二振型：}\frac{x_b}{x_s}\approx-\left[\mu+(1+\mu)\frac{T_{s,1}^2}{T_b^2}\right]，\text{参与系数 }\gamma_2=\frac{T_{s,1}^2}{T_b^2}\frac{1}{\mu\left(1+2\dfrac{T_{s,1}^2}{T_b^2}\right)} \tag{3-209}$$

对阻尼比，第一振型可取隔震层的等效阻尼比，第二振型可取上部结构阻尼比，对于一般的砖混结构和钢筋混凝土结构可取 0.05。该方法计算结果比较简化，比假定为单自由度体系的精度高，特别是对 $K_{s,eq}/K_b$ 较小的情况。

3.6.4 周福霖建议的方法

该方法的基本假定如下[10,30]：

（1）隔震结构在地震中只做“整体平动”，只考虑基本振型的影响，上部结构层间位移和层间剪力近似为零。

（2）上部结构可视为整体平动，隔震结构体系近似为单质点体系，结构总水平地震作用位置在隔震结构体系的隔震层，其值用《建筑抗震设计规范》中的底部剪力法计算，即

$$F_{EK}=\alpha_1 G_{eq} \tag{3-210}$$

3.6.5 苏经宇等人建议的方法

对于上部结构平立面规则、高度不超过 30m 的隔震建筑，其基底总剪力计算可简化为单质点模型，按此模型基底总剪力可写为：

$$F=\alpha G \tag{3-211}$$

式中，F 为基底总剪力；α 为地震影响系数；G 为结构总重量。

在按式（3－211）计算地震作用时，单质点模型的基本周期可按下式计算：

$$T=2\pi\sqrt{\frac{G}{Kg}} \tag{3-212}$$

式中，T 为单质点模型的基本周期；K 为隔震层的刚度。由于上部结构与隔震层的阻尼有较大差别，因此建议采用地震作用匹配系数来进行地震作用的修正：

$$F=\eta\cdot\alpha\cdot G \tag{3-213}$$

式中，η 为地震作用匹配系数。

基于基础隔震建筑的反应是以第一振型为主的平动，与传统抗震结构中高度倒三角形放大的分布规律有很大差别，因此建议在按式（3－213）计算出单质点模型总的基底剪力后，其上部结构的层间地震作用按下式考虑：

$$F_i=\frac{m_i}{\sum_{i=1}^{n}m_i}F \tag{3-214}$$

式中，m_i 为上部结构第 i 层的质量；n 为层数。

苏经宇等人给出了地震作用匹配系数 η 的计算方法，它是通过对大量时程分析的计算结果进行回归分析来确定的，并限定简化方法的基底剪力与时程分析法的基底剪力的最大相对误差不超过 20%，以满足工程设计的需要。

利用回归分析方法确定地震作用匹配系数 η 时采用了两种处理方式，一种方式是利用下式进行回归：

$$\eta=\frac{F}{\alpha G}=\frac{F}{\gamma\alpha_1 G} \tag{3-215}$$

式中，基底剪力 F 取时程分析所得的相应的基底剪力；地震作用影响系数 α_1 可根据《建筑抗震设计规范》（GB 50011—2010）确定；阻尼修正系数 γ 采用马东辉提出的阻尼修正的办法来考虑阻尼差别；基底剪力 F 取时程分析所得的相应的基底剪力。得到的 η 对阻尼比 ξ 的回归计算公式为：

$$\eta=0.8531+2.0747\xi-2.9590\xi^2 \tag{3-216}$$

另一种方式是采用下式进行回归：

$$\eta=\frac{F}{\alpha G}=\frac{F}{\alpha_1 G} \tag{3-217}$$

式中，F、α_1、G 意义同前。可得

$$\eta=1.215-3.9145\xi+8.5637\xi^2 \tag{3-218}$$

地震作用匹配系数 η 可由式（3－216）或式（3－218）确定。表面上看来 η 仅是对阻尼比的反映，但 η 实质是对全部地运动参数和结构参数的总体反映，使简化方法的层间地震作用趋近时程分析结果的平均值，这里的平均是计算结果对不同地面运动参数和结构参数的广义平均。因为回归分析过程中，包含了场地类别，近、远震，地震烈度，大、小震等地运动参数及结构的基本自振周期，隔震层阻尼比，层数等结构参数所有对基底剪力有影响的因素，只是从简单实用的原则出发，使 η 由一个主要因素（阻尼比 ξ）来反映。

隔震结构的简化方法基本上都把上部结构的运动视为刚体平动，但在确定基底剪力时有差别，主要是简化体系的阻尼参数取法不同，新西兰 Shinnev 等人建

议的方法、美国规范、周福霖建议的方法等，都把上部结构与隔震层的阻尼比视为相同，新西兰 Shinnev 等人建议的方法、美国规范相当于把上部结构阻尼比取为隔震层隔尼比，周福霖建议的方法相当于把隔震层隔尼比取为上部结构的阻尼比。当上部结构与隔震层的阻尼比相等或相近时，计算结果较精确。周锡元建议的方法采用了双自由度体系，考虑了隔震层与上部结构阻尼比的差别，当两者阻尼比相差较大，计算结果亦较精确，只是计算稍显复杂了些。苏经宇等人建议的方法引进了地震作用匹配系数 η 综合反映地运动参数与结构参数对地震作用的影响，使简化方法的计算结果能够满足较复杂情况下工程设计的要求。

4 建筑隔震结构的设计方法

我国主要有《建筑抗震设计规范》(GB 50011—2010) 和《叠层橡胶支座隔震技术规程》(CECS126:2001) 在条文中对隔震结构设计分别做出了要求或者规定，但所采用的方法和要求有所不同。由于《建筑抗震设计规范》(GB 50011—2010) 为建筑抗震设计的国家标准，为广大建筑工程技术人员设计的主要依据，其内容反映了隔震结构设计方面的最新研究成果，其适用范围也相对更宽一些，有利于隔震结构的推广应用。因而本章将主要以《建筑抗震设计规范》(GB 50011—2010) 为核心，对隔震结构的设计方法、步骤和要求进行说明。对于《叠层橡胶支座隔震技术规程》(CECS126:2001) 中的规定与《建筑抗震设计规范》(GB 50011—2010) 有明显区别的，或者《建筑抗震设计规范》(GB 50011—2010) 中没有规定而《叠层橡胶支座隔震技术规程》(CECS126:2001) 中做出了规定的，也将加以介绍，可结合实际情况在设计中参考应用[3,30]。

常见的隔震系统主要包括叠层橡胶隔震系统、基础滑移隔震系统和复合隔震系统等。技术最成熟，在我国应用最多的是叠层橡胶隔震系统。《建筑抗震设计规范》(GB 50011—2010) 和《叠层橡胶支座隔震技术规程》(CECS126:2001) 中均明确了其中所指的隔震装置是“由橡胶隔震支座和阻尼装置等部件组成”。因此，本章所述内容也仅是针对叠层橡胶隔震系统，对于应用其他隔震系统进行的隔震结构设计，请参考有关资料进行。

隔震结构通过设置隔震层来隔离输入至上部结构的地震能量，其与传统抗震结构相比，在构造上增加了隔震层。隔震层是指在房屋基础、底部或下部结构与上部结构之间设置的隔震装置的总称，包括橡胶隔震支座、阻尼装置、抗风装置、限位装置和其他附属装置等，具有延长整个结构体系的自振周期，减少输入上部结构的水平地震作用，达到预期防震要求的功能，同时还具有整体复位功能。除隔震层的设计以外，由于隔震层的存在，隔震结构在隔震层上下与隔震层相邻的部位在设计和构造上均有特殊要求。另外，由于隔震层的作用，其上部结构的地震反应也与一般抗震结构有所不同，因此，其设计方法和设计要求也有所区别。

4.1 基础隔震结构设计的一般要求

一个良好的设计，首先要根据已有的理论基础，从整体上全面把握设计，合理地确定结构的总体性能，完成概念设计，进而要合理安排总体与局部的关系，完成细节设计。根据《建筑抗震设计规范》(GB 50011—2010)，隔震结构的概念设计应该符合下列各项要求。

4.1.1 隔震结构的抗震设防目标

在《建筑抗震设计规范》(GB 50011—2010) 中对于一般建筑的抗震设防规定："按本规范进行抗震设计的建筑，其基本的抗震设防目标是：当遭受低于本地区抗震设防烈度的多遇地震影响时，主体结构不受损坏或不需进行修理可继续使用；当遭受相当于本地区抗震设防烈度的设防地震影响时，可能发生损坏，但经一般性修理仍可继续使用；当遭受高于本地区抗震设防烈度的罕遇地震影响时，不致倒塌或发生危及生命的严重破坏。"

《建筑抗震设计规范》(GB 50011—2010) 将上述目标作为基本设防目标，同时，对于"使用功能或其他方面有专门要求的建筑"，又进一步提出"当采用抗震性能化设计时，具有更具体或更高的抗震设防目标。"而根据《建筑抗震设计规范》第 3.8.1 条的规定："隔震与消能减震设计，可用于对抗震安全性和使用功能有较高要求或专门要求的建筑"。由于隔震技术所具有的优势，可以使得隔震结构能够比较容易地满足更高的性能目标，是一个重要的实现更高要求的技术手段。《建筑抗震设计规范》第 3.8.2 条规定："采用隔震或消能减震设计的建筑，当遭遇到本地区的多遇地震影响、设防地震影响和罕遇地震影响时，可按高于本规范第 1.0.1 条的基本设防目标进行设计。"

《叠层橡胶支座隔震技术规程》(CECS126: 2001) 规定："按本规程设计与施工的隔震结构，当遭受低于本地区设防烈度的多遇地震时应不损坏，且不影响使用功能；当遭受本地区设防烈度的地震时，应仅产生非结构性损坏或轻微的结构损坏，一般不需修理仍可继续使用；当遭受高于本地区设防烈度的预估的罕遇地震时，应不致发生危及生命的破坏和丧失使用功能。"

需要指出的是，虽然《建筑抗震设计规范》(GB 50011—2010) 只是将"更高的性能目标"推荐采用，而非强制执行，但在实践中，理应将其作为隔震设计的性能目标，否则，隔震结构的优势将无从体现，也就失去了存在的价值。

4.1.2 隔震结构的适用范围

《建筑抗震设计规范》(GB 50011—2010) 第 1.0.3 条规定："本规范适用于抗震设防烈度为 6、7、8 和 9 度地区建筑工程的抗震设计以及隔震、消能减震设计。建筑的抗震性能化设计，可采用本规范规定的基本方法。抗震设防烈度大于 9 度地区的建筑和行业有特殊要求的工业建筑，其抗震设计应按有关专门规定执行。"

隔震技术能够显著减轻上部结构的水平地震作用，能够适用于各种用途的建筑，但对于抗震设防烈度为6度到9度的地区，是否采用隔震技术，主要应从抗震性能目标和经济性两个方面来考虑。对于要求具有“较高要求或者专门要求”的建筑，隔震技术可以作为实现其目标的一种手段来采用。

所谓有“较高或者专门要求”的建筑，包括：（1）要求地震时不能中断使用功能的建筑，包括首脑、指挥、消防、公安、医院等部门的建筑；（2）内部安装有重要设备，要求地震时不能损坏的建筑，包括银行、保险、通讯部门安装有信息系统的机房等；（3）损坏后可能产生次生灾害的建筑，如存放有毒、爆炸物品的建筑，核电站等；（4）要求地震时对生命安全具有更高保证的建筑，如幼儿园、学校、医院病房等地震时人群不便疏散的建筑；（5）需要用“隔震和消能减震”技术弥补某些类型结构在抗震方面的不足或满足其抗震设计要求的建筑。对于上面提到的建筑，在设计时，可以考虑优先采用隔震技术。

除上述所列建筑外，一般建筑经过方案比较和论证后，也可采用隔震技术。进行方案的比较，应根据工程结构抗震设防类别，抗震设防烈度，场地条件，使用功能及建筑、结构的方案，从安全性和经济性两方面综合对比分析后确定。

对于隔震结构的经济性，考虑到由于隔震结构与非隔震结构相比增加了隔震层，并且隔震层上下与隔震层相连接部位需要进行特殊构造处理，以及由此增加的施工费用，均会造成建筑成本的提高，但由于隔震技术的采用，会使上部结构水平地震作用显著减少，减小上部结构构件的截面尺寸和配筋，进而会降低上部结构的造价，采用隔震技术后建筑物直接造价的变化见表4-1。具体到工程中，应用隔震技术以后，其直接造价与非隔震建筑相比是提高还是降低，应经过综合考虑后得出。一般而言，对于抗震重要性分类越高、设防烈度越高的建筑，采用隔震技术效果越明显，并且经济性越好，甚至有可能使建筑总造价比非隔震建筑有所降低。对于有经验的设计师，如果在设计时能够做到合理设计，并对隔震层进行有效利用，还可进一步降低造价。

表4-1 采用隔震技术以后直接造价的增减变化情况

结构部位		价格变化内容	造价变化情况
上部结构	结构部分	减小构件截面尺寸	减少
		降低钢材用量	减少
		隔震层上部与隔震层连接处楼板、梁等构件的费用	增加
	非结构部分	对非结构构件抗震措施要求的降低	减少
		设备基础等地震作用的降低	减少
隔震层		隔震支座、阻尼器等隔震装置的费用	增加
		隔震层柔性管线的连接	增加
		隔震层的施工、构造等的费用	增加
基础、地基		基础尺寸、构造等的费用	增加
		液化地基处理要求	增加

除直接造价以外，考虑到隔震建筑提高了建筑物的安全性能，在地震时可以降低建筑物及其内部物品的损坏程度，减少损失这些附加价值，从整个使用周期来看，其经济性还是比较显著的。

除新建建筑外，对于已有建筑的加固改造，特别是对于历史建筑和具有特殊意义的其他建筑，应用隔震技术也具有非常良好的效果。

4.1.3 对隔震房屋体型的要求

实际上，上部结构类型无论是砌体结构、钢筋混凝土结构、钢结构，还是钢和混凝土组合结构，均可应用隔震技术。因此，《建筑抗震设计规范》(GB 50011—2010）对此并没有明确提出隔震技术适用于哪些建筑类型，而《叠层橡胶支座隔震技术规程》(CECS126:2001）则明确提出适用于“采用叠层橡胶支座（以下简称隔震支座）隔震的各类房屋结构的设计。”对于上部结构体型的要求主要包括建筑物的高度、高宽比、平立面规则性等方面。

隔震层能够减轻上部结构地震作用的原因之一是由于隔震层的刚度很小，使整个结构体系的基本周期大大延长，有效地减少了地震时输入上部结构的能量，从而大大减少地震对上部结构的作用。从这个角度讲，隔震技术对于低层和多层结构比较合适。随着结构高度和层数的增加，其基本周期也相应增长，反而有可能造成隔震后整个系统的周期更接近于上部结构基本周期，不利于隔离地震作用。

隔震层的受力状态会随着上部结构的体型特征而发生变化。从隔震原理的角度来分析，最好的结果是上部结构在地震来临时只发生水平运动，如果上部结构高宽比过大，会使部分隔震支座受到拉伸作用，造成破坏。从已有的试验资料可知，如果支座所受拉力超过其极限抗拉能力，虽然外观并无多大改变，但内部会产生很多孔隙，变得不均匀，造成不可恢复的损坏。经过较大变形后的支座，其竖向刚度会降低1/2左右。并且，橡胶隔震支座的抗拉能力远低于其抗压能力。为了确保隔震结构在地震时具有足够的稳定性，防止其上部结构与隔震层之间的提离，应对高宽比加以限制。当结构的高宽比较大时，应对其进行罕遇地震下的抗倾覆验算，防止支座压屈或出现拉应力，从而保证其整体稳定性。

《建筑抗震设计规范》(GB 50011—2010）第12.1.3条规定：“建筑结构采用隔震设计时应符合下列各项要求：结构高宽比宜小于4，且不应大于相关规范规程对非隔震结构的具体规定，其变形特征接近剪切变形，最大高度应满足本规范非隔震结构的要求；高宽比大于4或非隔震结构相关规定的结构采用隔震设计时，应进行专门研究。”

《建筑抗震设计规范》(GB 50011—2010）取消了原来所规定的“不隔震时刻

在两个主轴方向分别采用底部剪力法进行计算且结构基本周期小于 1.0s” 条文。该条文的本意是考虑到隔震技术对于低层和多层等周期小于 1s 的建筑效果最好。但实践表明，“超过 1s 的结构采用隔震有可能同样有效，国外大量隔震建筑也验证了此点”，故取消了 2001 版结构周期小于 1s 的限制。但在实践中，基本周期超过 1s 的结构的隔震效果究竟如何，还应进行详细的分析后得出结论。

《叠层橡胶支座隔震技术规程》(CECS126: 2001) 规定了上部结构非隔震时，结构基本周期小于 1.0s 的要求。同时规定采用隔震方案的建筑，宜采用体型基本规则且抗震计算可采用《建筑抗震设计规范》(GB 50011—2001) 规定的底部剪力法的结构。根据《建筑抗震设计规范》(GB 50011—2001) 第 5.1.2 条第 1 款，高度不超过 40m、以剪切变形为主且质量和刚度沿高度分布比较均匀的结构以及近似于单质点体系的结构，可采用底部剪力法等简化方法。

比较以上各规定，《建筑抗震设计规范》(GB 50011—2010) 所规定的范围相对较宽。这也为隔震技术的应用开拓了更为广阔的前景。在实践中，各条文并不是不可以突破的，各标准中均规定了在不满足要求或者有特殊要求的条件下，可以通过详细的分析以及模型试验来确定方案。以上所规定的限制性条文是在隔震技术应用的初级阶段，为积极稳妥地推广技术而限定的。随着技术的进步，现已能够生产出规格更大且具有更大承载力、更长周期和更大变形能力的高质量支座，国内外新建成的隔震建筑有很多已经突破了上述的高度范围并且效果良好。设计人员在进行设计时通过慎重的方案选择、动力分析和模型试验，完全可以有所突破。

与一般抗震建筑一样，隔震结构仍然面临着平立面规则性的问题。在平面上，应当通过隔震支座的布置，控制隔震层的刚度分布均匀，并尽量使隔震层刚度中心与上部结构的质量中心基本一致，保证结构不因太大的扭转作用而损坏。尽管如此，对于结构平面不均匀的房屋建筑，虽然其上部结构的扭转作用会减小，但与隔震层相连的楼面需要承受剪力重分布，引起的剪力传递作用，依然存在由高阶振型引起的各部分振动变形不协调。对于这类结构应当选择符合实际的计算模型精确分析。

《叠层橡胶支座隔震技术规程》(CECS126: 2001) 还规定：隔震房屋两个方向的基本周期相差不宜超过较小值的 30% (第 4.1.1 条第 1 款)。这主要是考虑到隔震房屋在两个方向所应用的设计反应谱通常是相同的，如果结构在两方向上的周期相差较大，则会导致两方向上的隔震效果相差悬殊，不利于隔震结构的设计应用。

上部结构的立面和竖向剖面宜规则，结构的侧向刚度宜均匀变化，竖向抗侧力构件的截面尺寸和材料强度宜自下而上逐渐减小，避免抗侧力结构的侧向刚度和承载力突变。而对于立面上不规则或者侧向刚度突变的建筑结构，也可以通过在立面发生突变处设置隔震层，形成中间隔震体系，来避免立面不规则造成的困难。但中间层隔震相对于基础隔震动力特性更加复杂，在地震作用下，隔震层水平位移会引起下部结构的 $P-\Delta$ 效应，甚至会引起整个结构的倾覆，在设计时应引起注意。《叠层橡胶支座隔震技术规程》(CECS126:2001）中所规定的方法针对基础隔震结构，而《建筑抗震设计规范》(GB 50011—2010）没有限定隔震层的范围，在应用中应注意。

4.1.4 隔震结构场地和地基的选择

在软弱场地上，由于软弱场地的滤波作用，会滤掉地震波中的中高频分量，使输入到上部结构的地震动出现长周期化，更接近于隔震结构的自振周期，使得隔震效果不能充分发挥，甚至造成隔震结构反应的增大而不是减小。我国大部分地区（第一组）Ⅰ、Ⅱ、Ⅲ类场地的设计特征周期均较小，故隔震建筑更适用于Ⅰ、Ⅱ、Ⅲ类场地。为避免长周期地震动可能带来的危险性，Ⅳ类场地上一般不宜建造隔震建筑。

隔震结构的地基应稳定、可靠。软弱地基的不均匀沉降将会导致各隔震支座所承担的上部荷载重新分布，造成支座受力状态的改变，甚至超过其承载能力，对结构造成危害。在结构设计中应选用稳定性较好的基础类型，以保证隔震层的稳定性和在地震中运动的一致性。

4.1.5 非地震水平作用

风荷载和其他非地震作用的水平荷载标准值产生的总水平力不宜超过结构总重力的10%。隔震建筑应能够以隔震层的初刚度保证在风荷载等非地震作用引起的水平荷载下保持稳定。一般情况下，隔震层总屈服力大约为总重力荷载的10%左右，因此，限制非地震水平作用引起的总水平力不宜超过总重力的10%。

4.2 隔震建筑的设计流程

4.2.1 隔震建筑设计的一般方法

4.2.1.1 分部设计方法

为了和传统的抗震设计方法相衔接，使广大工程设计人员方便地掌握和应用隔震结构设计，《建筑抗震设计规范》(GB 50011—2010）对于隔震建筑的设计引入了分部设计法，并在设计中提出了水平向减震系数的概念。

所谓分部设计法，是指将整个隔震结构分为上部结构、隔震层、下部结构及基础等部分，分别进行设计。

对上部结构，仍然沿用抗震结构的设计方法，但水平地震作用应采用隔震以后的地震作用值。由于叠层橡胶隔震支座不能隔离竖向地震作用，因此竖向地震作用不能降低。隔震层以上结构的抗震措施，可根据具体情况区别对待。

隔震层设计首先要满足承载力的要求。应当根据预期的水平向减震系数和位移控制要求，选择隔震层的等效刚度和等效阻尼比，即选择适当的橡胶支座来满足这两部分要求。还应验算隔震层在罕遇地震作用下的强度和稳定性。

隔震层下部结构的地震作用计算、抗震验算和抗震措施，应采用罕遇地震下隔震支座底部的竖向力、水平力和力矩进行抗震验算。

隔震建筑地基基础的抗震验算不考虑隔震产生的减震效应，仍应按照本地区设防烈度进行。

4.2.1.2 上部地震作用计算

上部地震作用的计算引入了水平向减震系数。水平向减震系数表明了隔震建筑相对于不隔震建筑的地震作用降低的程度。《建筑抗震设计规范》（GB 50011—2010）明确提出了隔震后的水平地震影响系数最大值的表达式，即

$$\alpha_{\max1}=\beta\alpha_{\max}/\psi \tag{4-1}$$

式中 $\alpha_{\max1}$——隔震后的水平地震影响系数最大值；

$\alpha_{\max}$——非隔震的水平地震影响系数最大值，按《建筑抗震设计规范》（GB 50011—2010）第 5.1.4 条采用；

β——水平向减震系数，对于多层建筑，为按弹性计算所得的隔震与非隔震各层层间剪力的最大比值；对高层建筑结构，尚应计算隔震与非隔震各层倾覆力矩的最大比值，并与层间剪力的最大比值相比较，取两者的较大值；

ψ——调整系数，一般橡胶支座，取 0.80；支座剪切性能偏差为 S－A 类，取 0.85；隔震装置带有阻尼器时，相应减少 0.05。

对于多层结构，水平地震作用沿高度可按重力荷载代表值分布，其水平向减震系数为按设防烈度下弹性计算时隔震与非隔震两种情况各层层间剪力的最大比值。其值可按下式计算：

$$\beta=\frac{(\psi_i)_{\max}}{0.7} \tag{4-2}$$

$$\psi_i=\frac{Q_{gi}}{Q_i} \tag{4-3}$$

式中 β——水平向减震系数；

$(\psi_i)_{\max}$——设防烈度下，结构隔震与非隔震时各层层间剪力比的最大值；

ψ_i——设防烈度下，结构隔震时第 i 层层间剪力与非隔震时第 i 层层间剪力比；

Q_{gi}——设防烈度下，结构隔震时第 i 层层间剪力，kN；

Q_i——设防烈度下，结构非隔震时第 i 层层间剪力，kN。

对于隔震与非隔震两种情况下的层间剪力，采用设防烈度地震作用下的时程分析法进行计算，即按隔震支座水平剪切应变为100%时求得。

式（4－1）中调整系数 ψ 实际是为提高隔震结构的抗震设防目标所取的参数，相当于水平向减震系数是最大层间剪力比值除以0.75～0.85。表明按水平向减震系数进行设计，隔震层以上结构的水平地震作用，约比直接计算所得放大20%～30%，使隔震层以上结构的水平地震作用、抗震验算和构件承载力进一步留有安全储备。

对于高层建筑结构，除按上述方法计算层间剪力的最大比值以外，尚应在设防烈度下计算隔震与非隔震两种情况各层倾覆力矩的最大比值，并与层间剪力的最大比值相比较，取两者的较大值，然后据此得到水平向减震系数。

《建筑抗震设计规范》(GB 50011—2010）的相应计算比上一版本（2001版）有一定放松，便于促进隔震技术进一步推广。

《叠层橡胶支座隔震技术规程》(CECS126：2001）中的有关水平向减震系数的规定与《建筑抗震设计规范》(GB 50011—2010）略有不同。在应用《叠层橡胶支座隔震技术规程》确定水平向减震系数时，计算层间剪力所取的隔震支座参数，为多遇地震，此时，支座的刚度比《建筑抗震设计规范》中的有所增加而阻尼减小，计算所得的隔震效果稍有降低，但安全性有所提高。并且《叠层橡胶支座隔震技术规程》规定，水平向减震系数的取值不宜低于0.25。按照惯例，《叠层橡胶支座隔震技术规程》的修订版将依据《建筑抗震设计规范》（GB 50011—2010）进行修改。

4.2.2 隔震建筑设计的一般过程

隔震建筑的设计流程可以参考图4－1。其基本思路是，首先确定拟建建筑的设防标准和水平向减震系数；对上部结构进行结构平、立面布置；根据上部结构情况，初步选定隔震装置的类型、平面布置等情况；选择合适的分析方法（时程分析法、等效线性化方法）对隔震建筑和非隔震建筑进行设防烈度地震下的验算；检查水平向减震系数是否与假定相符，如果与假定相差较大，应重新进行上部结构布置或者重新选择隔震装置并进行隔震层布置；如果水平向减震系数与假定值相符，可进行罕遇地震作用下的水平位移验算，如不满足规范要求，应重新进行上部结构布置或者重新选择隔震装置并进行隔震层布置；在验算满足要求以后，分别进行上部结构设计、隔震层设计和基础设计。

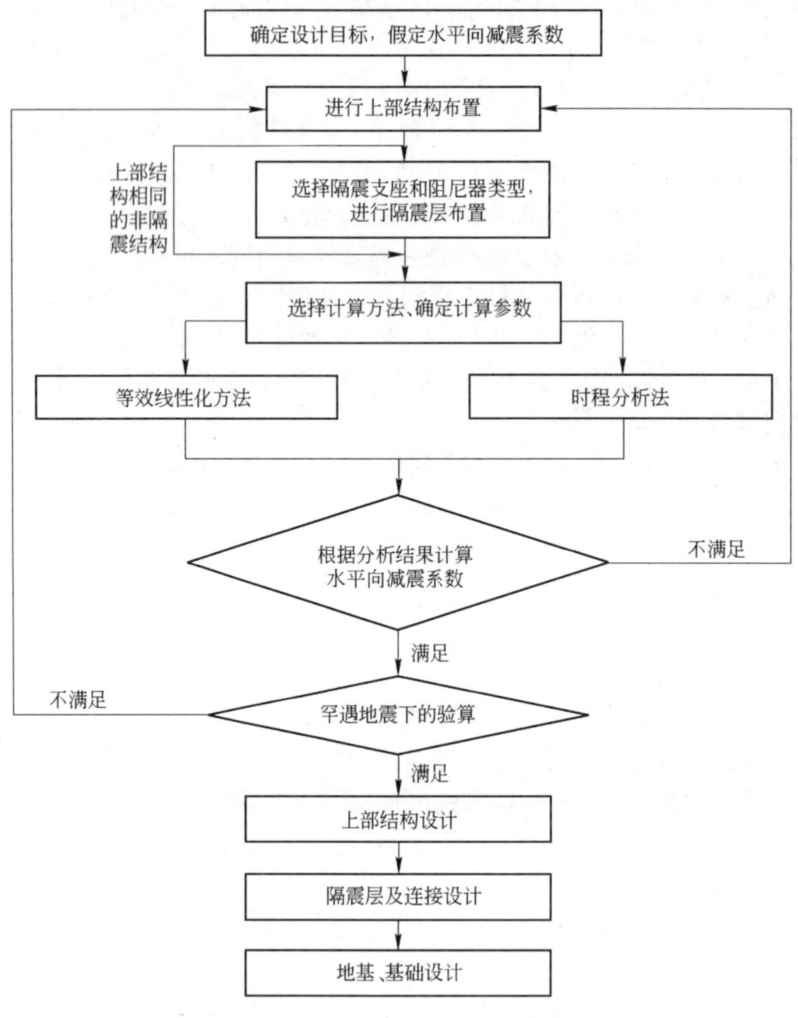

图 4－1　隔震建筑的设计流程

4.3　隔震层的布置

4.3.1　隔震层的位置

根据隔震层所在竖向位置不同，隔震建筑可分为基础隔震建筑、层间隔震建筑和大跨空间结构屋架或网架底部隔震等类型。

目前，最常用、技术上也是最成熟的隔震形式是基础隔震。基础隔震方案能够充分隔离地震能量向上部结构的输入，隔震效果良好。

一般而言，隔震层位置越低，隔震效果越好。基础隔震方案可将隔震层设置于基础顶面，但为了便于隔震装置的安装和维护，隔震层顶部梁底与基础顶面之间至少要留 0.8m 的空间。为有效利用隔震层空间，也可将隔震层做成地下室或半地下室，将隔震支座放置于地下室柱顶或墙顶。但这种布置方案中，地下室柱或墙须承担隔震层的剪力和上部结构竖向荷载与隔震层位移引起的 $P-\Delta$ 效应，设计时需引起注意。

对于水平剪力较大的建筑，可将隔震支座设置于柱中。此时，隔震层的剪力和弯矩分担到柱或墙的上、下两端，减轻由一端承担而荷载较大的现象。但此时可能会产生短柱，且必须考虑柱上端弯矩对上部结构的影响。

基础隔震结构具有优良的隔震性能，设计上也成熟可靠，但对于一些有特殊功能要求或设计条件的建筑，采用基础隔震方案可能无法实现，这时可采用层间隔震方案。如对大底盘、大平台多塔楼的建筑，上下刚度不均匀的建筑，房屋高宽比较大的建筑等，不适于在基础设置隔震层，若采用层间隔震技术，则可同时改善上下部结构的受力状况和抗震性能，大大降低建筑成本。又如，对于一些地理位置特殊的建筑，由于建筑、地形和使用要求等原因，建筑底层周围没有可移动空间，也需要考虑提高隔震层位置。

层间隔震的方案相对于基础隔震方案，其布置更加灵活，便于满足建筑和使用方面的要求，为隔震技术更广泛的应用开辟了新路。

大跨屋盖结构刚度低、阻尼小，对地震作用和脉动风荷载等振动荷载十分敏感。对于水平地震作用，可以通过改变支座的水平约束强弱来控制结构所受的地震作用，从而控制网格结构的动力反应。尤其对于坚硬场地上的网格结构，利用水平约束较弱的“隔震支座”，就可能大大减低结构的地震反应。通过延长屋盖结构的周期，并给予适当阻尼，水平地震下的加速度反应将大大减弱。同时让屋盖的大位移主要由隔震系统提供，而不由结构自身的相对位移承担。这样，结构在地震过程中的变形非常小，从而为结构物的地震防护提供了更加良好的安全保障。

层间隔震结构以及大跨空间结构屋盖支座隔震方案的分析模型、周期及地震反应等方面均与基础隔震结构有较大区别，并且其动力特性与基础隔震结构相比更加复杂，在地震作用下，隔震层水平位移对隔震层以下部位引起的 $P-\Delta$ 效应较严重。虽然目前在我国和日本已有层间隔震结构和大跨空间结构屋盖底部隔震应用的实例，但对它们的研究仍然处于起步阶段，相关的研究成果较少，如需采用上述方案，设计人员应进行详细的结构分析并采取可靠措施。

《建筑抗震设计规范》(GB 50011—2010) 中所规定的隔震设计所针对的对象是“在房屋基础、底部或下部结构与上部结构之间设置由橡胶隔震支座和阻尼装置等部件组成具有整体复位功能的隔震层，以延长整个结构体系的自振周期，减少输入上部结构的水平地震作用，达到预期防震要求。”《叠层橡胶支座隔震技术规程》(CECS126:2001)中则规定了“隔震层宜设置在结构第一层以下的部位，应提供必要的竖向承载力、侧向刚度和阻尼。”在设计时应当注意不同标准对于隔震层位置所作出的不同规定。

一个建筑物上所使用的所有隔震支座的标高不同并不会对隔震效果造成较大影响，但隔震支座放置于不同标高以后，可能会造成相关构造上的复杂，给设计施工造成困难，因此，还是尽量将各个隔震支座放置于同一标高上。对于单一建筑上采用不同高度的多个隔震支座的情况，可将各个隔震支座顶部设置于同一标高上。

4.3.2 隔震层的平面布置

隔震层所配置的功能部件一般包括隔震支座、阻尼装置和抗风装置。

隔震支座是隔震结构的主要部件，其功能主要包括承担竖向荷载和隔离水平地震作用两方面。阻尼装置的主要作用是防止隔震层的过度变形并吸收能量，常用的有利用钢、铅等金属的塑性变形或库仑摩擦力制作而成的滞回型阻尼器和利用油、黏性流体和黏弹性体的黏性制作而成的黏性阻尼器。在初始刚度不足的情况下，还应在隔震层设置抗风装置，以抵御风荷载引起的结构振动。阻尼装置和抗风装置可与隔震支座合为一体，亦可单独设置。如果分析所得隔震层位移较大，可以设置限位装置，同时要避免产生碰撞等不利影响。当隔震支座有较大的水平变形能力，有较大的阻尼，并且与上、下部结构有可靠的连接时，一般可不单独设置限位装置。

《建筑抗震设计规范》(GB 50011—2010)提出，“隔震层宜设置在结构的底部或下部，其橡胶隔震支座应设置在受力较大的位置，间距不宜过大，其规格、数量和分布应根据竖向承载力、侧向刚度和阻尼的要求通过计算确定。隔震层在罕遇地震下应保持稳定，不宜出现不可恢复的变形；其橡胶支座在罕遇地震的水平和竖向地震同时作用下，拉应力不应大于1MPa。”

为了尽量减少扭转效应对结构的影响，在进行隔震装置的布置时，应尽量使隔震层刚度中心与上部结构的质量中心重合。阻尼器和抗风装置宜对称、分散地布置于建筑物的周边。

隔震支座的平面布置宜与上部结构和下部结构中竖向受力构件的平面位置相对应。对于框架结构，采用每个柱下设置一个支座的方案是最合理有效的，如果需要在同一支撑处设置多个隔震支座，隔震支座之间的净距应大于安装和更换时所需的空间尺寸。

在隔震支座选型时，应尽量减少所选用的隔震支座的规格类型。同一建筑选用多种规格的隔震支座时，应注意充分发挥每个隔震支座的承载能力和水平变形能力。

以上只是进行隔震支座平面布置时的一些基本原则，判断隔震支座的布置和选型是否合理，还需进行一些必要的计算，以确定其是否满足《建筑抗震设计规范》(GB 50011—2010）或《叠层橡胶支座隔震技术规程》(CECS126：2001）的要求。竖向承载力的计算按下列要求进行。

隔震层首先应满足承担上部荷载所需的承载能力的要求。《建筑抗震设计规范》(GB 50011—2010）规定：各橡胶隔震支座在重力荷载代表值的竖向压应力不应超过表4－2中的规定。

表4－2 橡胶隔震支座压应力限值

建筑类别	甲类	乙类	丙类
压应力限值/MPa	10	12	15

注：1. 压应力设计应按永久荷载和可变荷载的组合计算，其中楼面活荷载应按现行国家标准《建筑结构荷载规范》(GB 50009—2001)(2006年版）的规定乘以折减系数；
2. 结构倾覆验算时应包括水平地震作用效应组合，对需进行竖向地震作用计算的结构，尚应包括竖向地震作用效应组合；
3. 当橡胶支座的第二形状系数（有效直径与橡胶层总厚度之比）小于5.0时，应降低压应力限值，小于5不小于4时降低20%，小于4不小于3时降低40%；
4. 外径小于300mm的橡胶支座，丙类建筑的平均压应力限值为10MPa。

根据表4－2中要求，可首先进行隔震支座的初步布置和选型，按照以下步骤进行：

(1）根据设计要求，初步设定一个水平向减震系数。按照上部结构布置情况，选取不同荷载组合，初步得出上部结构各构件底部的轴力设计值。

(2）按照前面所述布置的原则对隔震支座进行布置，并将各构件底部的轴力分配到各隔震支座上。

(3）将各支座所承担的轴力按《建筑抗震设计规范》(GB 50011—2010）要求除以平均压应力限值，得到支座的最小有效截面面积，并参考厂家提供的产品目录选择合适的支座型号，所选支座有效面积应不小于前面计算结果。

通过以上计算，就可得到隔震支座选型和布置的初步结果。

《叠层橡胶支座隔震技术规程》(CECS126：2001）第4.3.2条还提出了隔震层总受压承载力设计值应大于上部结构总重力代表值1.1倍的规定。可采用下面式子进行验算：

$$\sum N_i \geqslant 1.1G \tag{4-4}$$

式中，$\sum N_i$ 为全部隔震支座上可承担的上部结构的轴力，kN；G 为上部结构的总重力荷载代表值，kN。

根据竖向承载力的计算结果只能进行隔震层的初步选型和布置。完成以后，应根据结果按后面所述方法计算出隔震层的水平刚度和阻尼比等参数，并将这些参数以及上部结构参数代入计算模型，进行隔震结构动力分析计算，根据计算结果，判断隔震层的隔震效果是否与预期假定相符合，验算各隔震支座的罕遇地震作用下的水平位移是否满足要求。如果不满足，应重新进行选型或者布置，直至符合要求为止。

4.4　隔震结构动力分析计算

对隔震结构的动力分析，一般情况下可采用时程分析法。对于砌体结构及基本周期与其相当的结构，《建筑抗震设计规范》(GB 50011—2010）和《叠层橡胶支座隔震技术规程》(CECS126: 2001）分别提供了简化的分析方法和等效侧力法。计算内容包括设防烈度地震下和罕遇地震下地震作用的计算（《叠层橡胶支座隔震技术规程》中规定的是多遇地震和罕遇地震下地震作用的计算)。

设防烈度（或多遇地震）下地震作用计算结果主要用于计算水平地震影响系数并据此进行上部结构的截面抗震验算；也用于计算隔震层以下的结构、地下室和隔震塔楼下的底盘中直接支承塔楼结构的相关构件的嵌固刚度比和设防烈度下的抗震承载力验算。

罕遇地震作用下的地震作用计算结果用于以下几方面验算：结构在罕遇地震作用下薄弱层的弹塑性变形验算；隔震层在罕遇地震作用下水平位移的验算；隔震层在罕遇地震作用下稳定性的验算；隔震支座在水平和竖向罕遇地震作用下竖向拉力的计算；与隔震支座相连的上下部构件承载力验算；隔震层以下的结构、地下室和隔震塔楼下的底盘中直接支承塔楼结构的相关构件在罕遇地震下抗剪承载力验算。

4.4.1　计算模型

隔震结构计算模型与一般建筑结构没有太大的差别，但更多地考虑了隔震结构的地震反应特点，力图简化分析，减少计算分析的工作量。对复杂的隔震体系的计算模型更多地采用考虑扭转的空间结构分析模型，当需要考虑竖向地震动或进行竖向变形分析或考虑上部结构摆动等情况时，还需要包括竖向甚至翻转摆动自由度。

当采用时程分析法时，计算模型的确定应满足下列条件：

(1）对甲、乙类建筑，隔震体系的计算模型宜考虑结构杆件的空间分布、隔震支座的位置、隔震房屋的质量偏心、在两个水平方向的平移和扭转、隔震层的非线性阻尼特性以及荷载－位移关系特性，并有不少于两个不同力学模型的计算结果进行比较分析。

(2）对一般建筑，可采用层间剪切模型，考虑隔震层的有效刚度和有效阻尼比。

(3) 隔震房屋上部结构和下部结构的荷载－位移关系特性可采用线弹性模型。

在选取隔震体系的计算简图时，应增加由隔震支座及其顶部梁板组成的质点。对变形特征为剪切型的结构可采用剪切模型。当隔震层以上结构的质心与隔震层刚度中心不重合时，应计入扭转效应的影响。隔震层顶部的梁板结构应作为其上部结构的一部分进行计算和设计。

为了简化计算，隔震层的力学模型一般可取等效线性模型，用等效水平刚度和等效阻尼来描述隔震层特性。亦可采用双线性模型或者 Wen－Bonc 滞回模型。当按扭转耦联计算时，尚应计及隔震支座的扭转刚度。

4.4.2 隔震层水平等效刚度和等效阻尼比的确定

叠层橡胶隔震支座和阻尼器的刚度、阻尼比等性能参数在不同地震作用下会有所区别，在计算时应当根据具体情况选取相应的参数。《建筑抗震设计规范》(GB 50011—2010) 第 12.2.4 条第 3 款规定，隔震支座由试验确定设计参数时，竖向荷载应保持表 4－2 的压应力限值；对设防烈度地震的验算，应取剪切变形 100% 的等效刚度和等效黏滞阻尼比；对罕遇地震验算，宜采用剪切变形 250% 时的等效刚度和等效黏滞阻尼比，当隔震支座直径较大时可采用剪切变形 100% 时的等效刚度和等效黏滞阻尼比。当采用时程分析时，应以试验所得滞回曲线作为计算依据。

对于直径较大隔震支座的范围，《建筑抗震设计规范》(GB 50011—2010) 并没有明确，一般可取 600mm 作为界限。

为便于应用，现将等效刚度和等效黏滞阻尼比取值条件列入表 4－3。

表 4－3 等效刚度和等效黏滞阻尼比取值条件

隔震支座的直径	设防地震	罕遇地震
$D<600$mm	$\gamma=100\%$，$f=0.2$Hz	$\gamma=250\%$，$f=0.1$Hz
$D\geqslant600$mm	$\gamma=100\%$，$f=0.2$Hz	$\gamma=100\%$，$f=0.2$Hz

隔震层的水平等效刚度和等效阻尼比可按试验结果经计算确定。

$$K_h=\sum K_j \tag{4-5}$$

$$\zeta_{eq}=\sum K_j\zeta_j/K_h \tag{4-6}$$

式中 ζ_{eq}——隔震层等效黏滞阻尼比；

K_h——隔震层水平等效刚度，kN/mm；

ζ_j——j 振型隔震支座由试验确定的等效黏滞阻尼比，设置很多的消能器时，应包括该消能器的相应阻尼比；

K_j——j 振型隔震支座（含消能器）由试验确定的水平等效刚度，kN/mm。

4.4.3　地震波的选取

应用时程分析法进行结构的动力分析，其结果会因地震波选取的不同而产生很大差异。因此，合理地选择地震波是保证分析结果可靠性的重要条件。地震波的选择主要应考虑场地条件、远近震和结构基本周期等条件的影响。《建筑抗震设计规范》（GB 50011—2010）规定，采用时程分析法时，应按建筑场地类别和设计地震特征周期分组选用不少于两组的实际强震记录和一组人工模拟的加速度时程曲线，其平均地震影响系数曲线应与振型分解反应谱法所采用的地震影响系数曲线在统计意义上相符，其加速度时程的最大值可按表 4-4 采用。

表 4-4　时程分析所用地震加速度时程的最大值　（cm/s^2）

地震影响	烈度			
	6	7	8	9
多遇地震	18	35（55）	70（110）	140
设防地震	50	100（150）	200（300）	400
罕遇地震	125	220（310）	400（510）	620

注：括号内数值分别对应于设计基本加速度为 0.15g（7 度）和 0.30g（8 度）的地区。

《叠层橡胶支座隔震技术规程》（CECS126: 2001）中要求，对甲、乙类建筑，地震波数量不宜少于四条，对其他类建筑数量不宜少于三条，其中至少有一条人工模拟地震加速度时程曲线。

一条实际强震记录的加速度时程曲线所包含的三要素（有效峰值、频谱特性和持续时间）并不能保证与所要求的一致，因此应当对有效峰值进行调整，并选择频谱特性和持续时间符合要求的时程曲线用于分析。

表 4-4 中列出了不同条件下所用地震加速度时程曲线的最大值，对于实际的时程曲线，应当根据当前场地的抗震设防烈度和地震强度对峰值按比例放大或者缩小，其方法如下：

$$\alpha'(t) = \frac{A'_{max}}{A_{max}}\alpha(t) \tag{4-7}$$

式中，$\alpha'(t)$、A'_{max} 分别为调整后的地震加速度时程曲线和加速度峰值，其中 A'_{max} 可根据表 4-4 查得；$\alpha(t)$、A_{max} 分别为原记录中的地震加速度时程曲线和加速度峰值。

需要多向同时输入地震波时，其地震动参数（加速度峰值或反应谱峰值）比例可按如下比例进行调整，即水平主向: 水平次向: 竖向 = 1.00: 0.85: 0.65。

场地类别和震中距的远近会影响到反应谱的卓越周期，所选用的地震波频谱特性应当根据隔震建筑所处的场地类别和设计地震分组确定。《建筑抗震设计规范》（GB 50011—2010）规定，弹性时程分析时，每条时程曲线计算所得结构底部剪力不应小于振型分解反应谱法计算结果的65%，多条时程曲线计算所得结构底部剪力的平均值不应小于振型分解反应谱法计算结果的80%。满足以上条件，也就满足了前面所说的“平均地震影响系数曲线应与振型分解反应谱法所采用的地震影响系数曲线在统计意义上相符”这一要求。

所选用地震波的持续时间不宜过短，一般可取结构基本周期的5～10倍。

4.4.4 计算结果分析

对于采用多条地震波进行时程分析的结果，宜取其包络值。当隔震结构位于发震断裂主断裂带10km以内时，要求各个设防类别的房屋均应计及地震近场效应，5km以内取1.5，5km以外取1.25。

当需要考虑双向水平地震作用下的扭转地震作用效应时，其值可按下面两式中的较大值确定：

$$S_{Ek} = \sqrt{S_x^2 + (0.85S_y)^2} \tag{4-8}$$

$$S_{Ek} = \sqrt{S_y^2 + (0.85S_x)^2} \tag{4-9}$$

式中，S_x、S_y分别为x向、y向单向水平地震作用计算的地震扭转效应，按下面的式子计算：

$$S = \sqrt{\sum_{j=1}^{m}\sum_{k=1}^{m}\rho_{jk}S_jS_k} \tag{4-10}$$

$$\rho_{jk} = \frac{8\sqrt{\zeta_j\zeta_k}(\zeta_j + \lambda_T\zeta_k)\lambda_T^{1.5}}{(1-\lambda_T^2) + 4\zeta_j\zeta_k(1+\lambda_T^2)\lambda_T + 4(\zeta_j^2 + \zeta_k^2)\lambda_T^2} \tag{4-11}$$

式中 S_{Ek}——地震作用标准值的扭转效应；

S_j，S_k——j、k振型地震作用标准值的效应，可取前9～15个振型；

ζ_j，ζ_k——j、k振型的阻尼比；

ρ_{jk}——j振型与k振型的耦联系数；

λ_T——k振型与j振型的自振周期比。

4.5 隔震层的验算

隔震层的验算内容主要包括隔震支座的受压承载力验算，罕遇地震下隔震支座的水平位移验算，抗风装置的验算和隔震支座弹性水平恢复力的验算，隔震房屋抗倾覆验算，罕遇地震下拉应力的验算，隔震支座连接件的设计计算，隔震层顶部梁、板的刚度和承载力的验算，楼面大梁罕遇地震下的承载力验算和隔震支座附近的梁、柱冲切和局部承压验算等内容。

4.5.1　隔震层受压承载力验算

隔震层受压承载力验算应当按照前面的内容进行，由于是依据受压承载力进行的隔震支座初步选型和布置，所以一般都能满足。但要注意因竖向地震作用和倾覆力矩引起的支座压应力的变化。

4.5.2　罕遇地震下的水平向位移验算

罕遇地震下隔震支座的水平位移应当根据时程分析的结果确定，或者根据简化分析方法计算得到。

《建筑抗震设计规范》(GB 50011—2010）规定隔震支座对应于罕遇地震水平剪力的水平位移，应符合下列要求：

$$u_i \leqslant [u_i] \tag{4-12}$$

$$u_i = \eta_i u_c \tag{4-13}$$

式中　u_i——罕遇地震作用下，第 i 个隔震支座考虑扭转的水平位移，mm；

$[u_i]$——第 i 个隔震支座的水平位移限值，mm，对橡胶隔震支座，不应超过该支座有效直径的 0.55 倍和支座各橡胶总厚度 3.0 倍两者的较小值；

u_c——罕遇地震下隔震层质心处或不考虑扭转的水平位移，mm；

η_i——第 i 个隔震支座的扭转影响系数，应取考虑扭转和不考虑扭转时 i 支座计算位移的比值，当隔震层以上结构的质心与隔震层刚度中心在两个主轴方向均无偏心时，边支座的扭转影响系数不应小于 1.15。

4.5.3　抗风装置的验算和隔震装置弹性恢复力验算

为保证抗风装置的有效性和隔震装置在多次地震作用下仍能保持良好复位性能，《叠层橡胶支座隔震技术规程》（CECS126: 2001）规定需对抗风装置进行水平承载力验算和对隔震支座进行弹性恢复力验算。

设置了抗风装置的隔震建筑，应按下式进行验算：

$$\gamma_w V_{wk} \leqslant V_{Rw} \tag{4-14}$$

式中　V_{Rw}——抗风装置的水平承载力设计值，kN，当抗风装置是隔震支座的组成部分时，取隔震支座的水平屈服荷载设计值，当抗风装置单独设置时，取抗风装置的水平承载力，可按材料屈服强度设计值确定；

γ_w——风荷载分项系数，采用 1.4；

V_{wk}——风荷载作用下隔震层的水平剪力标准值，kN。

隔震支座必须满足在设防烈度地震作用下（设隔震支座剪切应变为 100%）的弹性恢复力大于抗风装置受剪承载力设计值（或隔震支座水平屈服荷载设计

值）的1.4倍，以保证隔震支座在多次地震作用后仍具有良好的复位性能。隔震支座的弹性恢复力应符合下式要求：

$$K_{100}t_r \leqslant 1.40V_{Rw} \tag{4-15}$$

式中 K_{100}——隔震支座在水平剪切应变100%时的水平有效刚度，kN/mm。

4.5.4 隔震房屋抗倾覆验算

《建筑抗震设计规范》(GB 50011—2010）规定“对于高宽比大于4的结构采用隔震设计时，应进行详细分析，必要时通过试验确定”（12.1.3条第1款）。针对此项内容，《建筑抗震设计规范》并没有说明应如何分析，但《叠层橡胶支座隔震技术规程》(CECS126:2001）中规定了隔震房屋进行抗倾覆验算的要求，即隔震房屋的高宽比超过《建筑抗震设计规范》(GB 50011—2010）的相应规定时，应进行抗倾覆验算。隔震房屋抗倾覆验算包括结构整体抗倾覆验算和隔震支座承载力验算。

进行结构整体抗倾覆验算时，应按罕遇地震作用计算倾覆力矩，并按上部结构重力代表值计算抗倾覆力矩。抗倾覆安全系数应大于1.2。

$$1.2M_O \leqslant M_{RO} \tag{4-16}$$

式中 M_O——整体倾覆力矩，kN·mm；

M_{RO}——整体抗倾覆力矩，kN·mm。

上部结构传递到隔震支座的重力代表值应考虑倾覆力矩所引起的增加值。

在罕遇地震作用下，隔震支座不宜出现受拉应力。当隔震支座不可避免处于受拉状态时，其拉应力不应大于1.2MPa（《建筑抗震设计规范》(GB 50011—2010）第12.2.4条第1款中规定值为1.0MPa，应用时注意区别）。

其他各项内容具体的验算方法可参考《叠层橡胶支座隔震技术规程》(CECS126:2001）和《混凝土结构设计规范》(GB 50010—2010）完成。有关隔震结构构造设计的内容可参考本书第5章。

4.6 上部结构的验算

与抗震建筑的验算相同，隔震建筑上部结构的设计验算也采用两阶段设计方法。上部结构的设计主要包括上部结构截面抗震验算、变形验算和构造措施等内容。验算方法与非隔震结构基本一致，与抗震设计的主要区别在于地震作用的取值和所采取的抗震措施等内容。

4.6.1 地震作用的取值

4.6.1.1 水平向地震作用

《建筑抗震设计规范》(GB 50011—2010）规定：水平地震作用按照规范第

5.1.4 条、第 5.1.5 条确定，其中，水平地震影响系数最大值按照隔震后降低的水平地震影响系数计算。

得到折减后的水平地震影响系数后，可据此采用时程分析法或者其他简化方法进行计算，得到隔震结构的水平地震作用，该水平地震作用小于同类建筑未采取隔震措施时的地震作用，反映了隔震层的效果。

《建筑抗震设计规范》(GB 50011—2010) 中还要求：隔震层以上结构的总水平地震作用不得低于非隔震结构在 6 度设防时的总水平地震作用；各楼层的水平地震剪力尚应符合表 4－5 对本地区设防烈度的最小地震剪力系数的规定，即抗震验算时，结构各楼层的水平地震剪力应满足下式要求：

$$V_{\mathrm{E}ki} > \lambda \sum_{j=i}^{n} G_j \tag{4-17}$$

式中 $V_{\mathrm{E}ki}$——第 i 层对应于水平地震作用标准值的楼层剪力，kN；

λ——剪力系数，不应小于表 4－5 规定的楼层最小地震剪力系数值，对竖向不规则结构的薄弱层，应乘以 1.15 的增大系数；

G_j——第 j 层的重力荷载代表值，kN。

表 4－5　楼层最小地震剪力系数值

类　别	烈　度			
	6	7	8	9
扭转效应明显或基本周期小于 3.5s 的结构	0.008	0.016 (0.024)	0.032 (0.048)	0.064
基本周期大于 5.0s 的结构	0.006	0.012 (0.018)	0.024 (0.032)	0.040

注：1. 基本周期介于 3.5s 和 5s 之间的结构，可插入取值；
2. 括号内数值分别用于设计基本地震加速度为 0.15g（7 度）和 0.30g（8 度）的地区。

4.6.1.2　竖向地震作用

设防烈度 8、9 度时的大跨度和长悬臂结构以及设防烈度 9 度时的高层建筑应计算竖向地震作用。需计算竖向地震作用的隔震建筑范围要宽于非隔震建筑。《建筑抗震设计规范》(GB 50011—2010) 规定：9 度时和 8 度且水平向减震系数不大于 0.3 时，隔震层以上的结构应按设防烈度进行竖向地震作用的计算。

如此安排，是由于考虑到隔震层基本不能隔离结构的竖向地震作用，位于高烈度地区的隔震建筑的竖向地震力可能大于其水平地震力，竖向地震的影响不可忽略。

竖向地震作用的计算仍旧按照传统结构的计算方法计算，不考虑任何竖向地震降低效应。

计算得到的竖向地震作用标准值，8 度（0.20g）、8 度（0.30g）和 9 度时分别不应小于隔震层以上结构总重力荷载代表值的 20%、30%和 40%。

隔震层以上结构竖向地震作用标准值计算时，各楼层可视为质点，并按下式计算竖向地震作用标准值沿高度的分布：

$$F_{vi}=\frac{G_iH_i}{\sum G_jH_j}F_{Evk} \quad (4-18)$$

式中 F_{vi}——质点 i 的竖向地震作用标准值，kN；

F_{Evk}——结构总竖向地震作用标准值，kN。

4.6.2 上部结构截面抗震验算

隔震建筑上部结构的截面抗震验算仍应按照非隔震建筑进行，只是地震作用应该采用按照前面方法计算的结果。

《建筑抗震设计规范》(GB 50011—2010）规定，隔震建筑上部结构的抗震措施可根据下列规定适当降低：当水平向减震系数大于 0.40（设置阻尼器时为 0.38）时，不应降低非隔震时的有关要求；当水平向减震系数不大于 0.40（设置阻尼器时为 0.38）时，可适当降低本规范有关章节对非隔震建筑的要求，但烈度降低不得超过 1 度，与抵抗竖向地震作用有关的抗震构造措施不应降低。此时，对砌体结构，可按《建筑抗震设计规范》(GB 50011—2010）附录 L 采取抗震构造措施。隔震层以上结构抗震措施要求与水平向减震系数的对应关系见表 4-6。

表 4-6 隔震层以上结构抗震措施要求与水平向减震系数的对应关系

设防烈度（设计基本加速度）	水平向减震系数	
	$\beta \geq 0.45$	$\beta < 0.45$
9（0.40g）	9（0.40g）	8（0.20g）
8（0.30g）	8（0.30g）	7（0.15g）
8（0.20g）	8（0.20g）	7（0.10g）
7（0.15g）	7（0.15g）	7（0.10g）
7（0.10g）	7（0.10g）	6（0.05g）

规范中所提到的抵抗竖向地震作用有关的抗震措施，对钢筋混凝土结构，指墙、柱的轴压比规定；对砌体结构，指外墙尽端墙体的最小尺寸和圈梁的有关规定。

《叠层橡胶支座隔震技术规程》(CECS126: 2001）中对隔震层顶部构件的处理方法做出了具体规定：上部结构为框架、框架-抗震墙和抗震墙结构时，隔震层顶部的纵、横梁和楼板体系应作为上部结构的一部分进行计算；上部结构为砌体结构时，隔震层顶部各纵、横梁可按受均布荷载的单跨简支或多跨连续托墙梁计算，均布荷载可按《建筑抗震设计规范》(GB 50011—2010) 中关于底部框架砖房的钢筋混凝土托墙梁的规定取值；当按连续梁计算的正弯矩小于按单跨简支梁计算的跨中弯矩的0.8倍时，应按0.8倍单跨简支梁跨中弯矩取值。当计算出现负弯矩时，应进行双向配筋。对托墙梁顶砌体应进行局部承压验算，并在构造上采取适当加强措施。

计算托墙梁的地震组合弯矩时，由竖向荷载产生的弯矩可按下列方法确定：

(1) 当上部砖墙不超过4层时，墙体自重及其承担的重力全部计入；

(2) 当上部砖墙超过4层且在跨中1/2区段的墙体仅有一个洞口时，墙体自重及其承担的重力可仅取4层计入。

对于砌体结构当需进行竖向地震作用的验算时，其抗剪强度的正应力影响系数宜按减去竖向地震作用后的平均压应力取值。

4.6.3 上部结构的变形验算

对框架、抗震墙和框架－抗震墙结构应进行多遇地震和罕遇地震作用下的层间位移验算；砌体房屋可不进行层间位移验算。在多遇地震作用下，层间弹性位移角限值可按《建筑抗震设计规范》(GB 50011—2010) 的规定执行；在罕遇地震作用下，上部结构的层间弹塑性位移角限值可按《建筑抗震设计规范》(GB 50011—2010) 规定值的1/2采用。

隔震结构在水平地震作用下，变形主要集中在隔震层，其上部结构的层间位移很小，很容易满足《建筑抗震设计规范》(GB 50011—2010) 中的层间位移角限值。

4.7 下部结构和地基基础的设计

4.7.1 下部结构的设计

隔震层下部构件包括支撑隔震层的墙体、支墩、支柱及其相连构件和地下室等。这些构件所承受的荷载包括隔震支座底部传来的竖向力、水平力和力矩。《建筑抗震设计规范》(GB 50011—2010) 要求：隔震层支墩、支柱及相连构件，应采用隔震结构罕遇地震下隔震支座底部的竖向力、水平力和力矩进行承载力验算。

上述要求与一般所进行的承载力验算的主要区别在于，验算中所采用的内力应为罕遇地震作用下各个隔震支座底部向下传递的内力，在应用中应引起注意。如此处理的原因在于“上部结构的底部剪力通过隔震支座传给基础结构。因此，上部结构与支座的连接件、隔震支座与基础的连接件应具有传递上部结构最大剪力的能力。”

隔震层以下的结构（包括地下室和隔震塔楼下的底盘）中直接支承隔震层以上结构的相关构件，应满足嵌固的刚度比和隔震后设防地震的抗震承载力要求，并按罕遇地震下进行抗剪承载力验算。隔震层以下地面以上的结构在罕遇地震作用下的层间位移角限值应满足表 4 - 7 要求。

表 4 - 7 隔震塔楼下部底盘结构罕遇地震作用下层间弹塑性位移角限值

下部结构类型	$[\theta_p]$
钢筋混凝土结构和钢结构	1/100
钢筋混凝土框架 - 抗震墙结构	1/200
钢筋混凝土抗震墙结构	1/250

4.7.2 隔震建筑地基基础的验算和抗液化措施

隔震建筑地基基础的抗震验算和地基处理仍应按本地区抗震设防烈度进行，甲、乙类建筑的抗液化措施应按提高一个液化等级确定，直至全部消除液化沉陷。

4.8 隔震结构简化计算方法

对于砌体结构和基本周期与其相当的结构，《建筑抗震设计规范》(GB 50011—2010）给出了一种简化计算方法。多层砌体结构基本自振周期较短，一般按照多层砌体取 0.4s 和设计特征周期两者的较大值考虑［《建筑抗震设计规范》(GB 50011—2010）条文说明］。其他结构类型的基本周期计算可采用《建筑结构荷载规范》(GB 50009—2001）（2006 年版）或者相关专门规范中提供的方法，但计算结果应与砌体结构基本周期相当，才可应用简化计算方法。

除基本周期条件以外，适用于简化方法的结构亦应满足结构高宽比宜小于 4 且变形特征接近剪切变形；建筑场地宜为Ⅰ、Ⅱ、Ⅲ类，并应选用稳定性较好的基础类型；风荷载和其他非地震作用的水平荷载标准值产生的总水平力不宜超过结构总重力的 10% 等项要求。

简化计算方法关于隔震结构地震作用的计算建立在抗震结构地震反应谱基础之上，基本原理是由于上部结构刚度较大，基本自振周期较短，在隔震后隔震结构在地震中的变形主要集中在隔震层，隔震结构体系近似为单质点的平动，并可将隔震层的刚度和阻尼作为整个结构的刚度和阻尼。

其基本思路是首先计算隔震后结构的基本周期和水平向减震系数；然后采用底部剪力法计算出上部结构的总水平地震作用，并进行分配，以据此进行上部结构的设计；求得隔震层在罕遇地震下的水平剪力和位移，并进行相关验算；最后进行下部结构和连接的设计以及按要求完善构造措施。

4.8.1　隔震后结构的基本周期和水平向减震系数

4.8.1.1　隔震后体系的基本周期

由于将隔震层的刚度作为整个结构的刚度，隔震后体系的基本周期可按下式计算：

$$T_1 = 2\pi\sqrt{G/K_h g} \tag{4-19}$$

式中　T_1——隔震体系的基本周期，s；

G——隔震层以上结构的重力荷载代表值，kN；

K_h——隔震层的水平等效刚度，kN/mm；

g——重力加速度，m/s²。

对于砌体结构，应用式（4－19）所得的计算结果不应大于2.0s和5倍特征周期的较大值；对基本周期与砌体结构相当的结构，不应大于5倍特征周期值。

4.8.1.2　水平向减震系数的计算

对于砌体结构和基本周期与其相当的结构，隔震后上部结构的水平地震作用仍然采用水平向减震系数表示，其定义为隔震结构与不隔震结构地震影响系数之比。

砌体结构的水平向减震系数，宜根据隔震后整个体系的基本周期，按下式确定：

$$\beta = 1.2\eta_2 (T_{gm}/T_1)^{\gamma} \tag{4-20}$$

式中　β——水平向减震系数；

η_2——地震影响系数的阻尼调整系数；

γ——地震影响系数的曲线下降段衰减指数；

T_{gm}——砌体结构采用隔震方案时的设计特征周期，s，根据本地区所属的设计地震分组按《建筑抗震设计规范》(GB 50011—2010）第5.1.4条确定，但小于0.4s时应按0.4s采用；

T_1——隔震后体系的基本周期，s，不应大于2.0s和5倍特征周期的较大值。

4.8.1.3　与砌体结构周期相当结构的水平向减震系数

与砌体结构周期相当的结构，其水平向减震系数宜根据隔震后整个体系的基本周期按下式确定：

$$\beta = 1.2\eta_2 (T_g/T_1)^{\gamma} (T_0/T_g)^{0.9} \tag{4-21}$$

式中　T_0——非隔震结构的计算周期，s，当小于特征周期时应采用特征周期的数值；

T_1——隔震后体系的基本周期，s，不应大于5倍特征周期值；

T_g——特征周期，s。

4.8.1.4 地震影响系数曲线和参数的调整

根据《建筑抗震设计规范》(GB 50011—2010)，地震影响系数曲线形状如图4-2所示。其形状特征如下：

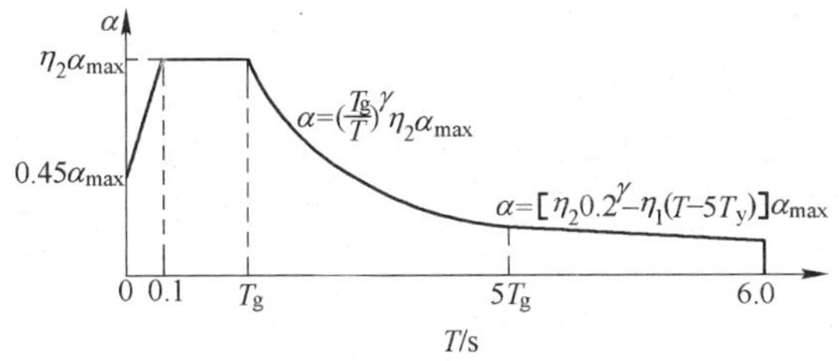

图4-2 地震影响系数曲线

α—地震影响系数；α_{max}—地震影响系数最大值；η_1—直线下降段的下降斜率调整系数；γ—衰减指数；T_g—特征周期；η_2—阻尼调整系数；T—结构自振周期

(1) 直线上升段，周期小于0.1s的区段。

(2) 水平段，自0.1s至特征周期区段，应取最大值（α_{max}）。

(3) 曲线下降段，自特征周期至5倍特征周期区段，曲线下降段衰减指数γ。

(4) 直线下降段，自5倍特征周期至6s区段，直线下降段的下降斜率为η_1。

建筑结构的地震影响系数应根据烈度、场地类别、设计地震分组和结构自振周期以及阻尼比确定。计算罕遇地震作用时，特征周期应增加0.05s。砌体结构采用隔震方案时的设计特征周期，小于0.4s 时应按0.4s 采用。

隔震结构的阻尼调整和形状参数按下式进行调整：

(1) 曲线下降段的衰减指数：

$$\gamma=0.9+\frac{0.05-\zeta}{0.3+6\zeta} \tag{4-22}$$

式中 γ——曲线下降段的衰减指数；

ζ——阻尼比，隔震结构取隔震层的等效阻尼。

(2) 阻尼调整系数应按下式确定：

$$\eta_2=1+\frac{0.05-\zeta}{0.08+1.6\zeta} \tag{4-23}$$

式中 η_2——阻尼调整系数，当小于0.55时，应取0.55。

4.8.2 上部结构的总水平地震作用和层间剪力的分配

增加由隔震支座及其顶部梁板组成的质点，并建立隔震体系的等效剪切型结构计算简图。根据底部剪力法的基本原理，砌体结构和基本周期与其相当的结构，其上部结构的总水平地震作用分别采用以下公式计算。

4.8.2.1 砌体结构

$$F_{\mathrm{Ek}}=\beta\alpha_{\max}G_{\mathrm{eq}} \tag{4-24}$$

式中 F_{Ek}——结构总水平地震作用标准值，kN；

β——折减后的水平地震影响系数；

$\alpha_{\max}$——水平地震影响系数最大值；

G_{eq}——隔震层以上结构的等效重力荷载代表值，kN，单质点应取总重力荷载代表值，多质点可取总重力荷载代表值的85%。

4.8.2.2 基本周期与砌体结构相当的结构

$$F_{\mathrm{Ek}}=\beta\alpha' G_{\mathrm{eq}} \tag{4-25}$$

式中 α'——不隔震时结构的水平地震影响系数。

如果不隔震结构的基本周期 T_0 小于或等于设计特征周期 T_{g}，则式（4-25）中 $\alpha'=\alpha_{\max}$，$\alpha_{\max}$为阻尼比0.05的不隔震结构的水平地震影响系数最大值；如果不隔震结构的基本周期大于设计特征周期 T_{g}，则 $\alpha'=\left(\frac{T_{\mathrm{g}}}{T_0}\right)^{\gamma}\eta_2\alpha_{\max}$，其中的$\eta_2=1.0$，$\gamma=0.9$。

当隔震结构位于发震断裂主断裂带10km以内时，要求各个设防类别的房屋均应计及地震近场效应。因此，对应考虑近场效应的隔震结构上述计算结果还应乘以相应的近场系数。近场系数按下列规定取值：甲、乙类建筑距发震断层5km以内取1.5；5~10km取不小于1.25。

因此采用以上方法计算的隔震层以上结构的总水平地震作用不得低于非隔震结构在6度设防时的总水平地震作用。

《建筑抗震设计规范》(GB 50011—2010) 第12.2.5条第1款规定：对多层结构，水平地震作用沿高度可按重力荷载代表值分布。

$$F_{i\mathrm{k}}=\frac{G_i}{\sum_{j=1}^{n}G_j}F_{\mathrm{ek}}\quad(i=1,\cdots,n) \tag{4-26}$$

式中 $F_{i\mathrm{k}}$——作用于质点 i 的水平地震作用标准值，kN；

G_i，G_j——集中于质点 i、j 的重力代表值，kN。

各层的层间剪力按下式计算：

$$V_{\mathrm{Ek}i}=\sum_{i=1}^{n}F_{i\mathrm{k}} \tag{4-27}$$

并且，结构任一楼层的水平地震剪力应符合下式要求：

$$V_{\mathrm{Ek}i} > \lambda \sum_{j=i}^{n} G_j \tag{4-28}$$

式中 $V_{\mathrm{Ek}i}$——第 i 层对应于水平地震作用标准值的楼层剪力，kN；

λ——剪力系数，不应小于表4-5规定的楼层最小地震剪力系数值，对竖向不规则结构的薄弱层，应乘以1.15的增大系数；

G_j——第 j 层的重力荷载代表值，kN。

4.8.3 隔震层在罕遇地震下的水平剪力和位移

对于砌体结构及与其基本周期相当的结构，隔震层在罕遇地震下的水平剪力可按下式计算：

$$V_{\mathrm{c}} = \lambda_{\mathrm{s}} \alpha_1(\zeta_{\mathrm{eq}}) G \tag{4-29}$$

式中 V_{c}——隔震层在罕遇地震下的水平剪力，kN；

λ_{s}——近场系数；

$\alpha_1(\zeta_{\mathrm{eq}})$——罕遇地震下的地震影响系数值，可根据隔震层参数，按前述方法取值。

砌体结构及与其基本周期相当的结构，隔震层质心处在罕遇地震下的水平位移可按下式计算：

$$u_{\mathrm{c}} = \lambda_{\mathrm{s}} \alpha_1(\zeta_{\mathrm{eq}}) G/K_{\mathrm{h}} \tag{4-30}$$

式中 K_{h}——罕遇地震下隔震层的水平等效刚度，kN/mm。

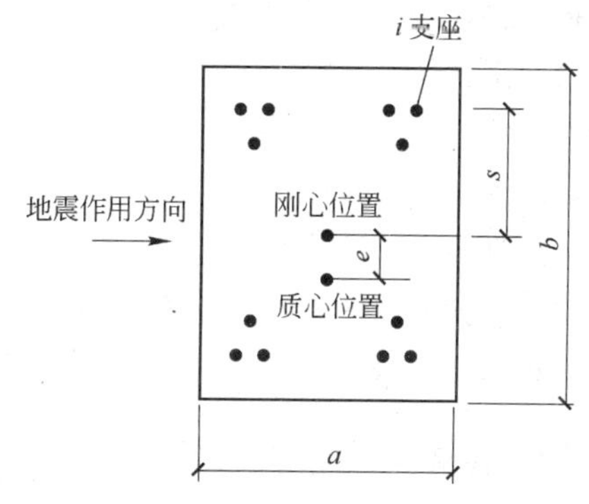

图 4-3 扭转计算示意图

当隔震支座的平面布置为矩形或接近于矩形，但上部结构的质心与隔震层刚度中心不重合时（见图4-3），隔震支座扭转影响系数可按下列方法确定。

（1）仅考虑单向地震作用的扭转时，扭转影响系数可按下式计算：

$$\eta_i = 1 + 12 e s_i/(a^2 + b^2) \tag{4-31}$$

式中 e——上部结构质心与隔震层刚度中心在垂直于地震作用方向的偏心距，mm；

s_i——第 i 个隔震支座与隔震层刚度中心在垂直于地震作用方向的距离，mm；

a，b——隔震层平面的两个边长，mm。

对边支座，其扭转影响系数不宜小于1.15；当隔震层和上部结构采取有效的抗扭措施后或扭转周期小于平动周期的70%时，扭转影响系数可取1.15。

（2）同时考虑双向地震作用的扭转时，扭转影响系数可仍按式（4－31）计算，但其中的偏心距值（e）应采用下列公式中的较大值替代：

$$e=\sqrt{e_x^2+(0.85e_y)^2} \tag{4-32}$$

$$e=\sqrt{e_y^2+(0.85e_x)^2} \tag{4-33}$$

式中　e_x——y 方向地震作用时的偏心距，mm；

e_y——x 方向地震作用时的偏心距，mm。

对边支座，其扭转影响系数不宜小于1.2。

考虑到施工的误差，地震剪力的偏心距 e 宜计入偶然偏心距的影响，隔震层也采用限制扭转影响系数最小值的方法处理。考虑隔震结构设计有助于减轻结构扭转反应，建议偶然偏心距取垂直地震作用方向的结构平面边长的2%。

4.8.4　竖向地震作用下的抗震验算

设防烈度9度时和8度且水平向减震系数不大于0.3时，隔震层以上的结构应按设防烈度进行竖向地震作用的计算。隔震层以上结构竖向地震作用标准值计算时，各楼层可视为质点，并按《建筑抗震设计规范》(GB 50011—2010）计算竖向地震作用标准值及沿高度的分布。验算时，砌体抗震抗剪强度的正应力影响系数，宜按减去竖向地震作用效应后的平均压应力取值。

砌体结构的隔震层顶部各纵、横梁均可按承受均布荷载的单跨简支梁或多跨连续梁计算；均布荷载可按《建筑抗震设计规范》(GB 50011—2010）第7.2.5条关于底部框架砖房的钢筋混凝土托墙梁的规定取值；当按连续梁算出的正弯矩小于单跨简支梁跨中弯矩的0.8倍时，应按0.8倍单跨简支梁跨中弯矩配筋。

4.8.5　砌体结构的隔震措施

当水平向减震系数不大于0.40时，丙类建筑的多层砌体结构，其房屋的层数、总高度和高宽比限值，可按《建筑抗震设计规范》(GB 50011—2010）相关条文降低1度的有关规定采用。其他措施可见本书第5章。

4.9　规程中提出的等效侧力法

《叠层橡胶支座隔震技术规程》(CECS126:2001）针对层数较少、高度较低和刚度分布比较均匀的房屋，按单自由度计算模型结合反应谱法建立了等效侧力法，可得出较为可靠的结果。该方法的依据是假定隔震结构在地震作用下基本为平动，隔震体系近似为单自由度体系，并且结构地震反应以第一振型为主，场地相关反应谱特征周期较小。

4.9.1 等效侧力法的适用条件

在满足以下条件时可以采用等效侧力法进行计算：

（1）由于等效侧力法是按单自由度计算模型结合反应谱法建立的。应用该方法的房屋应当层数较少，高度小于40m。

（2）房屋的体型基本规则，质量和刚度分布比较均匀，且抗震计算可采用《建筑抗震设计规范》(GB 50011—2010) 规定的底部剪力法。

（3）建筑场地宜为Ⅰ、Ⅱ、Ⅲ类，并应选用稳定性较好的基础类型。

（4）风荷载和其他非地震作用的水平荷载标准值产生的总水平力不宜超过结构总重力的10%。

（5）隔震层宜设置在结构第一层以下的部位，应提供必要的竖向承载力、侧向刚度和阻尼。

（6）隔震房屋为砌体房屋或与砌体房屋结构基本周期相当的房屋。

4.9.2 等效侧力法的计算过程

4.9.2.1 水平有效刚度和有效阻尼比的计算

隔震层的水平有效刚度和有效阻尼比可按下式计算：

$$K = \sum_{i=1}^{n} K_i \tag{4-34}$$

$$\zeta = \frac{\sum_{i=1}^{n} K_i \zeta_i}{K} \tag{4-35}$$

式中 K——隔震层水平有效刚度，为隔震层所有隔震支座、阻尼装置的有效刚度之和，kN/mm；

K_i——单个隔震支座或阻尼装置的有效刚度，kN/mm；

ζ_i——单个隔震支座或阻尼装置的有效阻尼；

ζ——隔震层的有效阻尼比。

计算多遇地震和罕遇地震的隔震层水平位移时，隔震层的水平有效刚度和阻尼比按下列规定取值：对多遇地震验算，宜采用水平加载频率为0.3Hz且隔震支座剪切变形为50%的水平刚度和等效黏滞阻尼比；对罕遇地震验算，直径小于600mm的隔震支座宜采用水平加载频率为0.1Hz且隔震支座剪切变形不小于250%时的水平动刚度和等效黏滞阻尼比；直径不小于600mm的隔震支座可采用水平加载频率为0.2Hz且隔震支座剪切变形为100%时的水平动刚度和等效黏滞阻尼比。

4.9.2.2 水平地震作用计算

采用等效侧力法时，隔震房屋的水平地震作用计算简图如图4-4所示。隔震层以上结构总水平地震作用标准值应按下式计算：

$$F_{ek} = \alpha_1 G \tag{4-36}$$

式中　F_{ek}——结构总水平地震作用标准值，kN；

α_1——相应于隔震房屋基本自振周期的水平地震影响系数，根据烈度、特征周期分区、场地类别和结构基本自振周期计算确定；

G——上部结构总重力代表值，kN，等于集中于各质点重力代表值之和，集中于各质点的重力代表值应按现行国家标准《建筑抗震设计规范》（GB 50011—2010）的规定计算。

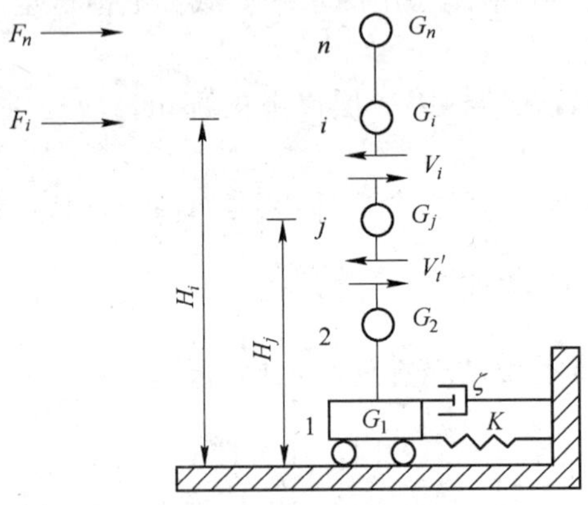

图 4-4　隔震房屋水平地震作用计算简图

4.9.2.3　水平地震作用标准值的分布

对一般隔震结构，质点 i（或第 i 层）的水平地震作用标准值可按下式计算：

$$F_{ik} = \frac{G_i H_i}{\sum_{j=1}^{n} G_j H_j} F_{ek} \quad (i = 1,\cdots,n) \tag{4-37}$$

式中　F_{ik}——作用于质点 i 的水平地震作用标准值，kN；

G_i，G_j——集中于质点 i、j 的重力代表值，kN；

H_i，H_j——质点 i、j 的计算高度，m。

砌体结构和与砌体结构基本周期相当的结构，质点 i（或第 i 层）的水平地震作用标准值可按下式计算：

$$F_{ik} = \frac{G_i}{\sum_{j=1}^{n} G_j} F_{ek} \quad (i = 1,\cdots,n) \tag{4-38}$$

式中符号的含义与式（4-37）相同。

4.9.2.4 层间剪力的计算

采用等效侧力法时，层间剪力应按下式计算：

$$V_{ik} = \sum_{j=1}^{n} F_{jk} \quad (i = 1,\cdots,n) \tag{4-39}$$

式中 V_{ik}——层间剪力标准值，kN；

F_{jk}——作用于质点的水平地震作用标准值，kN。

4.9.2.5 隔震层水平位移

（1）采用等效侧力法时，隔震层水平位移可按下列式子计算：

$$u = \lambda_s \frac{F_{ek}}{K} \tag{4-40}$$

式中 u——隔震层水平位移，mm；

λ_s——近场系数，甲、乙类建筑距发震断层不大于5km时取1.5；5～10km时取1.25；大于10km时取1.0；丙类建筑可取1.0。

（2）考虑扭转影响时，第 i 个隔震支座或阻尼装置的水平位移宜乘以下列修正系数：

$$\beta_i = 1 + 12er_i/(b^2 + l^2) \tag{4-41}$$

式中 β_i——考虑扭转影响的水平位移修正系数；

e——上部结构质量中心与隔震层刚度中心在垂直于地震作用方向的偏心距，mm，取实际偏心和偶然偏心之和，实际偏心按静偏心距计算，偶然偏心可取结构物垂直于地震作用方向的边长的0.05倍；

r_i——第 i 个隔震支座或隔震装置与隔震层刚度中心在垂直于地震作用方向的距离，mm；

b，l——结构平面的短边、长边尺寸，mm。

当采取有效的抗扭措施或扭转周期小于平动周期的70%时，β_i 可取1.15。

《叠层橡胶支座隔震技术规程》（CECS126：2001）所提供的等效侧力法与《建筑抗震设计规范》（GB 50011—2010）中所提供的简化计算方法除在适用范围上有所区别以外，最大的区别在于上部结构总水平地震作用标准值的计算。《建筑抗震设计规范》（GB 50011—2010）的简化计算方法是在计算非隔震结构总水平地震作用的基础上，通过乘以折减系数得到隔震结构的总水平地震作用；而《叠层橡胶支座隔震技术规程》（CECS126：2001）中的等效侧力法则是直接利用隔震结构的基本自振周期、阻尼比等参数得到隔震结构的水平地震影响系数，然后计算总水平地震作用。

4.10　砌体结构隔震设计实例

4.10.1　概要

砖混砌体结构隔震建筑为一住宅楼，其工程概况如下所述。

（1）房屋结构形式：砖混砌体结构（带半地下室，横墙承重，普通黏土砖，外墙墙厚360mm，内墙墙厚240mm）；

（2）房屋建筑平面图见图4－5，主要数据见表4－8；

（3）设防烈度：8度；

（4）场地类别：Ⅱ类场地；设计地震分组为一组。

表4－8　房屋主要数据

层数	总高度/m	最大高宽比	层高/m	平面尺寸/m×m
6	17.7	1.612	2.8	32.48×10.98

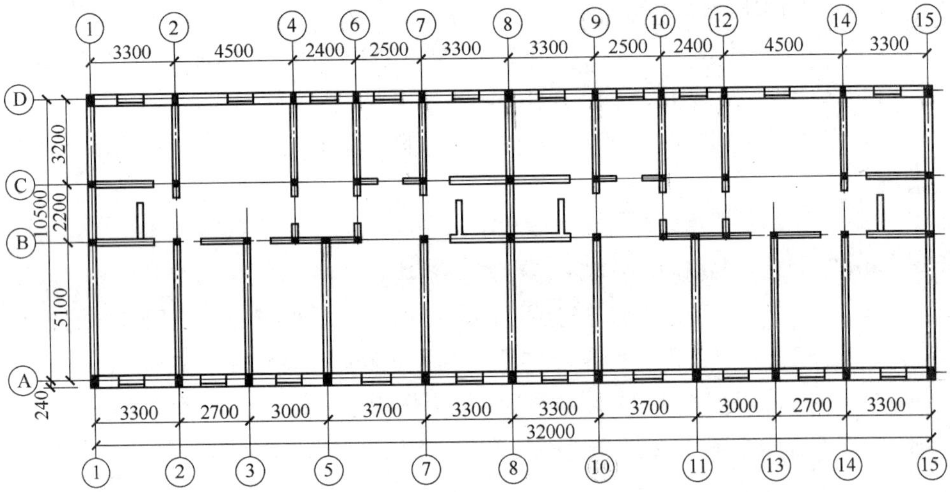

图4－5　砌体结构房屋单元平面图

4.10.2　初步设计

（1）该建筑可采用隔震方案，因为：

1）该建筑物最大高宽比为1.612，小于4，建筑总高度为17.7m，层数为6层，符合《建筑抗震设计规范》(GB 50011—2010）的有关要求；

2）建筑场地为Ⅱ类场地上，无液化；

3）风荷载和其他非地震作用的水平荷载标准值产生的总水平力未超过结构总重力的10%。

（2）确定隔震层位置：隔震层设在地下室顶部，橡胶隔震支座设置在受力较大的位置，其规格、数量和分布根据竖向承载力、侧向刚度和阻尼的要求通过计算确定。隔震层在罕遇地震下应保持稳定，不宜出现不可恢复的变形。隔震层橡胶支座在罕遇地震的水平和竖向地震同时作用下，拉应力不应大于 1MPa，瞬时最大竖向压应力不应超过 30MPa。

（3）经计算隔震层上部总重力 $G=54320\text{kN}$，其中 $G_1=G_2=G_3=G_4=G_5=9166.5\text{kN}$，$G_6=8487.5\text{kN}$。取图 4－6 所示坐标系，则质心坐标为（16000，5100），单位为 mm。

4.10.3 隔震支座的选型与布置

由上部结构计算出每个支座上的轴向力，按照《建筑抗震设计规范》（GB 50011—2010）第 12.2.3 条中表 12.2.3 的丙类建筑隔震支座平均压应力限值应小于等于 15MPa（本建筑为丙类建筑）的规定，初步确定出每个支座的直径（隔震支座的平面布置见图 4－6）。

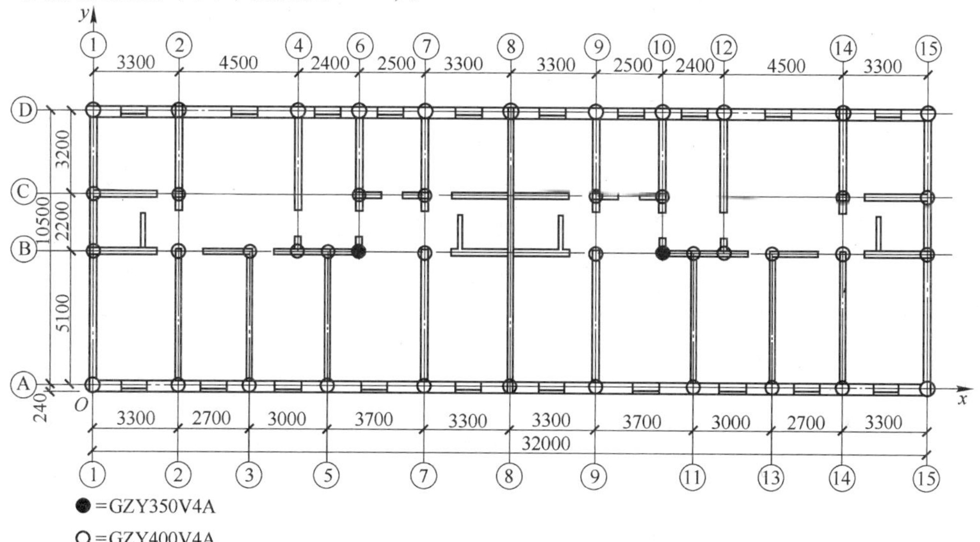

图 4－6 单元平面图

通过反复计算，择优选用两种类型的隔震支座：GZY350V4A（2 个）、GZY400V4A（44 个）铅芯隔震支座，其刚度、阻尼比、总数及橡胶支座的第二形状系数见表 4－9。

表 4－9 隔震支座基本参数

型号 \ 属性	设计承载力 /kN	水平变形（100%）		水平变形（250%）		总 数	第二形状系数
		等效水平刚度 /kN · mm^{-1}	等效阻尼比 /%	等效水平刚度 /kN · mm^{-1}	等效阻尼比 /%		
GZY350V4A	1400	0.89	23.2	0.84	10	2	5.15
GZY400V4A	1800	1.33	27.2	1.18	13	44	5.83

4.10.4　水平减震系数的计算

发生设防烈度地震时，即采用隔震支座剪切变形为100%的等效水平刚度和等效黏滞阻尼比。

由式（4－20）得水平向减震系数β为：

$$\beta = 1.2\eta_2 (T_{gm}/T_1)^{\gamma}$$

其中，由式（4－5）得

$$K_h = \sum K_j = 0.89 \times 2 + 1.33 \times 44 = 60.3\text{kN/mm}$$

由式（4－19）得

$$T_1 = 2\pi\sqrt{G/K_h g} = 2\pi\sqrt{54320/(60300 \times 9.8)} = 1.905\text{s}$$

由式（4－6）得

$$\begin{aligned}\zeta_{eq} &= \sum K_j \zeta_j / K_h \\ &= (23.2\% \times 0.89 \times 2 + 27.2\% \times 1.33 \times 44)/60.3 \\ &= 27.82\%\end{aligned}$$

由式（4－23）得

$$\begin{aligned}\eta_2 &= 1 + (0.05 - \zeta_{eq})/(0.08 + 1.6\zeta_{eq}) \\ &= 1 + (0.05 - 0.2782)/(0.08 + 1.6 \times 0.2782) \\ &= 0.6 > 0.55\end{aligned}$$

取$\eta_2 = 0.6$。

由式（4－22）得

$$\begin{aligned}\gamma &= 0.9 + (0.05 - \zeta_{eq})/(0.3 + 6\zeta_{eq}) \\ &= 0.9 + (0.05 - 0.2782)/(0.3 + 6 \times 0.2782) \\ &= 0.8\end{aligned}$$

取$T_{gm} = 0.4\text{s}$。

则 $$\beta = 1.2 \times 0.5654 \times (0.4/1.905)^{0.8} = 0.2$$

4.10.5　上部结构的计算

（1）水平地震作用标准值F_{Ek}：

$$F_{Ek} = \beta\alpha_{max} G/\Psi = 0.2 \times 0.16 \times 54320/0.8 = 2172.8\text{kN}$$

（2）隔震后各层分布的地震剪力F_{ik}：

$$F_{ik} = \frac{G_i}{\sum_{j=1}^{6} G_j} F_{Ek}$$

计算结果见表4－10。

表 4－10 计算结果 (kN)

层 数	G_i	$\sum G_i$	F_{Ek}	F_i	V_i
6	8487.5	54320	2172.8	339.5	339.5
5	9166.5			366.66	706.16
4	9166.5			366.66	1072.82
3	9166.5			366.66	1439.48
2	9166.5			366.66	1806.14
1	9166.5			366.66	2172.8

结构水平地震作用计算简图及结构水平剪力图如图 4－7 所示。

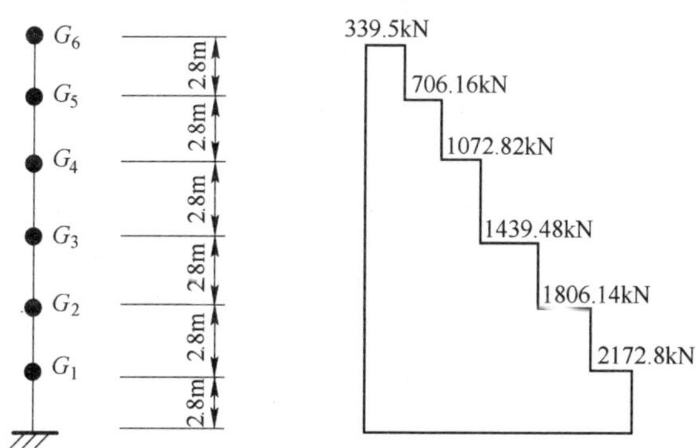

图 4－7 结构水平地震作用计算简图及水平剪力分布图（隔震后）

（3）按规范要求，设防烈度为 8 度且水平向减震系数不大于 0.3 时，隔震层以上的结构应进行竖向地震作用的计算。

4.10.6 隔震层水平位移验算

罕遇地震时，采用隔震支座剪切变形不小于 250% 时的剪切刚度和等效黏滞阻尼。

4.10.6.1 计算隔震层的刚心位置和偏心距

如图 4－6 所示，采取图示坐标系，设刚心位置坐标为（x，y）。

（1）求水平刚度中心横坐标 x：

$$\sum K'_{\mathrm{h}} x_i = \sum K'_{\mathrm{h}} x$$

$$\sum K'_{\mathrm{h}} x_i = 857600\mathrm{kN}$$

$$\sum K'_{\mathrm{h}} = 0.84 \times 2 + 1.18 \times 44 = 53.6\mathrm{kN/mm}$$

$$x=\frac{\sum K'_{h}x_{i}}{\sum K'_{h}}=857600/53.6=16000\text{mm}$$

（2）求水平刚度中心纵坐标 y：

$$\sum K'_{h}y_{i}=\sum K'_{h}y$$

$$\sum K'_{h}y_{i}=300618\text{kN}$$

$$\sum K'_{h}=53.6\text{kN/mm}$$

$$y=\frac{\sum K'_{h}y_{i}}{\sum K'_{h}}=300618/53.6=5608.5\text{mm}$$

则刚度中心坐标为（16000，5608.5），单位为 mm。

（3）求偏心距 e：

$$e_{x}=16000-16000=0\text{mm}$$

$$e_{y}=5608.5-5100=508.5\text{mm}$$

由于 $e_{x}=0$，无偏心，故仅考虑单方向地震作用的影响。

4.10.6.2　隔震层质心处的水平位移计算

由式（4－30）得隔震层质心处在罕遇地震下的水平位移为：

$$u_{c}=\lambda_{s}\alpha_{1}(\zeta'_{eq})G/K'_{h}$$

式中　$\lambda_{s}=1.0$；

$T_{g}=0.35+0.05=0.4\text{s}$；

$K'_{h}=\sum K'_{j}=53.6\text{kN/mm}$；

$T'_{1}=2\pi\sqrt{G/K'_{h}g}=2\pi\sqrt{54320/(53600\times9.8)}=2.02\text{s}>5\times0.4=2.0\text{s}$。

所以　$\alpha_{1}(\zeta'_{eq})=[\eta_{2}0.2^{r}-\eta_{1}(T-5T_{g})]\alpha_{max}$

$$\zeta'_{eq}=\frac{\sum K'_{j}\zeta'_{j}}{K'_{h}}=\frac{13\%\times1.18\times44+10\%\times0.84\times2}{53.6}=12.91\%$$

$$\gamma=0.9+\frac{0.05-\zeta'_{eq}}{0.3+6\zeta'_{eq}}=0.9+\frac{0.05-0.1291}{0.3+6\times0.1291}=0.8$$

$$\eta_{2}=1+\frac{0.05-0.1291}{0.08+1.6\times0.1291}=0.7$$

$$\eta_{1}=0.02+\frac{0.05-0.1291}{4+32\times0.1291}=0.01$$

$$\alpha_{max}=0.9$$

$$\begin{aligned}\alpha_{1}(\zeta'_{eq})&=[\eta_{2}0.2^{r}-\eta_{1}(T-5T_{g})]\alpha_{max}\\&=[0.7\times0.2^{0.8264}-0.01\times(2.02-5\times0.4)]\times0.9=0.17\end{aligned}$$

则 $u_{c}=1.0\times0.17\times54320/53.6=172.3\text{mm}$

4.10.6.3 水平位移验算（验算最不利支座）

A 验算最右上角支座 GZY400V4A（轴⑮/D）

（1）扭转影响系数 η_i：

$$s_i = 10500 - 5608.5 = 4891.5\text{mm}$$

$$\begin{aligned}\eta_i &= 1 + 12es_i/(a^2 + b^2)\\ &= 1 + 12 \times 508.5 \times 4891.5/(32480^2 + 10980^2) = 1.025 < 1.15\end{aligned}$$

因为该支座为边支座，故取 $\eta_i = 1.15$

（2）水平位移 u_i：

$$u_i = \eta_i u_c = 1.15 \times 172.3 = 198.1\text{mm}$$

$$\begin{aligned}[u_i] &= \min\{0.55\text{倍有效直径，支座各橡胶层总厚度的3倍}\}\\ &= \min\{0.55 \times 400 = 220\text{mm},\ 102.58 \times 3 = 307.74\text{mm}\}\\ &= 220\text{mm}\end{aligned}$$

显然，$u_i = 198.1\text{mm} < [u_i] = 220\text{mm}$，故支座变形满足要求。

B 验算支座 GZY350V4A（轴⑥/B）：

（1）扭转影响系数 η_i：

$$s_i = 10500 - 5100 = 5400\text{mm}$$

$$\begin{aligned}\eta_i &= 1 + 12es_i/(a^2 + b^2)\\ &= 1 + 12 \times 508.5 \times 5400/(32480^2 + 10980^2) = 1.0 < 1.15\end{aligned}$$

（2）水平位移 u_i：

$$u_i = \eta_i u_c = 1.0 \times 172.3 = 172.3\text{mm}$$

$$\begin{aligned}[u_i] &= \min\{0.55\text{倍有效直径，支座各橡胶层总厚度的3倍}\}\\ &= \min\{0.55 \times 350 = 192.5\text{mm},\ 100.42 \times 3 = 301.26\text{mm}\}\\ &= 192.5\text{mm}\end{aligned}$$

显然，$u_i = 172.3\text{mm} < [u_i] = 192.5\text{mm}$，故支座变形满足要求。

4.10.7 隔震层下部的计算

（1）隔震层在罕遇地震作用下的水平剪力的计算。根据式（4－29）得砌体结构在罕遇地震作用下的水平剪力为：

$$V_c = \lambda_s \alpha_1(\zeta_{eq})G = 1.0 \times 0.172 \times 54320 = 9343.04\text{kN}$$

（2）隔震层的总刚度 $K'_h = 53.6\text{kN/mm}$。各隔震支座的受力情况见表4－11。各隔震支座的水平剪力按刚度分配，即

$$V_j = \frac{K'_j}{\sum K'_j} V_c$$

隔震层以下的柱的受力简图（以轴⑮/D 为例），见图 4－8。

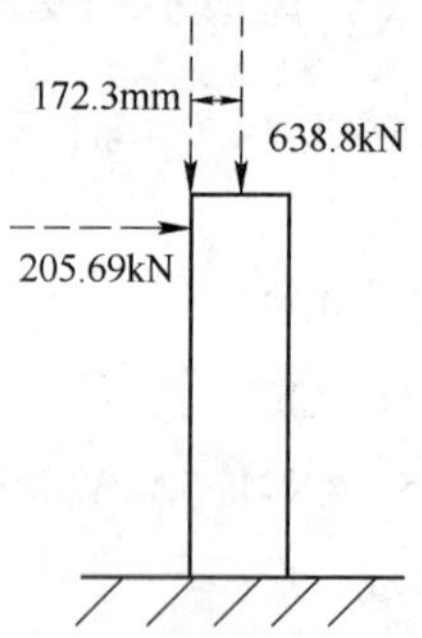

图 4－8　轴⑮/D 隔震基础的受力简图

表 4－11　各隔震支座受力情况

隔震支座	刚度/kN · mm^{-1}	剪力/kN	竖向荷载/kN
轴①/D	1. 18	205. 69	776. 6
轴②/D	1. 18	205. 69	1331. 6
轴④/D	1. 18	205. 69	1540. 5
轴⑥/D	1. 18	205. 69	955. 8
轴⑦/D	1. 18	205. 69	1074. 8
轴⑧/D	1. 18	205. 69	1170. 8
轴⑨/D	1. 18	205. 69	1074. 8
轴⑩/D	1. 18	205. 69	939. 8
轴⑫/D	1. 18	205. 69	1540. 5
轴⑭/D	1. 18	205. 69	1331. 6
轴⑮/D	1. 18	205. 69	638. 8
轴①/C	1. 18	205. 69	986. 7
轴②/C	1. 18	205. 69	1027. 2
轴⑥/C	1. 18	205. 69	865. 2
轴⑦/C	1. 18	205. 69	1250. 4
轴⑧/C	1. 18	205. 69	1334. 7
轴⑨/C	1. 18	205. 69	1250. 4
轴⑩/C	1. 18	205. 69	865. 2
轴⑭/C	1. 18	205. 69	1027. 2
轴⑮/C	1. 18	205. 69	830. 1
轴①/B	1. 18	205. 69	1123. 1
轴②/B	1. 18	205. 69	1616. 05

续表 4－11

隔震支座	刚度/kN·mm^{-1}	剪力/kN	竖向荷载/kN
轴③/B	1.18	205.69	1181.7
轴④/B	1.18	205.69	1145.7
轴⑤/B	1.18	205.69	1138.35
轴⑥/B	0.84	146.42	464.6
轴⑦/B	1.18	205.69	1250.3
轴⑧/B	1.18	205.69	1613.65
轴⑨/B	1.18	205.69	1250.3
轴⑩/B	0.84	146.42	465.2
轴⑪/B	1.18	205.69	1139.55
轴⑫/B	1.18	205.69	1147.2
轴⑬/B	1.18	205.69	1183.95
轴⑭/B	1.18	205.69	1619.05
轴⑮/B	1.18	205.69	1046.15
轴①/A	1.18	205.69	998.25
轴②/A	1.18	205.69	1348.35
轴③/A	1.18	205.69	1331.55
轴⑤/A	1.18	205.69	1480.2
轴⑦/A	1.18	205.69	1430.7
轴⑧/A	1.18	205.69	1387.05
轴⑨/A	1.18	205.69	1430.7
轴⑪/A	1.18	205.69	1480.2
轴⑬/A	1.18	205.69	1331.55
轴⑭/A	1.18	205.69	1348.35
轴⑮/A	1.18	205.69	850.35

4.10.8 构造要求

有关隔震层和上部结构的构造措施可按规范规定采用。

4.11 框架结构隔震设计实例

4.11.1 概要

该钢筋混凝土框架结构隔震建筑为一实验楼，其工程概况如下所述。

(1) 建筑结构形式：钢筋混凝土框架结构（主体5层，局部6层）；

(2) 该建筑的结构平面图见图4-9，主要数据见表4-12；

(3) 设防烈度：7度；

(4) 场地类别：Ⅱ类场地；设计地震分组为第二组；地震动峰值加速度为0.15g。

表4-12 房屋主要数据

层 数	总高度/m	最大高宽比	层高/m	平面尺寸/m×m
6	21.6	1.86	3.6	32.15×11.6，40.89×11.6

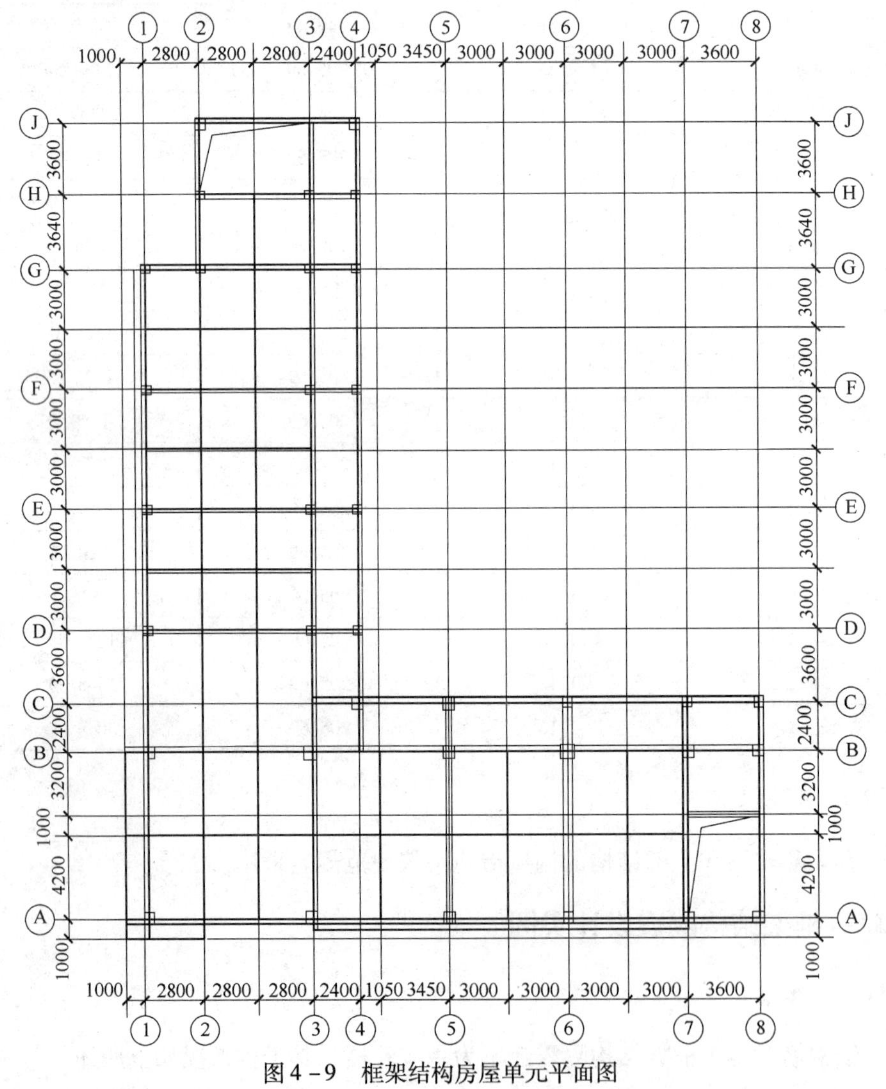

图4-9 框架结构房屋单元平面图

4.11.2 初步设计

（1）该建筑可采用隔震方案，因为：

1）该建筑物最大高宽比为1.86，小于4，建筑总高度为21.6m，层数为6层，符合《建筑抗震设计规范》(GB 50011—2010）的有关要求；

2）建筑场地为Ⅱ类场地上，无液化；

3）风荷载和其他非地震作用的水平荷载标准值产生的总水平力未超过结构总重力的10%。

（2）确定隔震层位置：隔震层设在基础上部，第一层下部。

4.11.3 隔震支座的选型与布置

4.11.3.1 隔震层的布置原则

《建筑抗震设计规范》(GB 50011—2010）第12.2.4条规定：隔震层宜设置在结构的底部或下部，其橡胶隔震支座应设置在受力较大的位置，间距不宜过大，其规格、数量和分布应根据竖向承载力、侧向刚度和阻尼的要求通过计算确定。隔震层在罕遇地震下应保持稳定，不宜出现不可恢复的变形；其橡胶支座在罕遇地震的水平和竖向地震同时作用下，拉应力不应大于1MPa。

4.11.3.2 隔震支座的选型、布置

由上部结构计算出的柱底和底层荷载分配给每个支座上的竖向力，得出每个支座上的轴向力，按照《建筑抗震设计规范》(GB 50011—2010）第12.2.3条中表12.2.3的丙类建筑隔震支座平均压应力限值应小于等于15MPa（本建筑为丙类建筑）的规定，初步确定出每个支座的直径及数量（隔震支座的平面布置见图4-10)。

通过反复计算，择优选取3种类型的铅芯隔震支座：GZY400（17个）、GZY500（12个）、GZY600（6个）。支座的刚度、阻尼比、总数见表4-13。

4.11.4 隔震的分析方法和原则

按照《建筑抗震设计规范》(GB 50011—2010）第12.2.2条对建筑结构隔震设计计算分析的具体规定，本隔震体系的计算采用剪切型结构模型，按抗震设防烈度7度，采用时程分析法对结构的隔震和不隔震状态进行对比分析。

（1）在隔震分析中考虑了隔震层的扭转影响。

（2）地震波的选择。

《建筑抗震设计规范》(GB 50011—2010）第5.1.2条规定：采用时程分析法

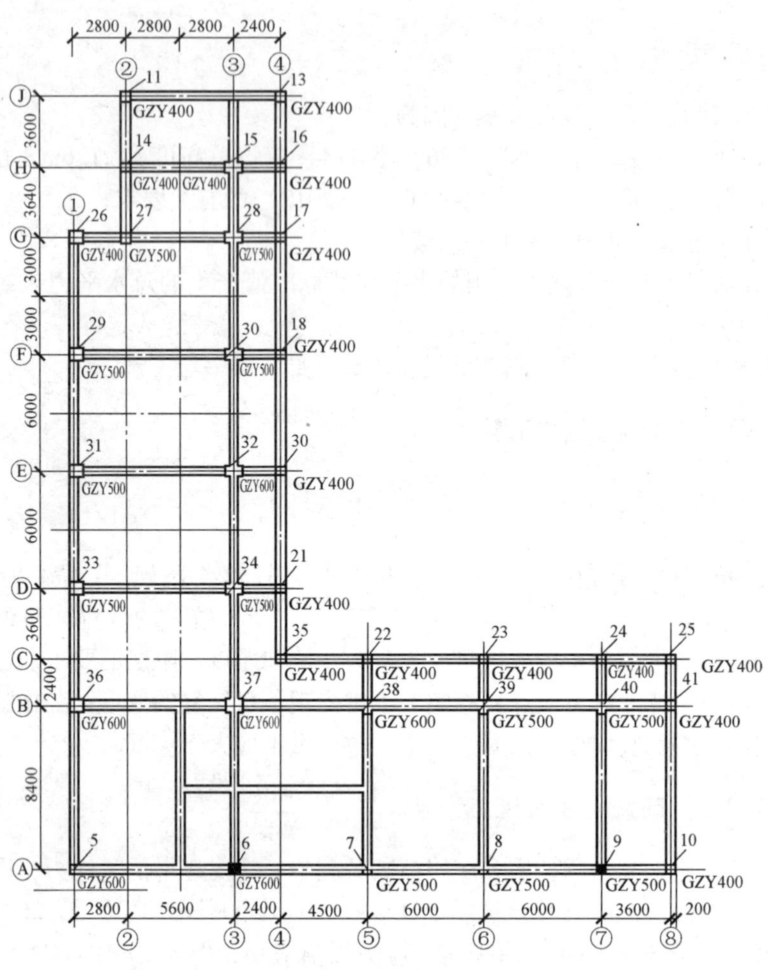

图 4－10　隔震支座平面布置图

表 4－13　隔震支座基本参数

属性 / 型号	设计承载力 /kN	水平变形（100%）		水平变形（250%）		总数	第二形状系数
		等效水平刚度/kN·mm^{-1}	等效阻尼比/%	等效水平刚度/kN·mm^{-1}	等效阻尼比/%		
GZY400	1884	1.307	26.5	0.809	17.8	17	5.83
GZY500	2945	1.459	26.5	0.902	17.8	12	5.21
GZY600	4241	1.681	26.5	1.040	17.8	6	5.45

时，应选用不少于两条的实际强震记录和一条人工模拟的加速度时程曲线，其平均地震影响系数曲线与振型分解反应谱法所采用的地震影响系数曲线在统计意义上相符。根据这一要求，选取三条天然地震波，即 1940 年 El Centro 波，1994 年

美国北岭地震的两条地震波 CPC_ TOPANGA CANYO 波（简称 CPC 波）以及 LWD_ DEL AMO BLVD 波（简称 LWD 波），对该工程进行了分析，基本地震加速度峰值为 147cm/s²，罕遇地震加速度峰值为 310cm/s²，对结构分别进行不隔震、隔震中震和隔震大震情况下的计算。

（3）水平减震系数β的确定。参照《建筑抗震设计规范》(GB 50011—2010) 第 12.2.5 条规定，水平向减震系数应根据结构隔震与非隔震两种情况下各层层间剪力的最大比值确定，表 4－14 给出了时程分析的结果。

表 4－14　结构隔震与非隔震的各层层间剪力　(kN)

剪力 \ 层数		6	5	4	3	2	1
非隔震 x 方向（包络值）		248	1816	2773	3186	3699	4045
非隔震 y 方向（包络值）		257	1235	1948	2514	2815	3042
隔震（x 方向）	El Centro 波	37	313	607	892	1182	1466
	CPC 波	22	187	364	535	709	880
	LWD 波	17	146	284	417	553	686
	包络值	37	313	607	892	1182	1466
隔震（y 方向）	El Centro 波	19	158	306	449	595	739
	CPC 波	31	257	499	734	972	1206
	LWD 波	22	190	369	542	719	892
	包络值	31	257	499	734	972	1206
层间剪力比（x 方向）		0.149	0.172	0.219	0.280	0.320	0.362
层间剪力比（y 方向）		0.121	0.208	0.256	0.292	0.345	0.396

由表 4－14 可知，x 方向层间最大剪力比为 0.362；y 方向层间最大剪力比为 0.396，按《建筑抗震设计规范》(GB 50011—2010) 第 12.2.5.2 条的规定，可近似取水平减震系数为 0.4。

4.11.5　上部结构的验算

隔震后上部结构的水平地震作用降低，在计算上部结构总的水平地震作用时，水平地震影响系数的最大值为：$\alpha_{\max 1}=\beta\alpha_{\max}/\Psi=0.4\times0.12/0.8=0.06$，并用此时求得的水平地震作用沿高度按各层重力荷载代表值分配得到各层的水平地震作用。

上部结构可不进行竖向地震作用验算。抗震措施应按《建筑抗震设计规范》(GB 50011—2010) 第 12.2.7.2 条的要求进行，由于设防烈度为 7 度（0.15g），所以隔震后的抗震措施基本不降低。

4.11.6 隔震层水平位移验算

罕遇地震时，采用隔震支座剪切变形不小于250%时的剪切刚度和等效黏滞阻尼。

由式（4－12）验算隔震支座对应于罕遇地震水平剪力的水平位移。其中，$[u_i]$ = min {0.55 倍有效直径，支座各橡胶层总厚度的3倍}。

GZY400 橡胶垫：$[u_i]$ = min {0.55 × 400 = 220mm，68.6 × 3 = 205.8mm} = 205.8mm

GZY500 橡胶垫：$[u_i]$ = min {0.55 × 500 = 275mm，96 × 3 = 288mm} = 275mm

GZY600 橡胶垫：$[u_i]$ = min {0.55 × 600 = 330mm，120 × 3 = 360mm} = 330mm

由时程分析法计算出罕遇地震时8个角隔震支座的水平位移 u_i，如表4－15所示。

表4－15 8个角隔震支座的水平位移 (mm)

支座号		最大位移	允许位移
x 方向	轴①/A	166	330
	轴⑧/A	166	205.8
	轴⑧/C	161	205.8
	轴④/C	161	205.8
	轴①/G	155	205.8
	轴②/G	155	275
	轴②/J	156	205.8
	轴④/J	156	205.8
y 方向	轴①/A	194	330
	轴⑧/A	188	205.8
	轴⑧/C	189	205.8
	轴④/C	191	205.8
	轴①/G	193	205.8
	轴②/G	192	275
	轴②/J	193	205.8
	轴④/J	191	205.8

显然，x 方向最不利支座为轴①/A（GZY600）和轴⑧/A（GZY400），最大位移均为166mm，小于隔震支座的水平位移限值（330mm 和 205.8mm）；y 方向

最不利支座为轴①/A（GZY600），其最大位移为194mm，小于隔震支座的水平位移限值（330mm），故支座布置满足要求。

4.11.7 隔震层下部的计算

应采用罕遇地震下隔震支座底部的竖向力、水平力和力矩进行计算。各隔震支座的受力情况见表4-16。

表4-16 各隔震支座受力情况 （kN）

隔震支座	x方向剪力	y方向剪力	竖向荷载
轴①/A	228	266	1411
轴③/A	151	174	2786
轴⑤/A	131	149	2181
轴⑥/A	131	148	1909
轴⑦/A	131	148	1778
轴⑧/A	133	144	1121
轴①/B	147	177	2436
轴③/B	275	321	3920
轴⑤/B	148	172	2414
轴⑥/B	128	148	2156
轴⑦/B	128	149	2150
轴⑧/B	114	133	1304
轴④/C	126	147	992
轴⑤/C	114	133	629
轴⑥/C	114	133	772
轴⑦/C	114	133	727
轴⑧/C	128	144	625
轴①/D	126	153	1828
轴③/D	126	151	1961
轴④/D	113	135	617
轴①/E	125	153	2079
轴③/E	144	174	2431
轴④/E	112	135	722
轴①/F	123	153	1853
轴③/F	123	151	2121
轴④/F	110	135	760

续表 4－16

隔震支座	x 方向剪力	y 方向剪力	竖向荷载
轴①/G	119	149	768
轴②/G	145	181	1539
轴③/G	122	151	1659
轴④/G	110	135	662
轴②/H	110	136	1069
轴③/H	110	135	1306
轴④/H	110	135	704
轴②/J	120	147	973
轴④/J	121	144	1107

隔震层以下的柱的受力简图（以轴①/A 为例），见图 4－11。

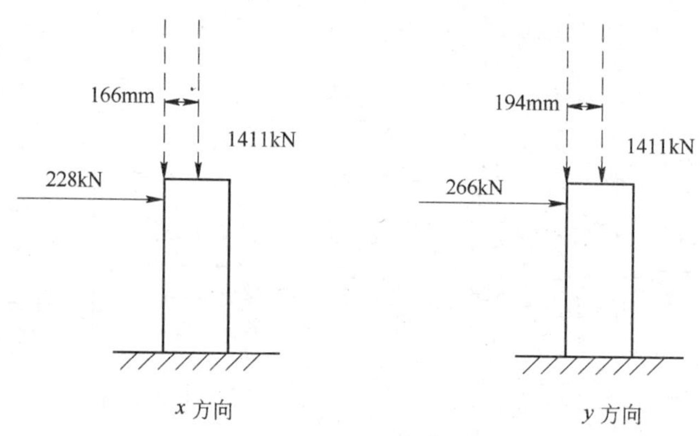

图 4－11　轴①/A 隔震基础的受力简图

4.11.8　构造要求

有关隔震层和上部结构措施可按《建筑抗震设计规范》(GB 50011—2010) 的规定采用。

5 建筑隔震结构的构造

结构构造对隔震建筑的隔震效果影响特别显著。隔震建筑中，隔震层在罕遇地震作用下需要发生较大变形，才能够延长建筑振动周期，发挥隔震效果。如果隔震节点构造不当，在地震作用时隔震结构各部分会发生碰撞造成损坏，甚至会使隔震结构变成基底固定的不隔震结构。

在隔震建筑的构造设计中，最关键的是通过在建筑物的隔震部分与非隔震部分之间设置合理的净空间距，以保证建筑的隔震部分在罕遇地震时发生大变形的情况下其运动不受阻碍，保证结构的安全。在考虑设置净空间距时，还应当结合隔离空间内部以及隔震层中隔震部件和各种设备等的正常维护、更换等所需的净空要求。其次，隔震建筑内部的各组成部分及附属设备还应能够适应建筑物所发生的变形而不发生损坏。最后，隔震层中各隔震部件应当与上、下部结构之间具有可靠的连接措施，以防止因无法承受罕遇地震作用发生损坏，使隔震部件无法发挥其性能，进而影响上部结构的安全。

《建筑抗震设计规范》(GB 50011—2010)和《叠层橡胶支座隔震技术规程》(CECS 126:2001) 中都对隔震建筑的构造进行了原则性的规定，可作为设计人员的设计依据。但这些规定还比较笼统，设计师还应采用隔震构造图集进行设计，以减少设计工作量。对图集中没有的节点构造，可以依据《建筑抗震设计规范》(GB50011—2010) 和《叠层橡胶支座隔震技术规程》(CECS126:2001) 中的原则规定进行设计[3,30,34]。

我国已正式出版了《建筑结构隔震构造详图》(03SG610-1)。该图集适用于在建筑上部结构与基础之间设置隔震层以隔离地震能量的房屋隔震设计，是关于主要由橡胶隔震支座等部件组成的隔震层的结构布置、节点设计、构造连接等方面的国家标准图集。主要内容包括：隔震支座布置原则、框架和砌体结构节点、隔震缝和防震缝处理、电梯井处理、管线柔性连接及支座连接形式等内容[28]。

本章将结合《建筑抗震设计规范》(GB 50011—2010) 和《叠层橡胶支座隔震技术规程》(CECS126:2001) 中的规定以及《建筑结构隔震构造详图》(03SG610-1) 对隔震建筑结构的构造进行说明。

5.1 隔震建筑的空间构成及一般要求

隔震建筑一般由上部结构、隔震层以及基础、底部和下部结构构成。在进行隔震构造设计时，应当处理好以上各部分之间的关系，使隔震性能充分发挥，避免由于构造不当而造成的损伤。

5.1.1　上部结构

上部结构位于隔震层的上方，构造上必须保证上部结构在罕遇地震时能够达到其在设计计算中所得到的水平最大位移量，以充分发挥隔震装置的效果。因此，隔震层以上结构应采取不阻碍隔震层在罕遇地震下发生大变形的下列措施［《建筑抗震设计规范》(GB 50011—2010) 第 12.2.7 条第 1 款］：

（1）上部结构的周边应设置竖向隔离缝，缝宽不宜小于各隔震支座在罕遇地震下最大水平位移值的 1.2 倍且不小于 200mm。对两相邻隔震结构，其缝宽取最大水平位移值之和，且不小于 400mm。

（2）上部结构与下部结构之间，应设置完全贯通的水平隔离缝，缝高可取 20mm，并用柔性材料填充；当设置水平隔离缝确有困难时，应设置可靠的水平滑移垫层。

（3）穿越隔震层的门廊、楼梯、电梯、车道等部位，应防止可能的碰撞。

水平和竖向隔离缝是保证上部结构在罕遇地震时自由运动的重要措施。竖向隔离缝宽度的主要依据是各隔震支座在罕遇地震作用下的最大位移值，竖向隔震缝内部不得存在任何阻碍上部结构自由运动的杂物，为防止杂物落入竖向隔震缝内，应当在竖向隔震缝上面采用盖板遮盖，盖板的形式主要有可移动钢筋混凝土盖板、可移动钢盖板和一侧与上部结构整浇的钢筋混凝土盖板等。水平隔离缝的设置主要是保证将建筑的隔震部分与非隔震部分分开，因此应当完全贯通设置，缝内可用柔性材料填充，常用填充材料有聚苯板、沥青麻丝或橡胶条等。

《建筑抗震设计规范》(GB 50011—2010) 对砌体结构中圈梁、构造柱等的设置作出了更细化的规定［《建筑抗震设计规范》(GB 50011—2010) 附录 L. 2. 3 条］：

丙类建筑在隔震层以上结构的抗震措施，当水平向减震系数大于 0. 40（设置阻尼器时为 0. 38）时，不应降低非隔震时的有关要求。砌体结构的构造措施尚应符合下列要求：

（1）承重墙尽端至门窗洞边的最小距离和圈梁的配筋，应符合现行国家标准《建筑抗震设计规范》(GB 50011—2010) 按设防烈度的有关规定。

（2）当水平向减震系数不大于 0. 40（设置阻尼器时为 0. 38）时，多层砖房钢筋混凝土构造柱的设置应符合表 5－1 的规定。

（3）当水平向减震系数不大于 0. 40（设置阻尼器时为 0. 38）时，多层混凝土小型空心砌块房屋芯柱的设置应符合表 5－2 的规定。

表 5－1 隔震后砖房构造柱设置要求

<table>
<tr><th colspan="3">房屋层数</th><th colspan="2" rowspan="2">设 置 部 位</th></tr>
<tr><th>7 度</th><th>8 度</th><th>9 度</th></tr>
<tr><td>3，4</td><td>2，3</td><td></td><td rowspan="4">楼、电梯间四角，楼梯斜段上下端对应的墙体处；外墙四角和对应转角；错层部位横墙与外纵墙交接处，较大洞口两侧，大房间内外墙交接处</td><td>每隔 12m 或单元横墙与外墙交接处</td></tr>
<tr><td>5</td><td>4</td><td>2</td><td>每隔三开间的横墙与外墙交接处</td></tr>
<tr><td>6</td><td>5</td><td>3，4</td><td>隔开间横墙（轴线）与外墙交接处；山墙与纵墙交接处；9 度 4 层时，外纵墙与内墙（轴线）交接处</td></tr>
<tr><td>7</td><td>6，7</td><td>5</td><td>内墙（轴线）与外墙交接处，内墙局部较小墙垛处；8 度时内纵墙与隔开间横墙交接处；9 度时内纵墙与横墙（轴线）交接处</td></tr>
</table>

注：9 度时甲乙类建筑层数不宜多于 5 层

表 5－2 隔震后混凝土小型空心砌块房屋芯柱设置要求

<table>
<tr><th colspan="3">房屋层数</th><th rowspan="2">设 置 部 位</th><th rowspan="2">设置数据</th></tr>
<tr><th>7 度</th><th>8 度</th><th>9 度</th></tr>
<tr><td>3，4</td><td>2，3</td><td></td><td>外墙转角，楼梯间四角，楼梯斜段上下端对应的墙体处；大房间内外墙交接处；每隔 12m 或单元横墙与外墙交接处</td><td rowspan="2">外墙转角，灌实 3 个孔；内外墙交接处，灌实 4 个孔</td></tr>
<tr><td>5</td><td>4</td><td>2</td><td>外墙转角，楼梯间四角，楼梯斜段上下端对应的墙体处；大房间内外墙交接处；山墙与内纵墙交接处，隔三开间横墙（轴线）与外纵墙交接处</td></tr>
<tr><td>6</td><td>5</td><td>3</td><td>外墙转角，楼梯间四角，楼梯斜段上下端对应的墙体处；大房间内外墙交接处；隔开间横墙（轴线）与外纵墙交接处，山墙与内纵墙交接处；8、9 度时，外纵墙与横墙（轴线）交接处，大洞两侧</td><td>外墙转角，灌实 5 个孔；内外墙交接处，灌实 5 个孔；洞口两侧各灌实 1 个孔</td></tr>
<tr><td>7</td><td>6</td><td>4</td><td>外墙转角、楼梯间四角，楼梯斜段上下端对应的墙体处；各内外墙（轴线）与外纵墙交接处；内纵墙与横墙（轴线）交接处；洞口两侧</td><td>外墙转角，灌实 5 个孔；内外墙交接处，灌实 4 个孔；内墙交接处，灌实 4 ~5 个孔；洞口两侧各灌实 1 个孔</td></tr>
</table>

对钢筋混凝土结构，柱和墙肢的轴压比控制应仍按非隔震的有关规定采用，其他计算和抗震构造措施要求可按表 5－3 划分的抗震等级，再按《建筑抗震设计规范》（GB 50011—2010）的有关规定采用。

表 5-3 隔震后现浇钢筋混凝土结构的抗震等级

结构类型		7 度		8 度		9 度	
框　架	高度/m	<20	>20	<20	>20	<20	>20
	一般框架	四级	三级	三级	二级	二级	一级
抗震墙	高度/m	<25	>25	<25	>25	<25	>25
	一般抗震墙	四级	三级	三级	二级	二级	一级

5.1.2 隔震层

隔震层是设置于隔震建筑上部结构与下部结构或基础之间用于安装隔震部件的区域，是体现隔震性能的主要构造层。在罕遇地震时，隔震建筑的水平相对变形主要集中于隔震层，对隔震层的构造提出了特殊要求，对隔震层必须采取充分的措施来满足这种特殊要求［《建筑抗震设计规范》(GB 50011—2010) 第12.2.8条］：

隔震层顶部应设置梁板式楼盖，且应符合下列要求：

（1）隔震支座的相关部位应采用现浇混凝土梁板结构，现浇板厚度不应小于160mm。

（2）隔震层顶部梁、板的刚度和承载力，应满足框支梁和转换层楼板的设计要求；楼面大梁应进行罕遇地震下的承载力验算。

（3）隔震支座附近的梁、柱应计算冲切和局部承压，加密箍筋并根据需要配置网状钢筋。

隔震层内安装有一定数量的隔震支座和阻尼装置等隔震部件，在地震作用时，应当作为整体来发挥作用，以达到预期的隔震效果。为了保证隔震层整体协调工作，对隔震层顶部相关部位提出保证其具有足够大的平面内刚度的措施。当采用装配整体式钢筋混凝土板时，为使纵横梁体系能够传递竖向荷载并协调横向剪力在每个隔震支座上的分配，支座上方的纵横梁体系应为现浇。为增大隔震层顶部梁板的平面内刚度，需加大截面尺寸和配筋。

《叠层橡胶支座隔震技术规程》(CECS126: 2001) 中规定略有不同，设计人员可结合实际情况应用［《叠层橡胶支座隔震技术规程》(CECS126: 2001) 第4.4.4条］：

（1）上部结构的首层楼面宜采用现浇钢筋混凝土楼板，楼板厚度不宜小于140mm。当采用装配整体式钢筋混凝土楼板时，现浇面层厚度不宜小于50mm，且应双向配筋，钢筋直径不宜小于6mm，间距不宜大于250mm。隔震支座上部的纵横梁应采用现浇钢筋混凝土结构。首层楼面梁板体系的刚度和承载力宜大于一般楼面的刚度和承载力。

（2）隔震层上部结构为砌体结构时，首层楼板的纵横梁构造均应符合《建筑抗震设计规范》(GB 50011—2010) 中关于底部框架砖房的钢筋混凝土托墙梁的构造要求，亦即：

1) 梁的截面宽度不应小于300mm，梁的截面高度不应小于跨度的1/10。

2) 箍筋的直径不应小于8mm，间距不应大于200mm，梁端在1.5倍梁高且不小于1/5梁净跨范围内以及上部墙体的洞口处和洞口两侧各500mm且不小于梁高的范围内，箍筋间距不应大于100mm。

3) 沿梁高应设腰筋，数量不应少于2ϕ14mm，间距不应大于200mm。

4) 梁的主筋和腰筋应按受拉钢筋的要求锚固在柱内，且支座上部的纵向钢筋在柱内的锚固长度应符合钢筋混凝土框支梁的有关要求。

隔震支座和阻尼装置的连接构造，应符合下列要求：

(1) 隔震支座和阻尼装置应安装在便于维护人员接近的部位。

(2) 隔震支座与上部结构、下部结构之间的连接件，应能传递罕遇地震下支座的最大水平剪力和弯矩。

(3) 外露的预埋件应有可靠的防锈措施。预埋件的锚固钢筋应与钢板牢固连接，锚固钢筋的锚固长度宜大于20倍锚固钢筋直径，且不应小于250mm。

5.1.3 基础、底部和下部结构

基础、底部和下部结构是直接支承隔震层和上部结构的部分。在不设地下室的基础隔震类型中，基础相当于下部结构。下部结构可按照一般抗震结构的方法进行设计，但其所受到的地震作用根据《建筑抗震设计规范》(GB 50011—2010) 中的具体要求采用［《建筑抗震设计规范》(GB 50011—2010) 第12.2.9条］：

(1) 隔震层支墩、支柱及相连构件应采用罕遇地震下隔震支座底部的竖向力、水平力和力矩进行承载力验算。

(2) 隔震层以下的结构、地下室和隔震塔楼下的底盘中直接支承塔楼结构的相关构件，应满足嵌固的刚度比和设防烈度下的抗震承载力要求，并按罕遇地震进行抗剪承载力验算。隔震塔楼的底盘在罕遇地震下的层间位移角限值应满足表4-7的要求。

(3) 隔震建筑地基基础的抗震验算和地基处理仍应按本地区抗震设防烈度进行，甲、乙类建筑的抗液化措施应按提高一个液化等级确定，直至全部消除液化沉陷。

5.1.4 隔震建筑与外周场地、构筑物等之间的关系

为了保证隔震建筑在罕遇地震时的水平向自由运动，应当处理好隔震建筑与外周场地、构筑物等之间的关系，避免相互碰撞。

在设计时，应当对隔震建筑周边的树木及与其脱离的构筑物等进行综合考虑，并采取相应措施。对靠近建筑物的树木等生长情况进行预测，在隔震建筑正常使用期间，不应阻碍建筑物在罕遇地震作用下的水平运动。建筑物周边的各种低矮构筑物、出入口台阶、坡道等，应与建筑物外围脱离，并采用设置隔震沟等构造方法避免相互碰撞。

隔震沟是设置于隔震建筑周边的安全空间，是保证隔震建筑在地震下发生水平位移时不与其周边环境及构筑物发生碰撞的基本构造方法。隔震沟的有效宽度不宜小于各隔震支座在罕遇地震下最大水平位移值的 1.2 倍且不小于 200mm。另外，在设计隔震沟时还应考虑定期检修和清理所需空间。为防止人员杂物等进入隔震沟，应在隔震沟上方开口处设置盖板。盖板可单独设置成可移动盖板，也可以与上部结构整浇形成悬挑盖板，但盖板另一侧应设置完全贯通的水平隔离缝与挡土墙脱离，缝高可取 20mm，并在缝中设置柔性填充材料。隔震沟的设置可结合具体情况采用散水做法、隔震沟兼雨水沟做法、隔震沟与雨水沟分开做法、悬挑梁隔震沟做法等几种形式。

5.1.4.1　散水做法

图 5－1 和图 5－2 所示为散水做法的构造。当隔震支座设于地坪之上时，采用散水做法比较简单。图中字母“*d*”表示隔震支座在罕遇地震下的最大水平位移值的 1.2 倍，且不小于 200mm。

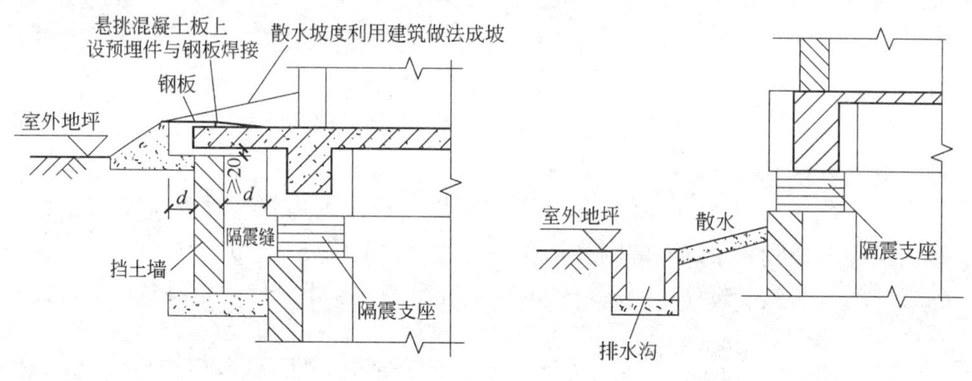

图 5－1　隔震支座设于地坪之下　　图 5－2　隔震支座设于地坪之上

5.1.4.2　隔震沟兼雨水沟的做法

图 5－3 所示为隔震沟兼雨水沟的做法，采用此做法时应注意采取可靠措施，防止雨水浸入隔震层。图中字母“*d*”表示隔震支座在罕遇地震下的最大水平位移值的 1.2 倍，且不小于 200mm。

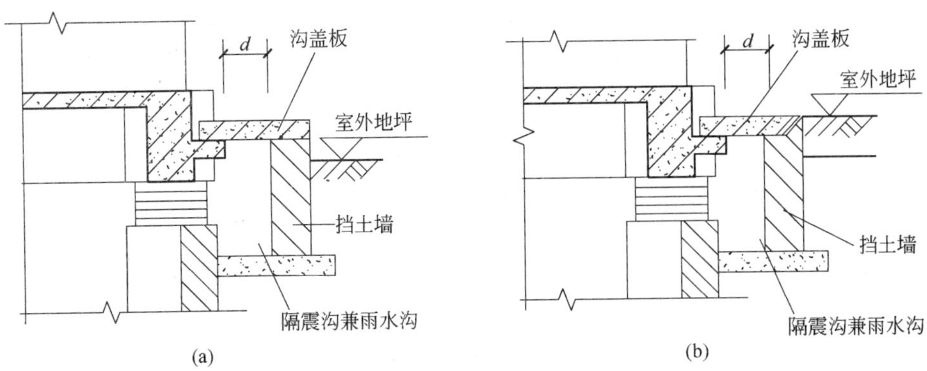

图5-3 隔震沟兼雨水沟做法

5.1.4.3 隔震沟与雨水沟分开做法

为避免雨水浸入隔震层带来损失，可采用隔震沟与雨水沟分开的做法，见图5-4。这种做法构造上相对复杂一些，但可有效避免雨水倒灌。d 的意义同前。

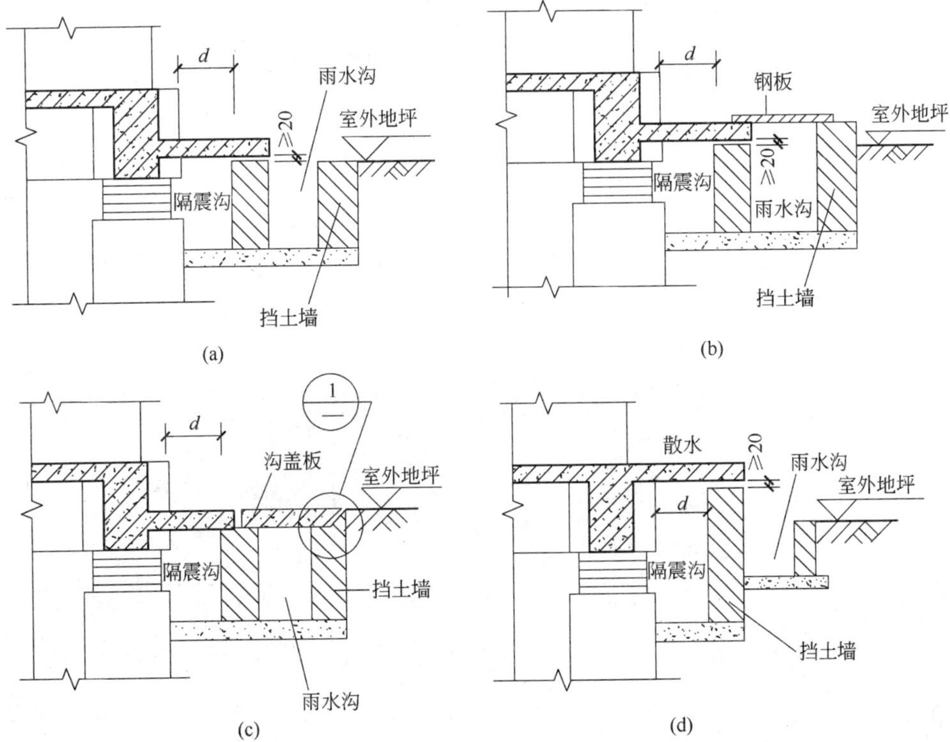

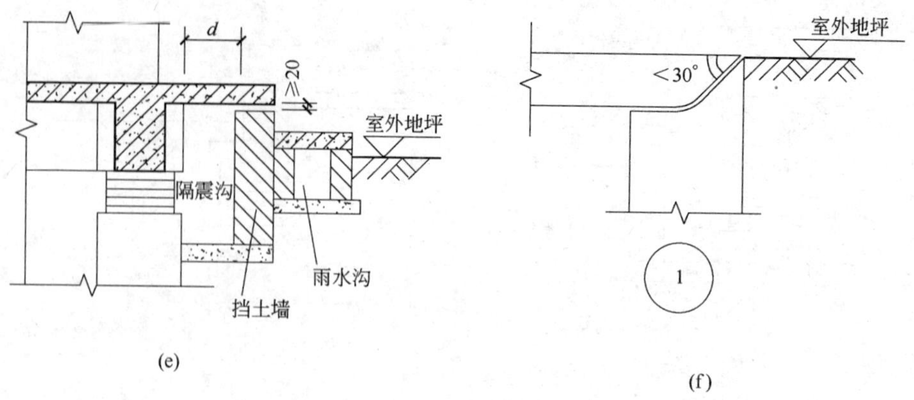

图 5 - 4　隔震沟与雨水沟分开做法

(a) 做法一；(b) 做法二；(c) 做法三；(d) 做法四；(e) 做法五；(f) 节点做法

5.1.4.4　悬挑梁隔震沟做法

悬挑梁隔震沟的做法见图 5 - 5。d 的意义同前。

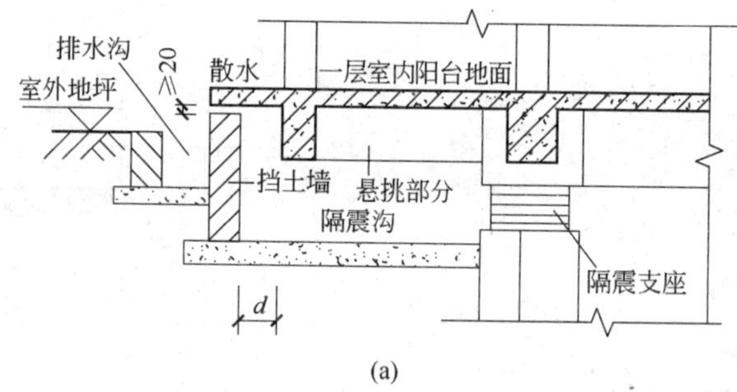

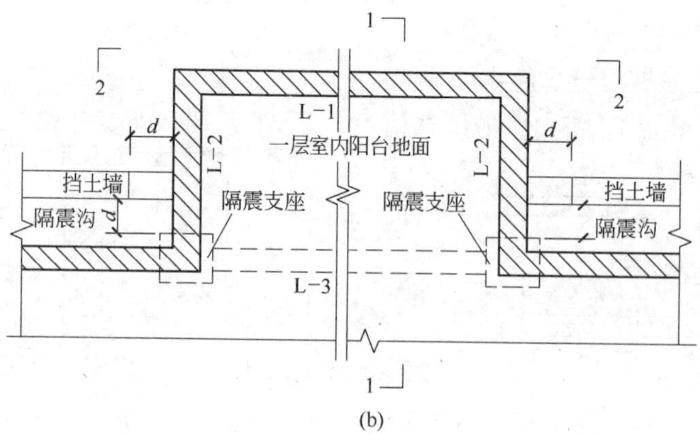

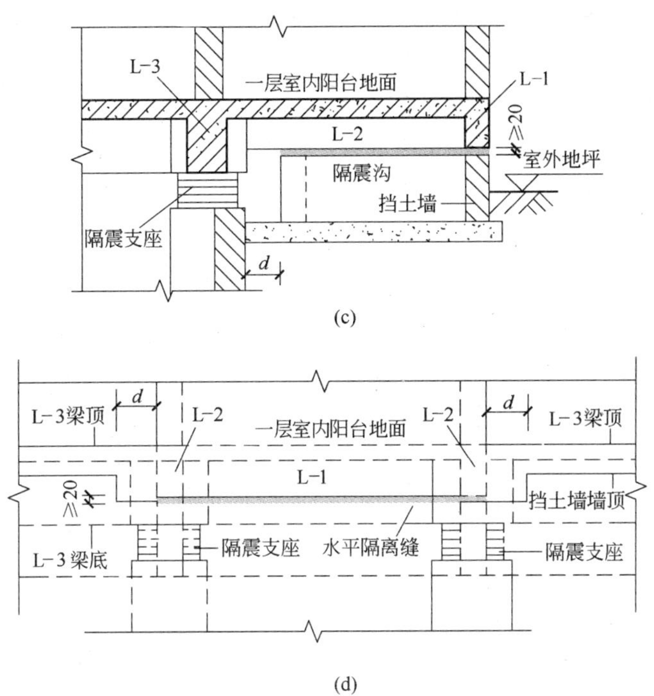

图5－5　悬挑梁隔震沟做法

（a）局部悬挑的隔震沟；（b）悬挑梁隔震沟；（c）1－1剖面；（d）2－2剖面

5.1.4.5　隔震与非隔震建筑之间的防震缝

隔震与非隔震建筑之间的防震缝如图5－6所示。

如果隔震建筑与非隔震建筑相邻，两所建筑之间防震缝的宽度L应当等于规范所规定的抗震缝宽度与各隔震支座在罕遇地震下的最大水平位移值（d）的1.2倍和200mm两者之中的较大值之和。

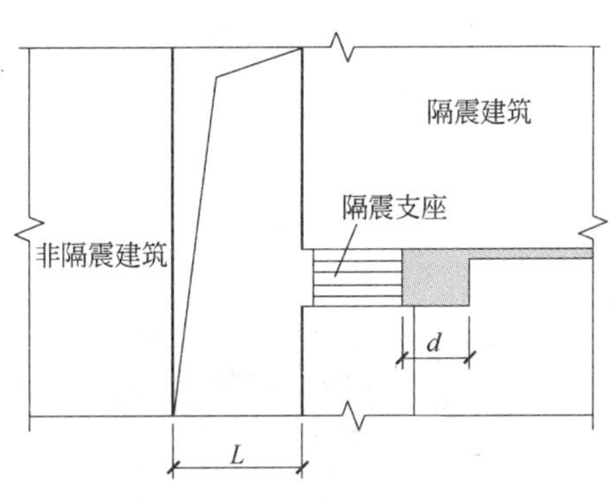

图5－6　隔震与非隔震建筑之间的防震缝

5.2　隔震支座的布置及节点构造

5.2.1　隔震支座的布置

隔震层宜设置在结构的底部或下部，橡胶隔震支座应设置在受力较大的位置，间距不宜过大，其规格、数量和分布应根据竖向承载力、侧向刚度和阻尼的要求通过计算确定。隔震层在罕遇地震下应保持稳定，不宜出现不可恢复的变形，其橡胶支座在罕遇地震的水平和竖向地震同时作用下，拉应力不应大于1MPa。框架结构隔震支座及砌体结构隔震支座布置示意图分别见图5－7和图5－8。d 为隔震支座在罕遇地震下的最大水平位移值的1.2倍，且不小于200mm。

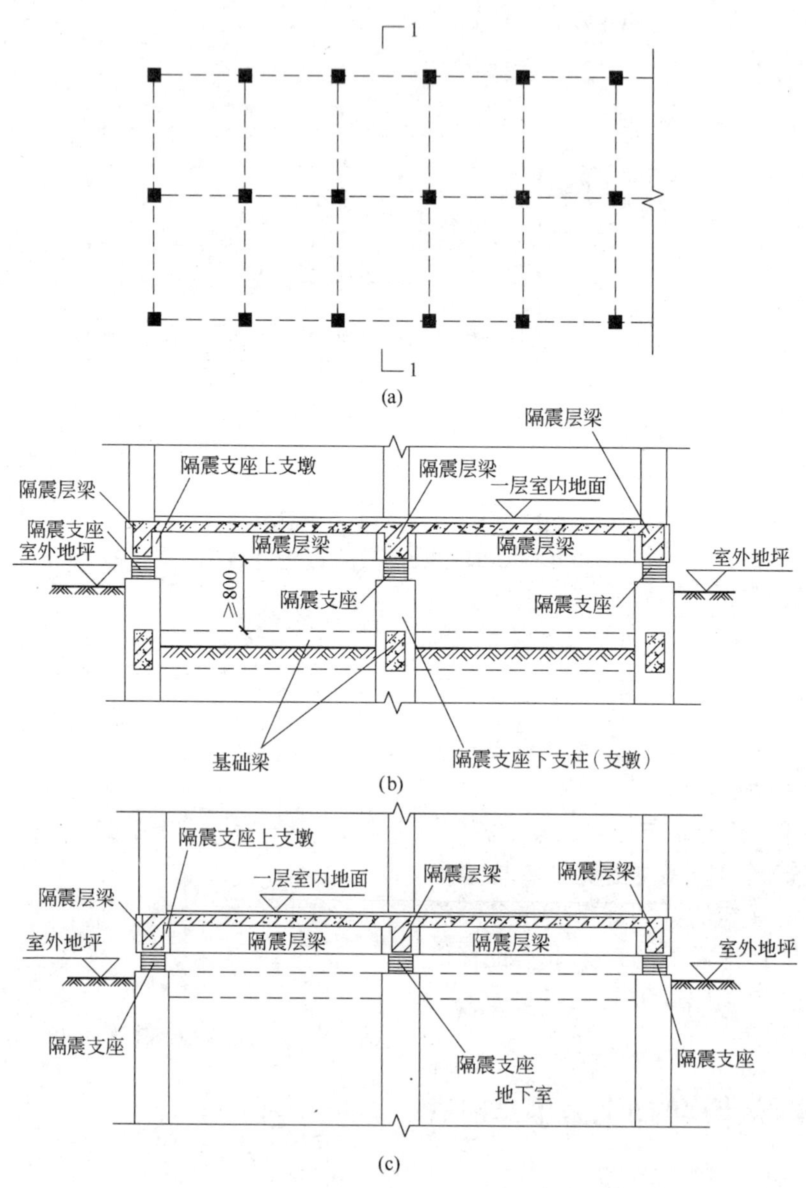

图5－7　框架结构隔震支座的布置示意图

（a）平面图；（b）1－1剖面（无地下室）；（c）1－1剖面（有地下室）

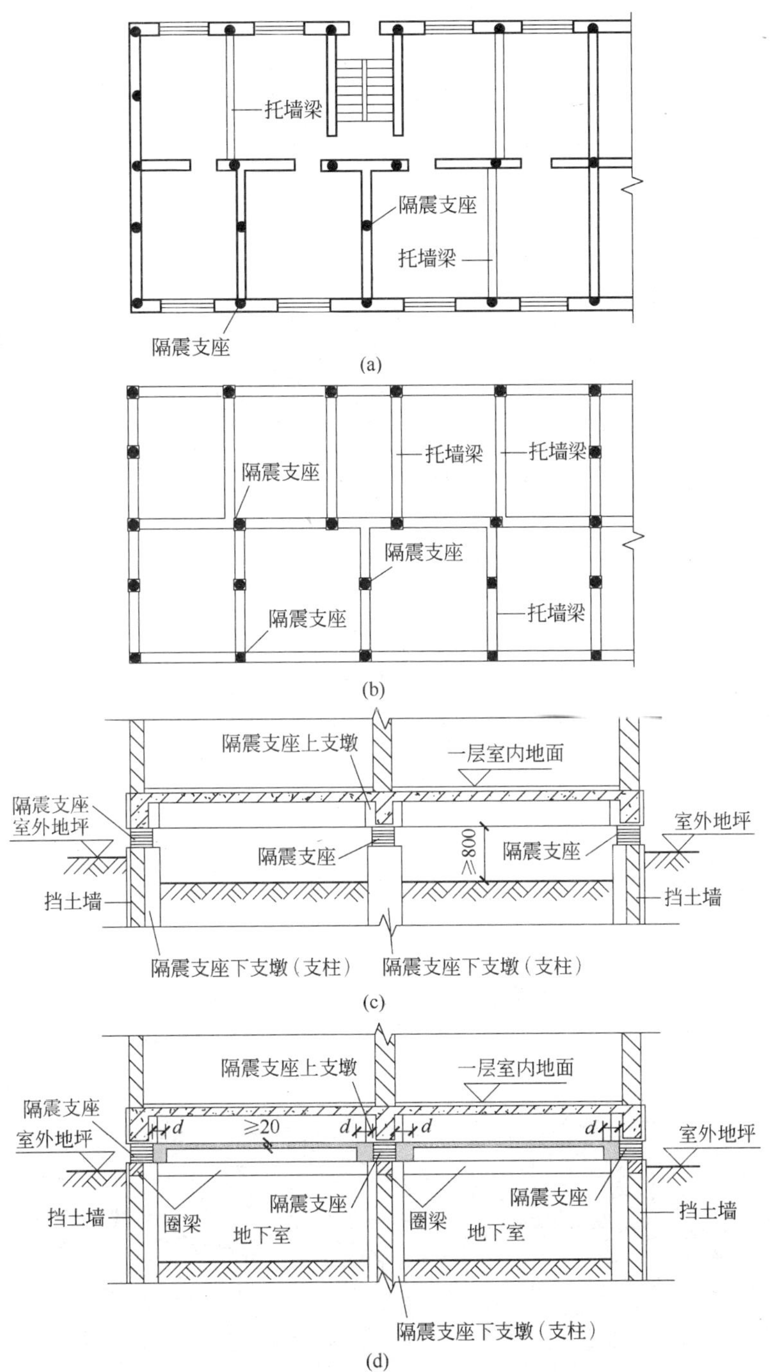

图 5-8 砌体结构隔震支座布置示意图

(a) 地下室为砌体结构；(b) 无地下室或地下室为框架结构；
(c) 无地下室时的剖面图；(d) 有地下室时的剖面图

纵横基础梁由工程设计确定，无地下室的基础梁上表面与隔震层顶的梁底面之间应留有大于500mm的空间。隔震支座以下的结构体系，按有关要求进行设计，必要时柱端可增设拉梁。

对于建筑结构局部区域隔震支座不在同一标高的建筑，为了更好地传递地震力，在错开的位置宜采取加大节点截面、增设剪力墙或梁端加腋等加强措施，隔震支座可设在同一标高，也可设在不同的标高，如图5－9所示。

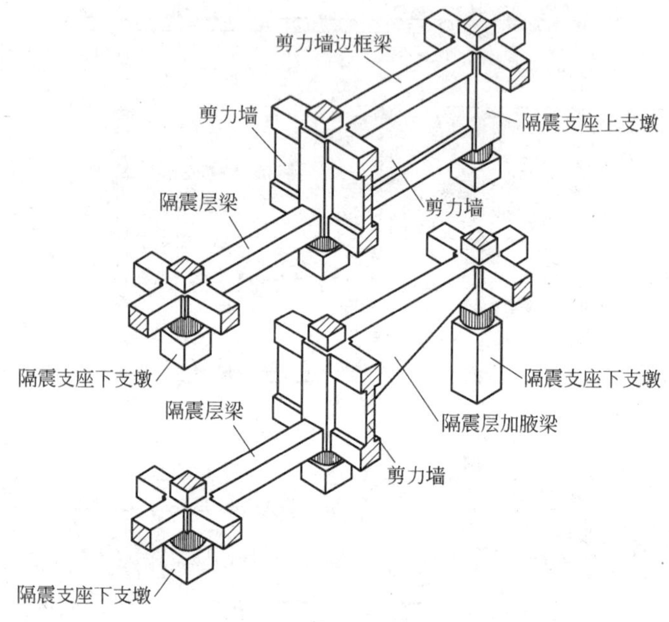

图5－9　局部隔震支座不在同一标高的处理

一栋建筑可能采用不同型号、不同厚度的隔震支座，设计时可采用支座顶面标高相同而底面标高不同的方式进行调整，如图5－10所示。

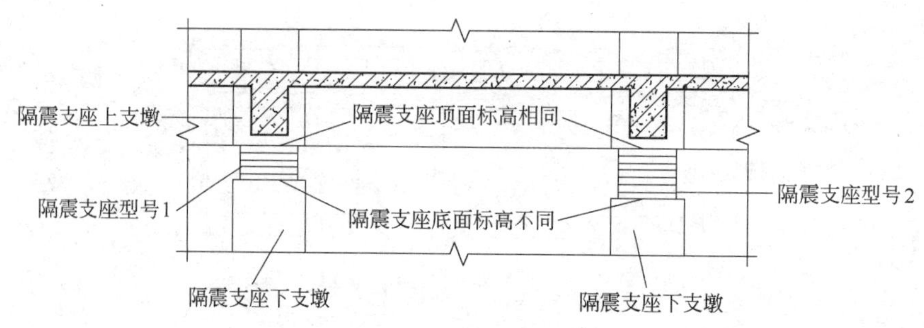

图5－10　相邻支座不同型号、不同厚度时的处理

当门洞入口处标高低于一层室内地面时，可把门洞口两个支座的标高降低，

如图 5－11 所示。

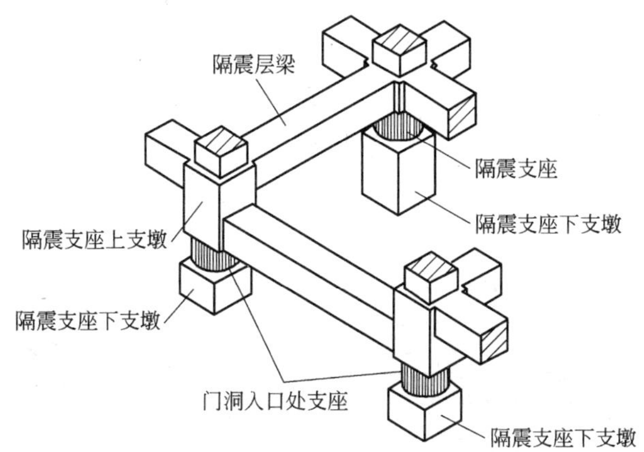

图 5－11 门洞入口处支座的处理

5.2.2 混凝土结构的节点构造

5.2.2.1 隔震支座位于地下室底板以下的情况

对于将隔震支座直接置于地下室底板以下的情况（见图 5－12，d 的意义同前），可在平面上需设置隔震支座的基础顶面设置下支墩或支柱。隔震支座上部与位于地下室底板标高以下的上支墩相连，地上室外墙板到外部挡土墙间应设置防震缝，宽度应当满足对于竖向隔离缝的有关要求，并合理设置适当数量的检查孔。

隔震层各上支墩之间通过纵横向隔震层梁连接，地下室底板置于隔震层梁上。隔震层梁底面到下部基础梁顶面之间留有不小于 500mm 的净空，并在地下室底板适当位置设置检查孔，以便于对隔震支座进行检查和更换。

5.2.2.2 隔震支座位于地下室柱顶的情况

隔震支座位于地下室柱顶时，应处理好隔震支座、地下室填充墙或挡土墙、上部结构纵横梁之间的关系。一般的，隔震支座设置于地下室支柱顶面上，支座顶面与上支墩相连接。

支柱旁的填充墙或挡土墙在支柱顶标高以上应当预留出隔震支座水平位移的空间，该段墙体边缘到上支墩的水平距离应当满足关于竖向隔离缝的有关要求。填充墙或挡土墙与隔震层纵横梁之间应当设置水平隔离缝，缝的宽度应当满足要求。涉及的节点主要有中柱节点、边柱节点和角柱节点等情况。

图 5－13 所示为框架中柱节点的构造图，d 表示隔震支座在罕遇地震下的最

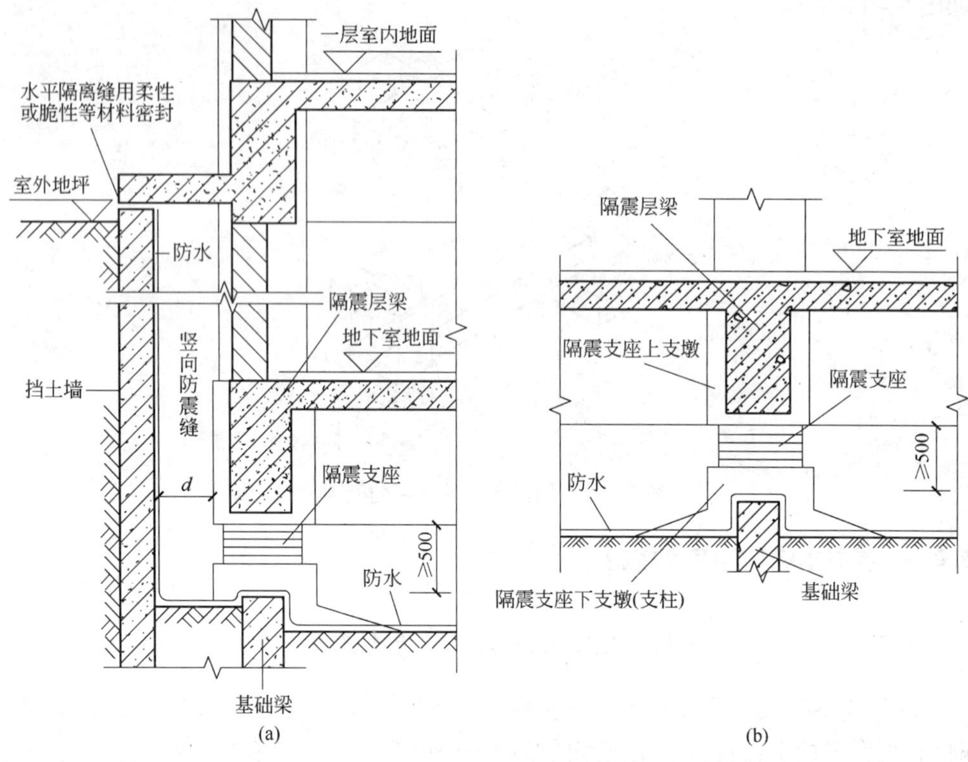

图 5－12　隔震支座设置

（a）角支座；（b）中间支座

大水平位移值的 1.2 倍，且不小于 200mm，其他节点构造结合图中的要求设置。

5.2.3　砌体结构的节点

砌体结构中隔震支座位于地下室底板以下的情况，隔震层节点在构造做法上与混凝土结构要求基本一致。但需注意处理圈梁、隔震支座、圈梁以上填充墙和墙托梁之间的关系。

当隔震支座位于地下室上部、一层以下时，可以在平面上需要设置隔震支座位置设置下支墩与隔震支座相连，也可以在地下室墙体上设置支座垫与隔震支座下部连接，当地下室墙体平面外刚度不满足要求时，可在垂直方向设置短肢混凝土墙。隔震支座上部与上支墩连接，上支墩周围按需要设置纵横向托墙梁。

地下室墙体上的纵横圈梁标高与支墩或支座垫顶面标高一致。在圈梁与托墙梁地面之间用砌体材料填充，填充墙与隔震支座外缘间的距离要满足竖向隔离缝的有关要求（见图 5－14，d 的意义同前）。填充墙顶面与上部墙托梁之间预留水平隔离缝，缝宽应当满足有关要求。

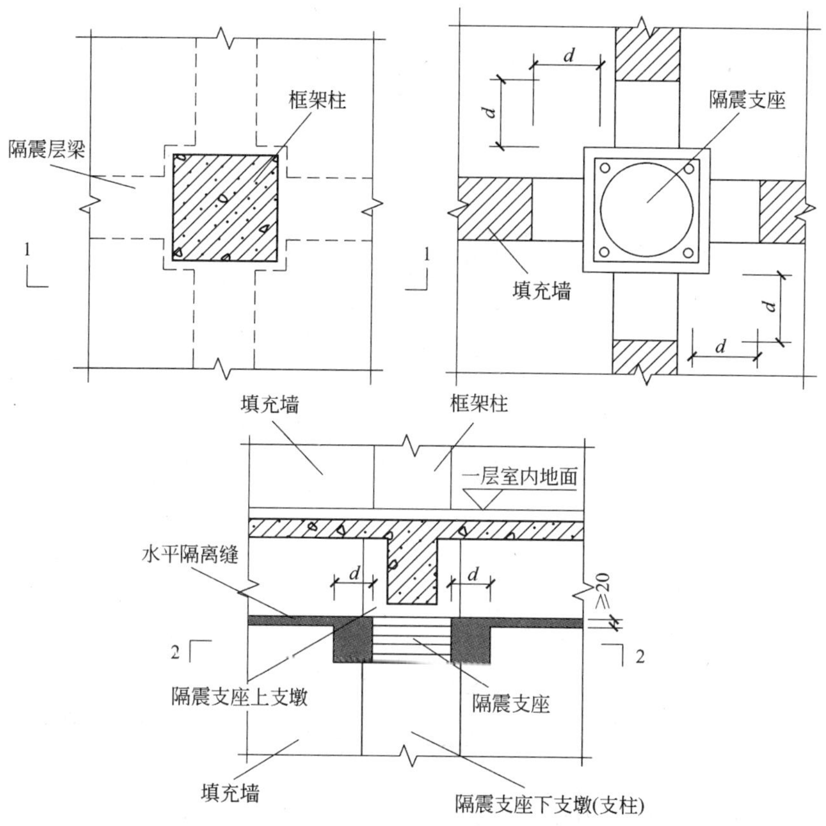

图 5-13 框架中柱节点

对于隔震层上支墩两侧相对墙托梁不在一条轴线的情况（如图 5-15 所示，d 的意义同前），可加大上支墩边长，与墙托梁相连，并将隔震支座连接于上支墩形心位置。

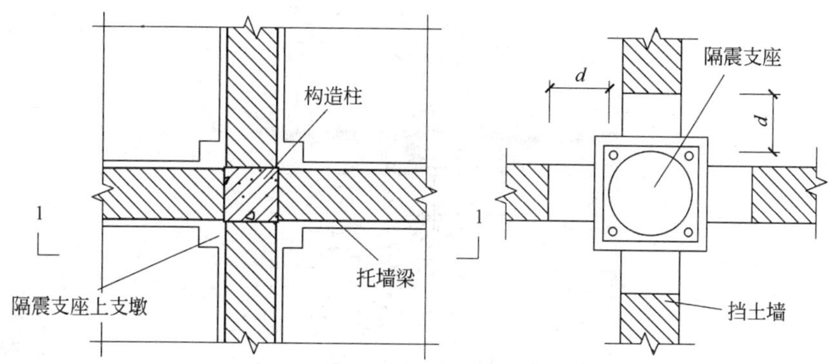

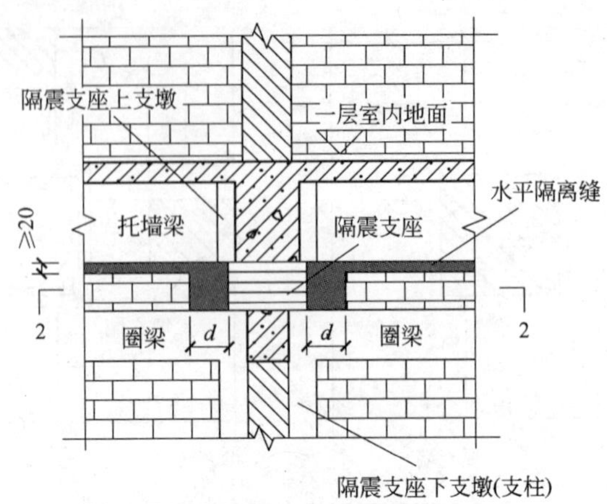

图 5－14　砌体结构中柱节点（一）

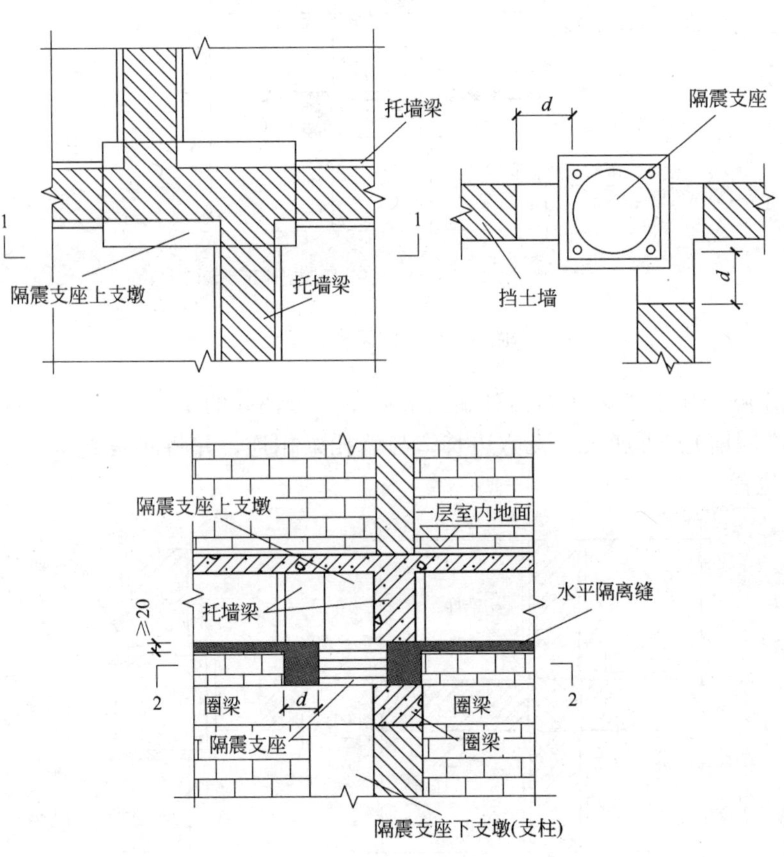

图 5－15　砌体结构中柱节点（二）

5.3 室外台阶

内外出入口处的台阶应当与主体建筑脱离，作为外部非隔震构筑物处理。台阶与隔震建筑之间设置竖向隔离缝，缝宽应满足有关要求。隔离缝上部设置盖板，以防止人或杂物落入隔离缝内。盖板可以与隔震建筑整浇，并形成室外平台。盖板与室外台阶之间设置水平隔离缝，隔离缝应满足有关要求，并用柔性填充材料填充（见图 5－16）。如果室外踏步较多，也可以设置室外楼梯（见图 5－17）。

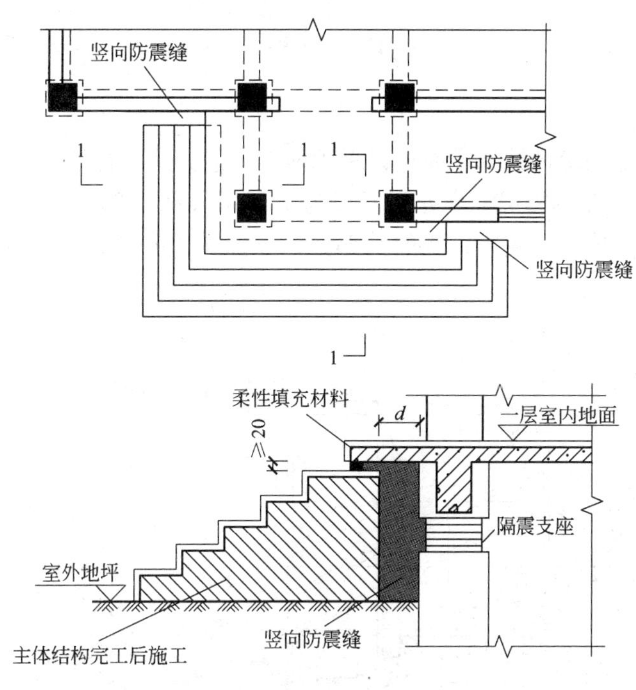

图 5－16　室外台阶做法

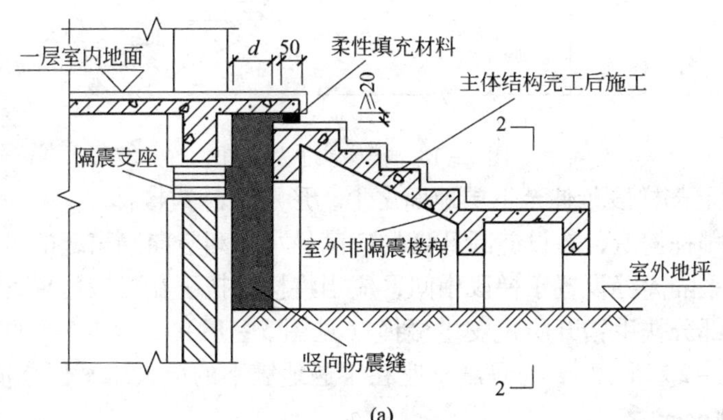

(a)

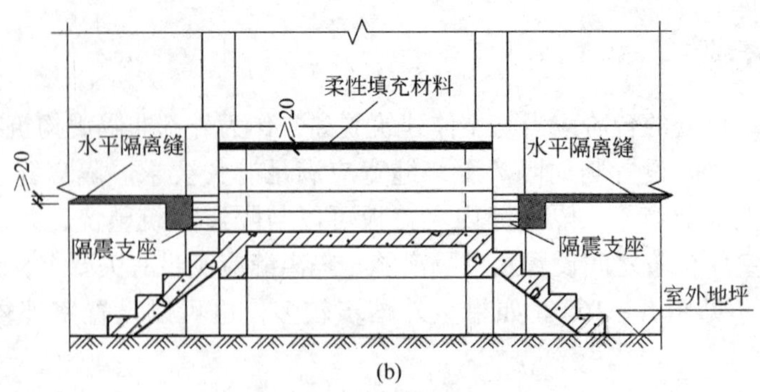

(b)

图 5 - 17　室外楼梯做法

5.4　室内楼梯

跨越隔震层的室内楼梯主要可以采用两种构造方法进行处理：

(1) 将楼梯在隔震层标高处断开成为上部梯段和下部梯段两部分。上部梯段与上部结构相连，属隔震结构的一部分；下部梯段支撑于地面或下部结构上，属非隔震结构（见图 5 - 18）。

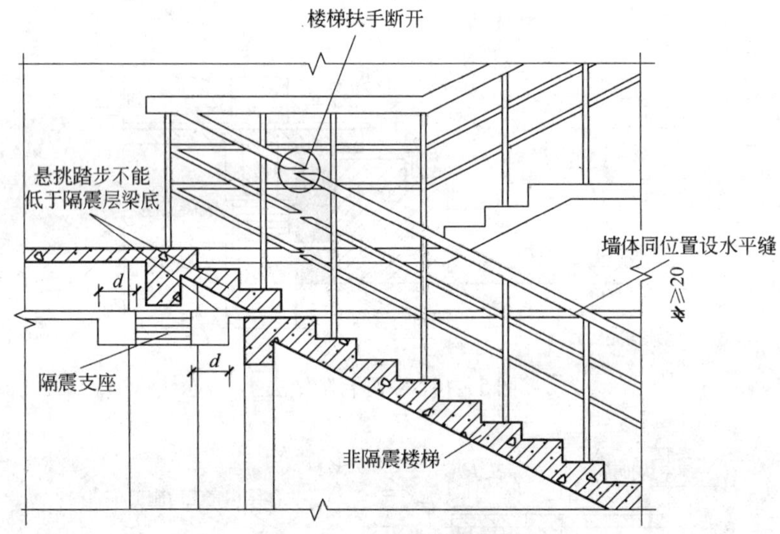

图 5 - 18　楼梯扶手及栏杆

(2) 将上部梯段延伸至下层地面之上，形成下悬式楼梯。

不管是哪种构造，在设缝断开处均应满足水平和竖向隔离缝的有关要求。并且，如果水平隔离缝设置于梯段中间，应当将楼梯扶手在相应位置处断开，并将断开后的两部分扶手错开防止发生碰撞（见图 5 - 18）。室内楼梯的节点图如图 5 - 19 ~ 图 5 - 23 所示，d 为隔震支座在罕遇地震下的最大水平位移值的 1.2 倍，且不小于 200mm。

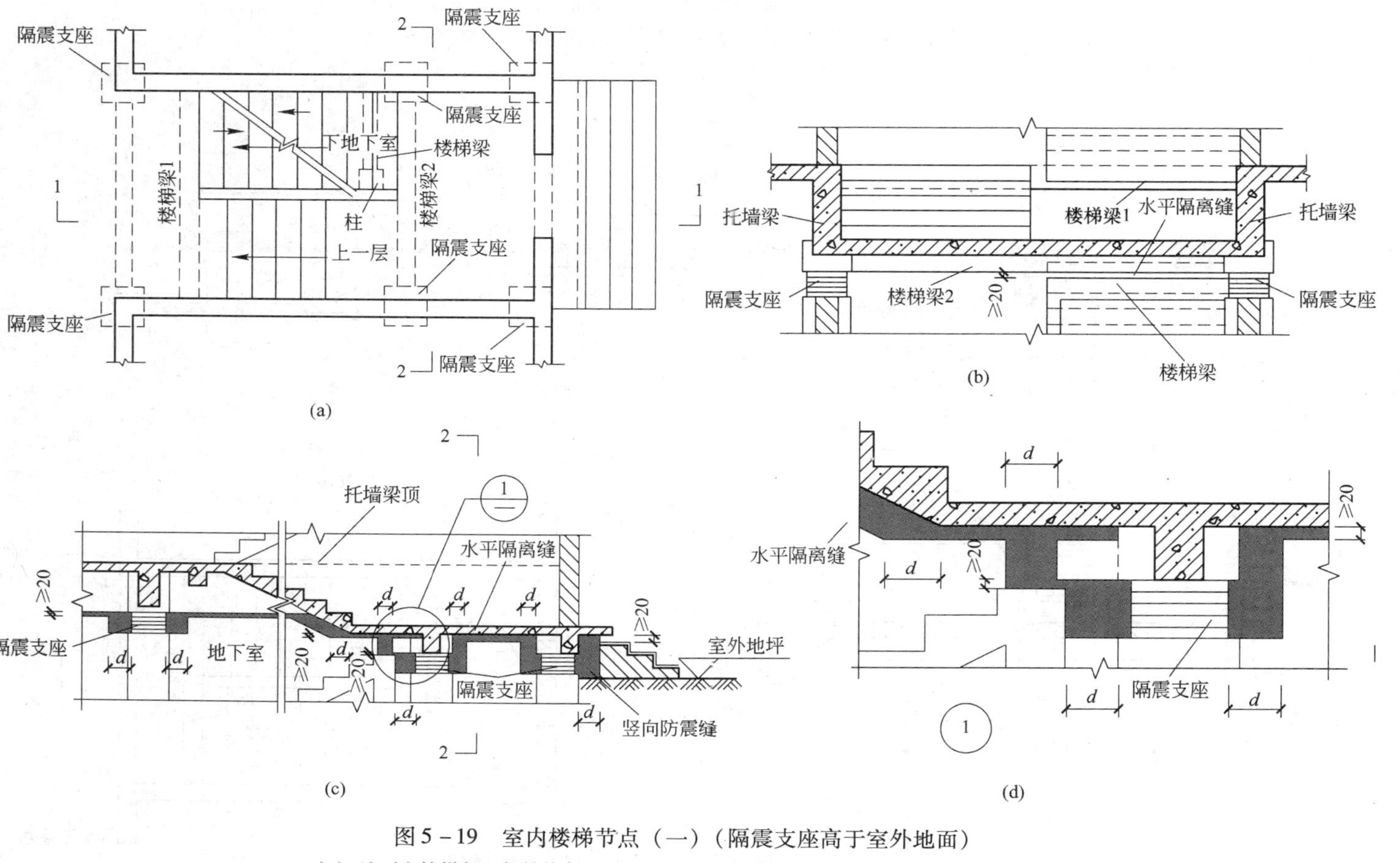

图5-19 室内楼梯节点（一）（隔震支座高于室外地面）

（a）地下室楼梯与上部结构断开平面；（b）2—2 剖面；（c）1—1 剖面；（d）节点

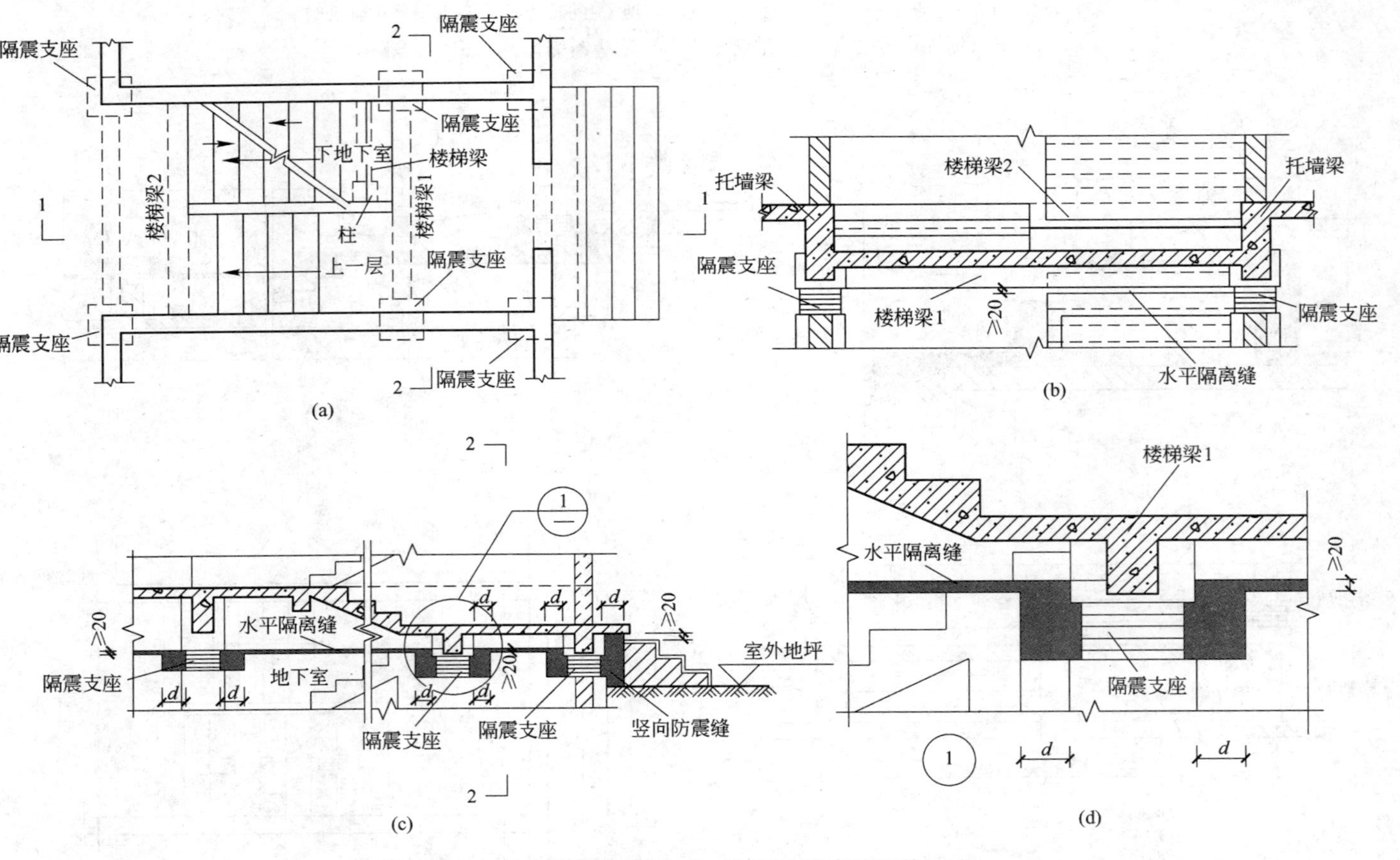

图 5-20 室内楼梯节点（二）（隔震支座高于室外地面）

（a）地下室楼梯与上部结构断开平面；（b）2—2 剖面；（c）1—1 剖面；（d）节点

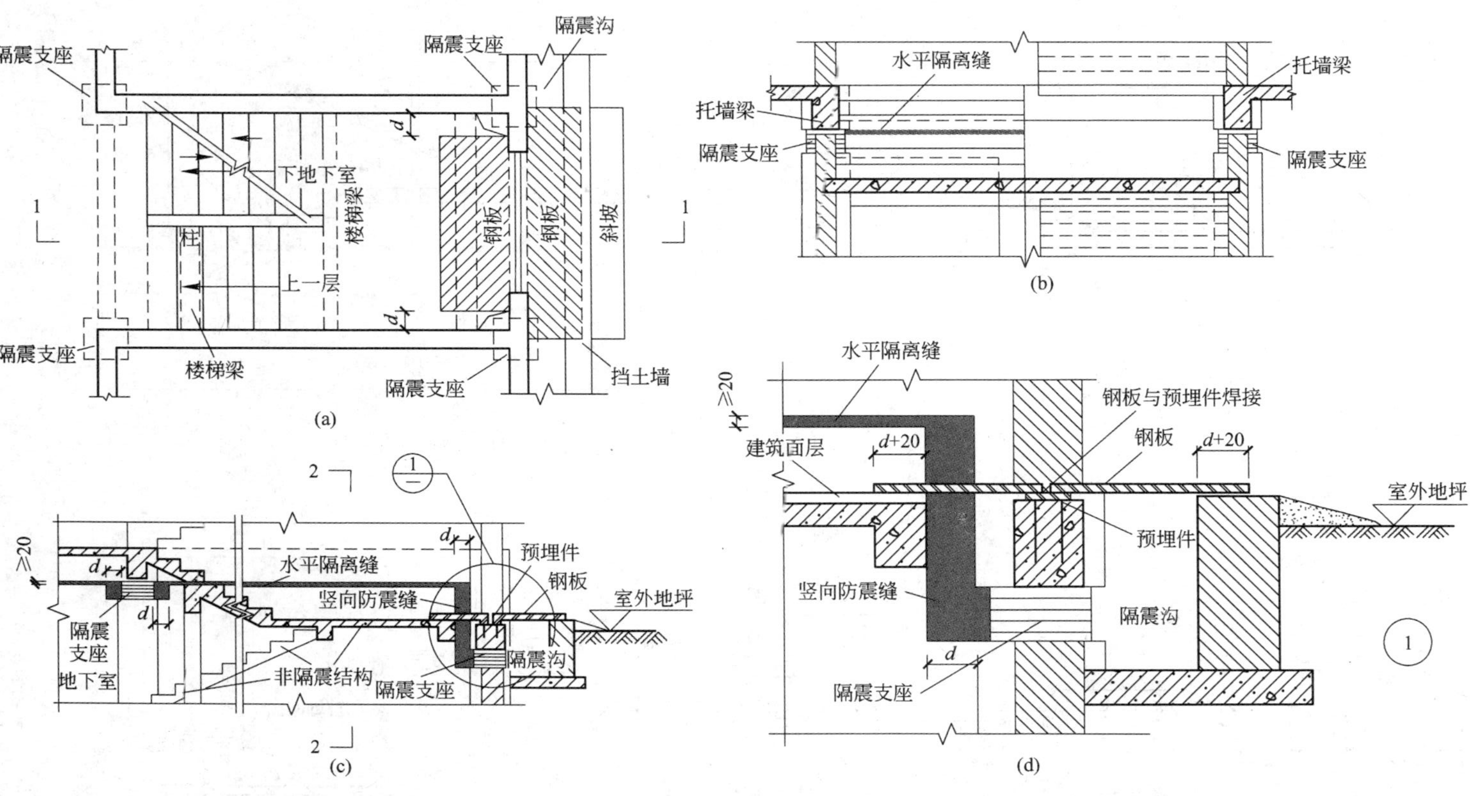

图 5-21 室内楼梯节点（三）（门洞入口低于一层地面）

（a）局部隔震支座位于室外地坪以下；（b）2—2 剖面；（c）1—1 剖面；（d）节点

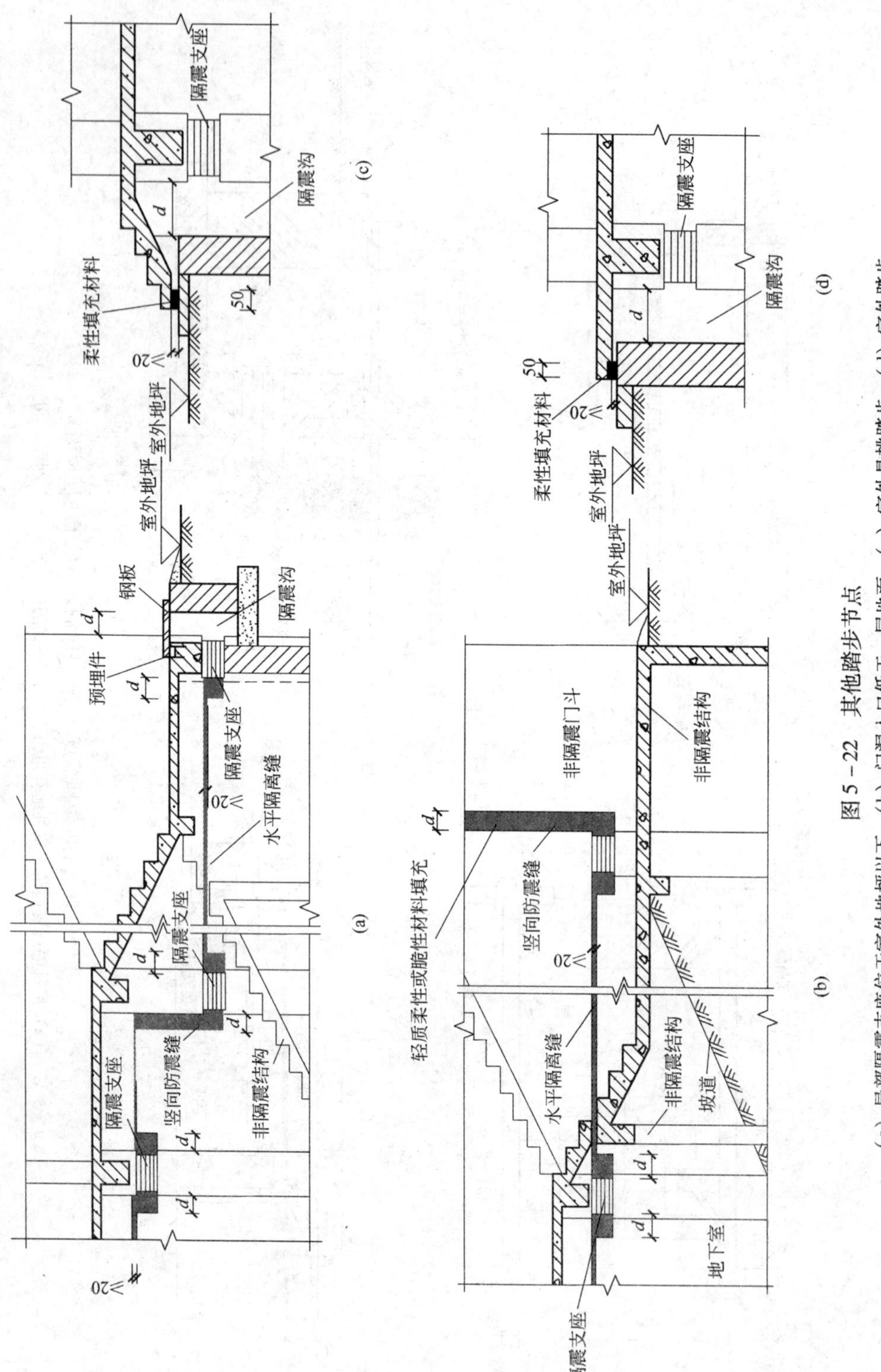

图5－22 其他踏步节点

(a) 局部隔震支座位于室外地坪以下；(b) 门洞入口低于一层地面；(c) 室外悬挑踏步；(d) 室外踏步

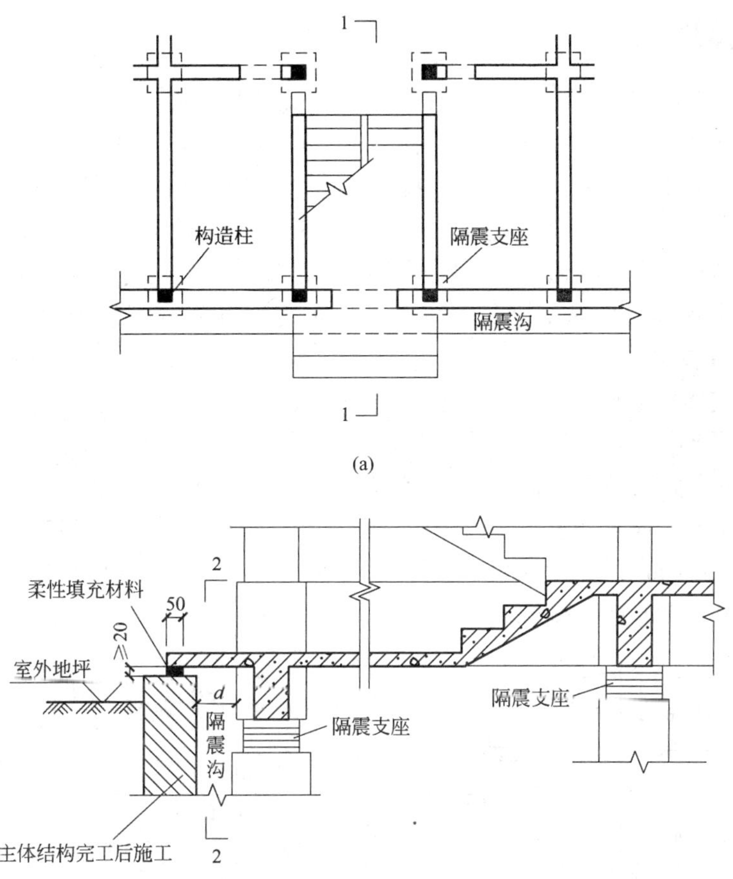

(b)

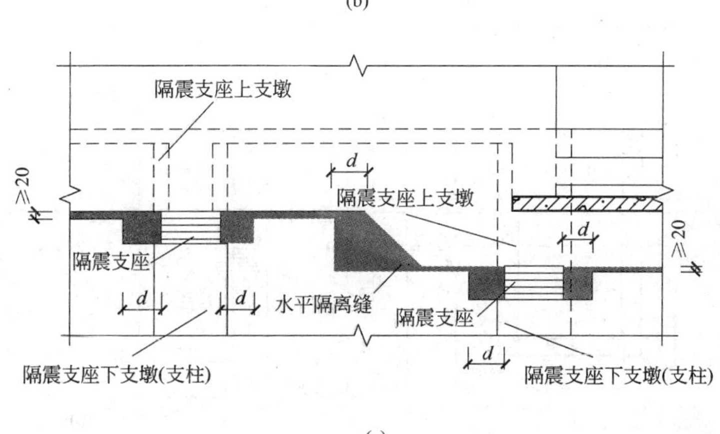

(c)

图 5-23 隔震支座不在同一标高处楼梯出入口平面时的踏步节点

(a) 楼梯平面；(b) 1—1 剖面；(c) 2—2 剖面

5.5　电梯井

在隔震结构中，通常可采用悬挂式电梯井或支撑式电梯井。

（1）悬挂式电梯井。悬挂式电梯井的一般做法是把电梯井整体悬挂于上部结构之上，属上部结构的一部分。在构造上，电梯井与相邻下部结构之间设定水平和竖向隔离缝，隔离缝的设置应满足相关要求。对无地下室或者电梯下至地下室底的情况，可通过设置电梯隔离坑来满足要求（见图 5－24～图 5－26）。电梯隔离坑除要满足隔离缝的要求外，还应当满足隔离坑检修和清理的空间要求。

（2）支撑式电梯井。支撑式电梯井的做法一般是在电梯井底部设置隔震支座。此隔震支座一般与其他隔震支座不在同一标高上，电梯井周边及支座处同样应留有足够空间以满足隔震和检修及清理的要求。在电梯井出入口与外部非隔震地面之间应当设置滑动盖板，以防止人员或杂物掉落（见图 5－27～图 5－29，图中字母“L”取 d 和 600mm 的较大值，d 为隔震支座在罕遇地震下的最大水平位移值的 1.2 倍，且不小于 200mm）。

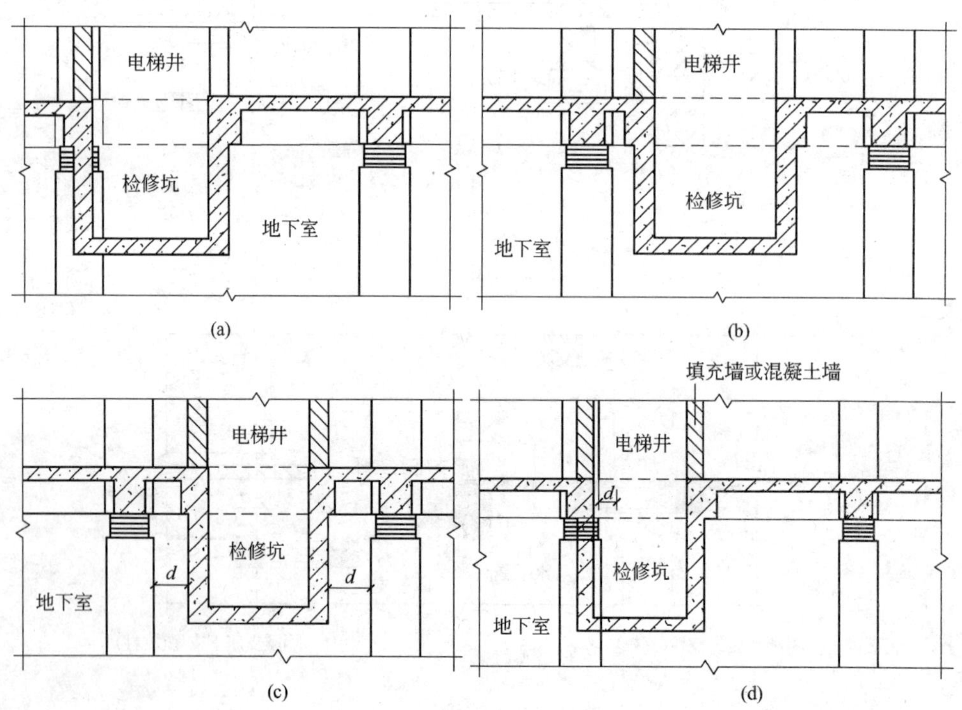

图 5－24　有地下室时的悬挂式电梯井做法

（a）做法一；（b）做法二；（c）做法三；（d）做法四

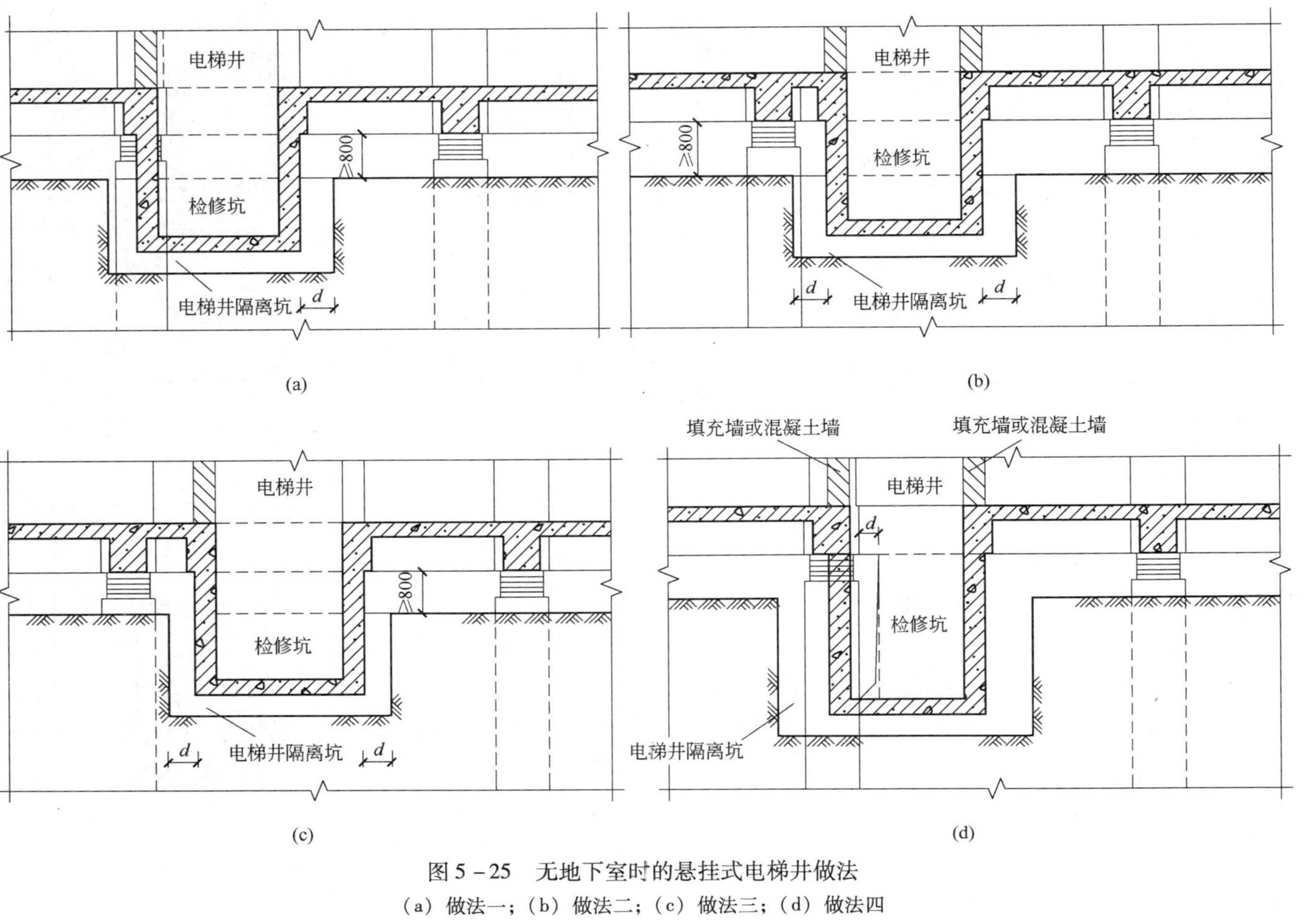

图5-25 无地下室时的悬挂式电梯井做法
(a) 做法一；(b) 做法二；(c) 做法三；(d) 做法四

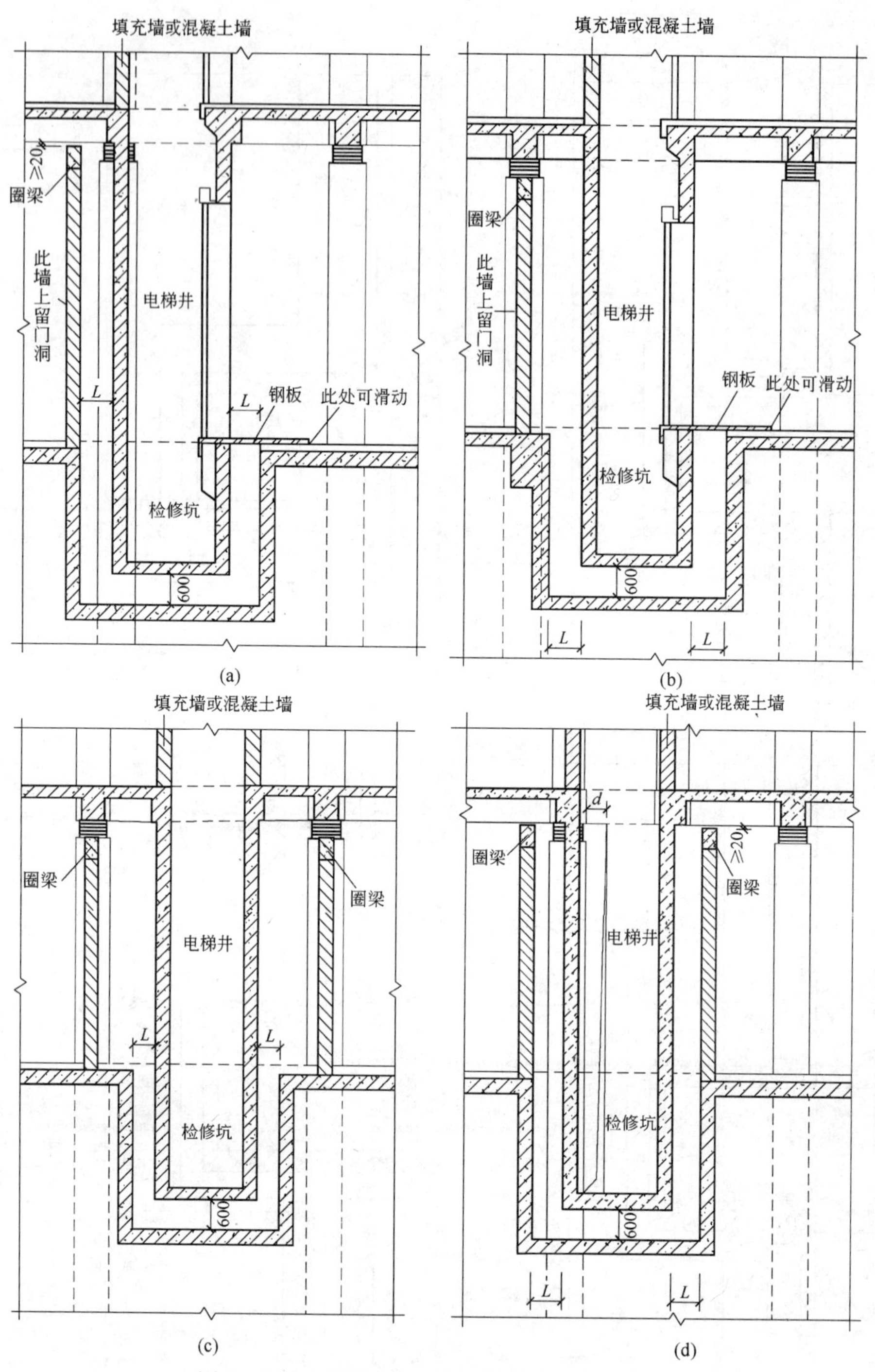

图 5-26 电梯下入地下室时悬挂式电梯井做法

（a）做法一；（b）做法二；（c）做法三；（d）做法四

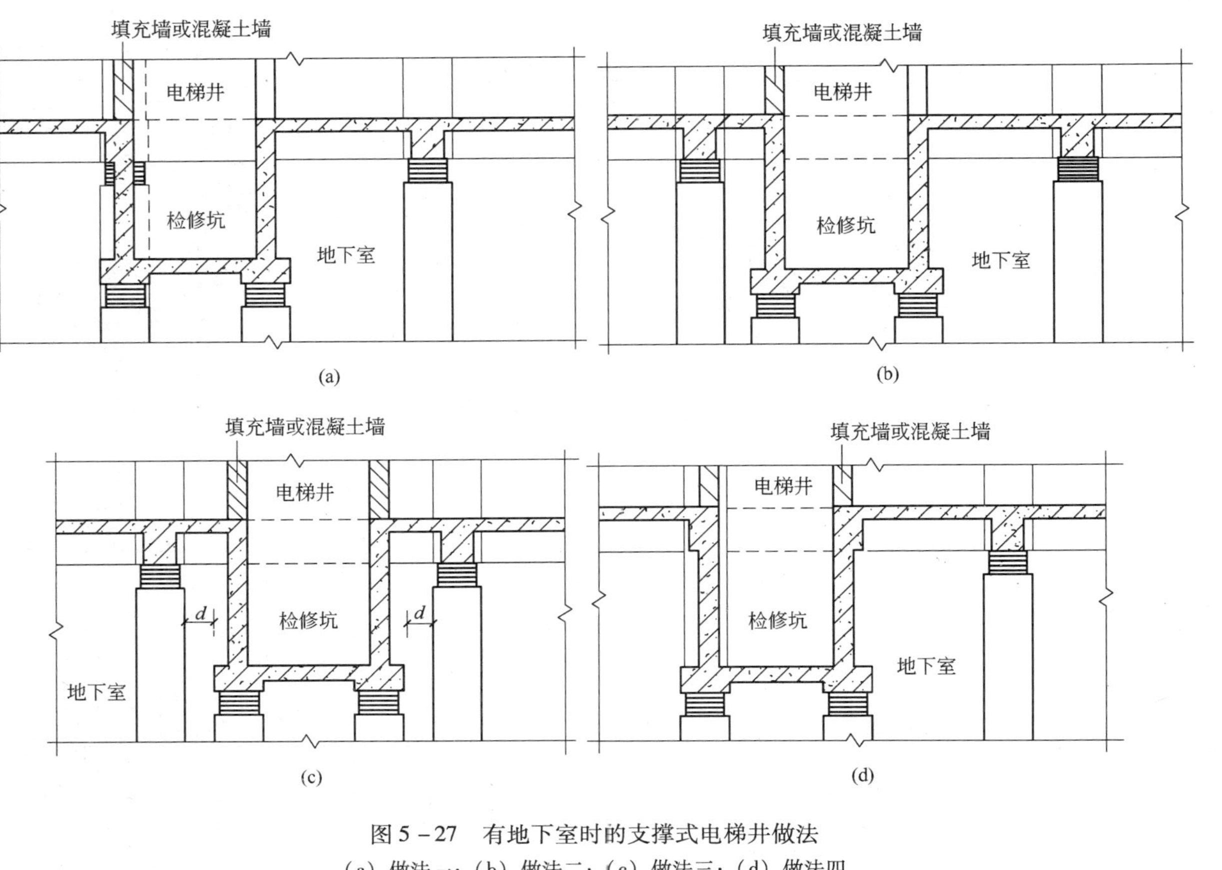

图5-27 有地下室时的支撑式电梯井做法

(a) 做法一；(b) 做法二；(c) 做法三；(d) 做法四

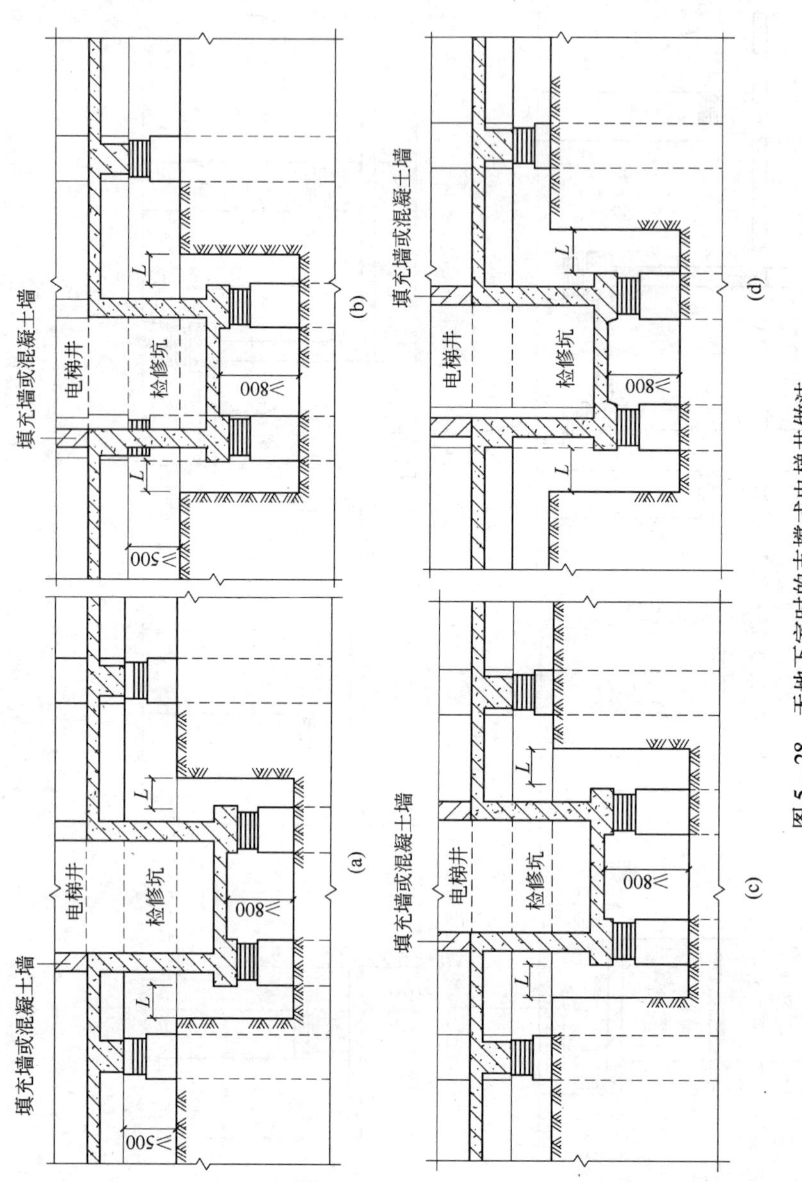

图 5－28　无地下室时的支撑式电梯井做法

（a）做法一；（b）做法二；（c）做法三；（d）做法四

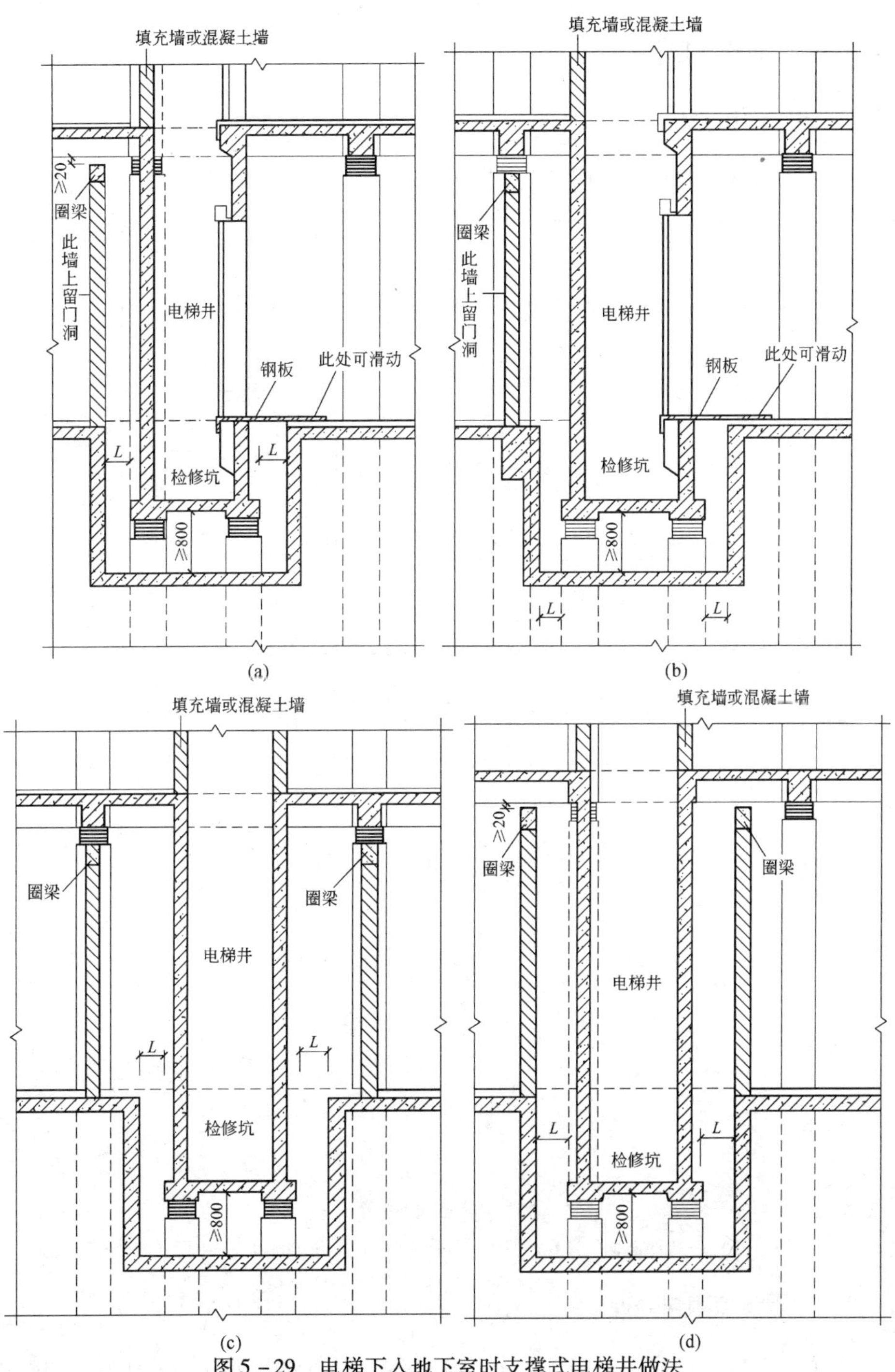

图5-29 电梯下入地下室时支撑式电梯井做法

(a) 做法一；(b) 做法二；(c) 做法三；(d) 做法四

5.6 其他节点构造

5.6.1 组合隔震支座节点

出于使用上的要求，有时需要在一个支撑处布置多个隔震支座。此时，多个隔震支座的组合形心应与上下竖向受力构件的形心重合，且多个隔震支座的型号宜相同。

图 5－30 和图 5－31 所示分别是两种不同的组合隔震支座节点。

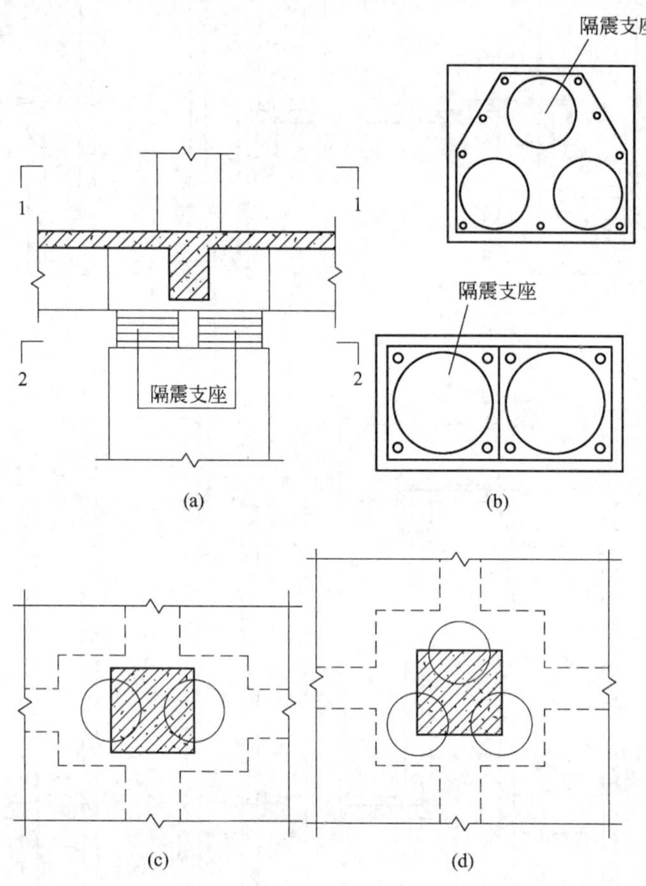

图 5－30　组合隔震节点（一）

（a）立面图；（b）2—2 剖面；（c）1—1 剖面（两个支座组合）；（d）1—1 剖面（三个支座组合）

5.6.2 隔震节点密封处理

对由隔震构造形成的隔离缝、节点空间等应进行密封处理。其作用主要有以下几点：

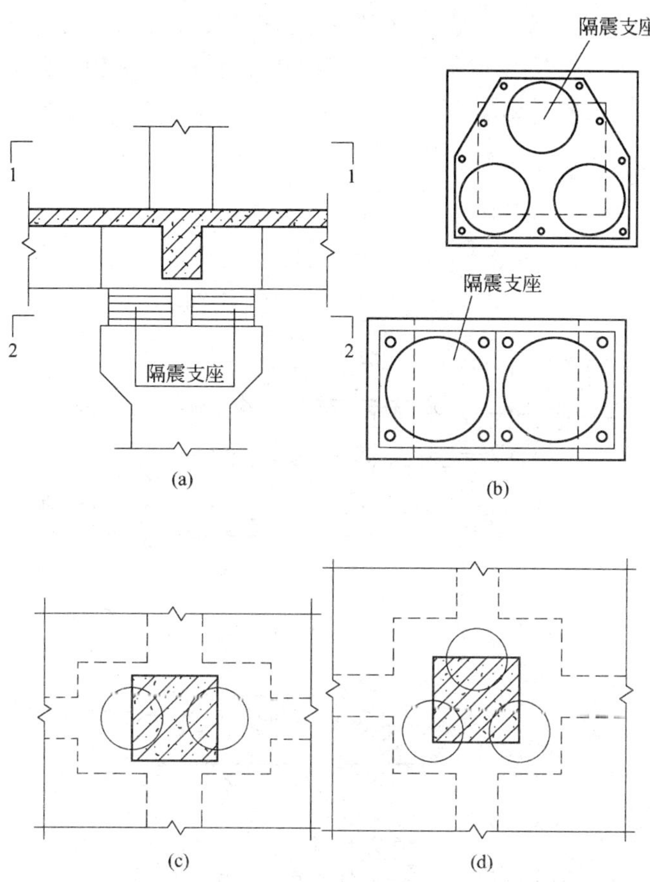

图5-31 组合隔震节点（二）

（a）立面图；（b）2—2剖面；（c）1—1剖面（两个支座组合）；（d）1—1剖面（三个支座组合）

（1）防止雨水通过隔离缝或节点空间灌入室内。

（2）保护隔震部件及其连接，防止锈蚀。

（3）防止异物落入阻碍上部结构在罕遇地震时的自由运动。

对于隔震构造中的水平隔离缝，一般可采用柔性材料充填。所采用的柔性材料不得阻碍上部结构的自由运动，一般包括沥青麻丝、橡胶条和聚苯板等。

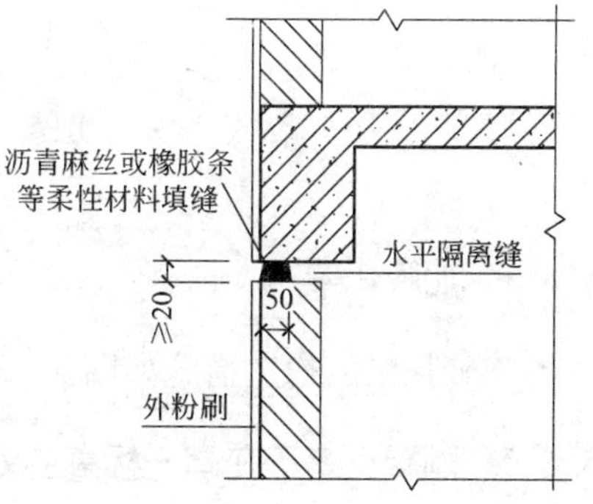

图5-32 水平隔离缝填充

对隔震节点空间可采用镀锌铁皮覆盖、柔性或脆性材料密封等措施（见图5-32和

图 5 - 33，d 的意义同前）。脆性材料一般指玻璃，镀锌铁皮、PVC 等，与结构的连接强度很低，只能用作隔震节点密封的覆盖材料，不能用作填充材料，否则会阻碍隔震层的位移（见图 5 - 33）。

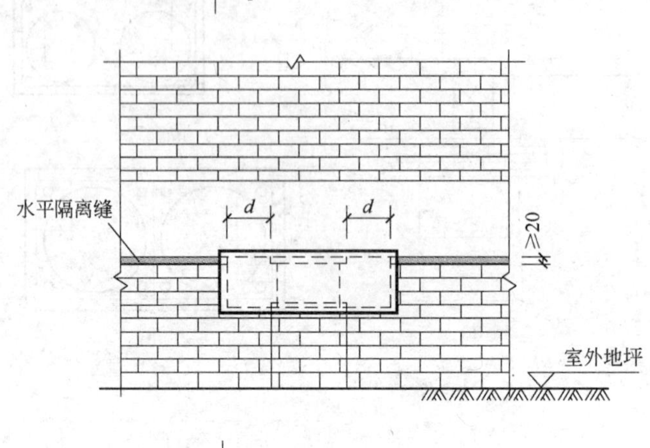

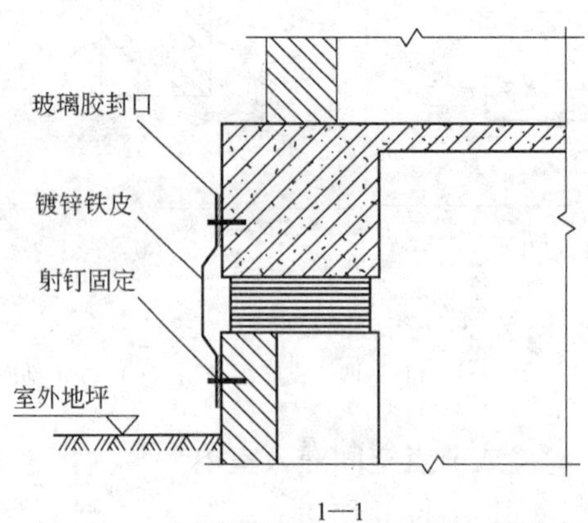

图 5 - 33　镀锌铁皮覆盖

5.6.3　加腋托梁

加腋托梁的构造措施如图 5 - 34 所示，d 的意义同前。

5.6.4　隔震支座不在同一标高的处理

隔震支座不在同一标高的处理见图 5 - 35，d 的意义同前。

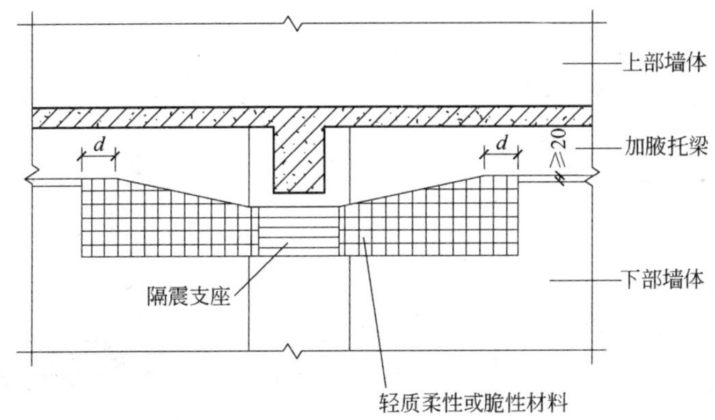

图5-34 加腋托梁的构造

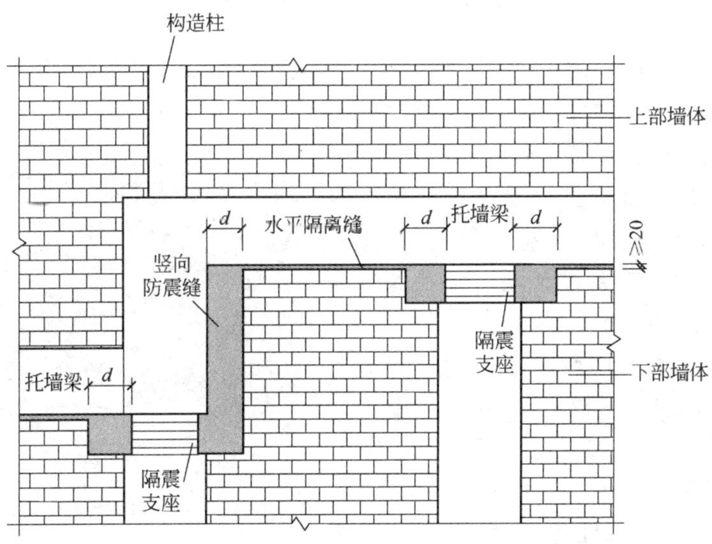

图5-35 隔震支座不在同一标高的处理

5.7 穿越隔震层的设备管道

现有的基础隔震建筑中，常将隔震层作为设备用房等来使用，各种设备通常固定于下部非隔震的地面之上，各种管道穿过隔震层引入上部结构。对于层间隔震建筑，更是不可避免的需要将各种管道穿越隔震层。因此，在隔震建筑中，除了建筑物本身应考虑满足隔震要求以外，还应在进行电力、消防、给排水、煤气等管道设计时对穿越隔震层的管道进行特殊设计，以满足隔震层的变形要求。这一点是维持建筑生活机能的必要条件，同时对于防止发生次生灾害也十分重要。

当设备管道穿越隔震层时，一般可设置柔性连接以适应隔震层的变形（见图5-36）。穿过隔震层的竖向管线应符合下列要求：（1）直径较小的柔性管线

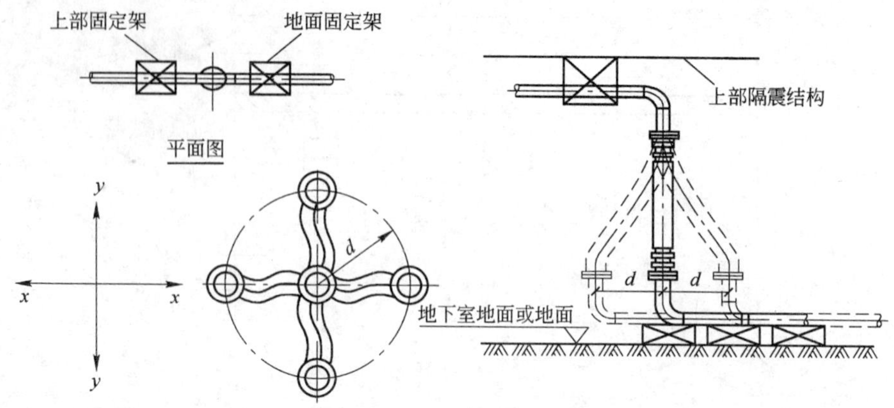

图 5－36 柔性连接变形示意图

在隔震层处应预留伸展长度，其值不应小于隔震层在罕遇地震作用下最大水平位移的 1.2 倍；（2）直径较大的管道在隔震层处宜采用柔性材料或柔性接头；（3）重要管道、可能泄漏有害介质或可燃介质的管道，在隔震层处应采用柔性接头。

对雨水管等重要性较低、便于更换的管线，可以采用简单的构造处理。

柔性连接可采用设于水平管处的水平管柔性连接（见 5－37），也可采用设于立管处的立管柔性连接（见图 5－38，图中长度 L 应满足不小于 d 的水平位移）。

图 5－37 水平管柔性连接

常用水平管柔性连接的形式（见图 5－39～图 5－41）有：（1）辊轮支承。通过隔震台与调节装置来适应变形，根据现场情况，隔震台可设置在下部结构上或吊挂于上部结构。（2）球形接头。在曲轴部位分别设置三处球形接头，以适应地震时两个方向的水平位移。（3）吊挂支承。将接合部位及弯管吊挂在顶棚上，为防止配管扭曲并保证其水平移动，使用耐张拉的吊挂材料。

立管柔性连接可在立管上使用强柔软性、可挠性的接合，吸收配管上产生的位移。柔性管和卡箍式接头应根据管道使用功能和可靠性要求不同（如消防管、燃气管及上下水道管等）由设计人员选定。

当立管穿越隔震支座标高时，应保证管道与周围固定物之间的净距不小于隔震层在罕遇地震下水平位移的 1.2 倍和 200mm 两者中的较大值。

电线、电缆以及避雷线的连接如图 5－42 和图 5－43 所示。

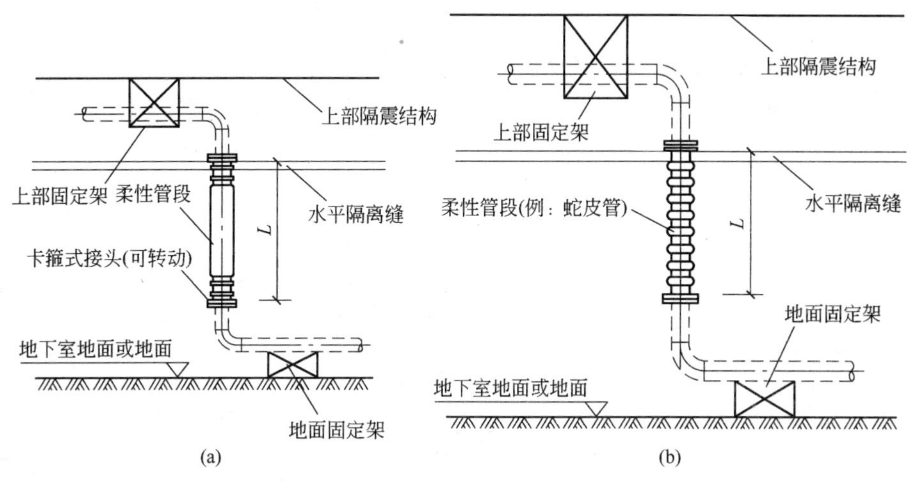

图 5－38 立管柔性连接

(a) 有压管柔性连接；(b) 无压管柔性连接

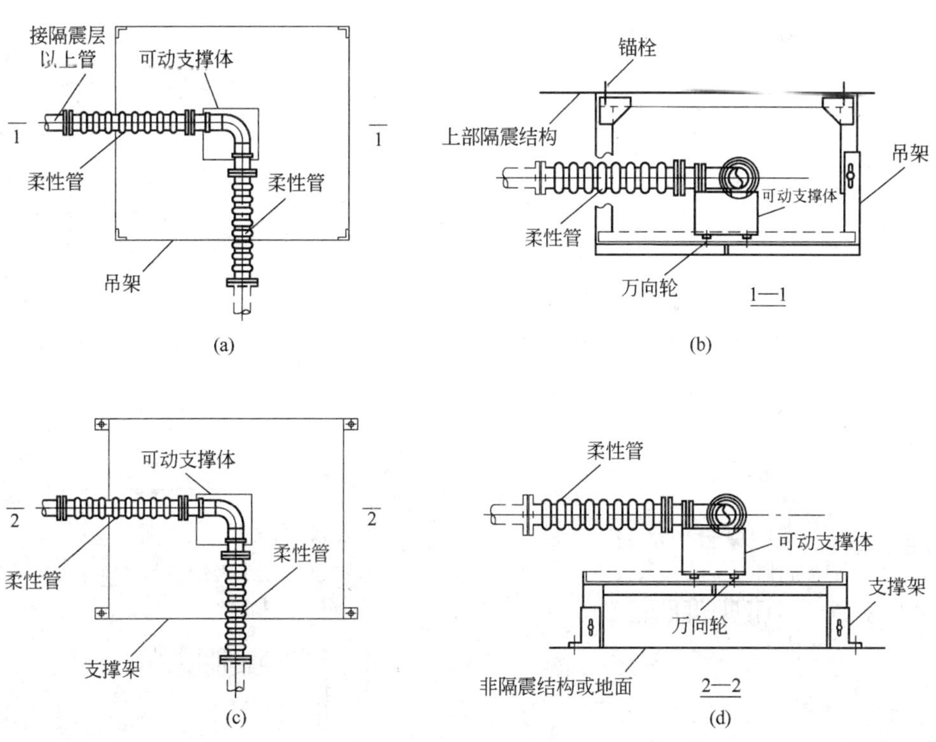

图 5－39 水平管柔性连接——固定支撑架

(a) 固定吊架平面；(b) 1—1 剖面图；(c) 固定支架平面；(d) 2—2 剖面图

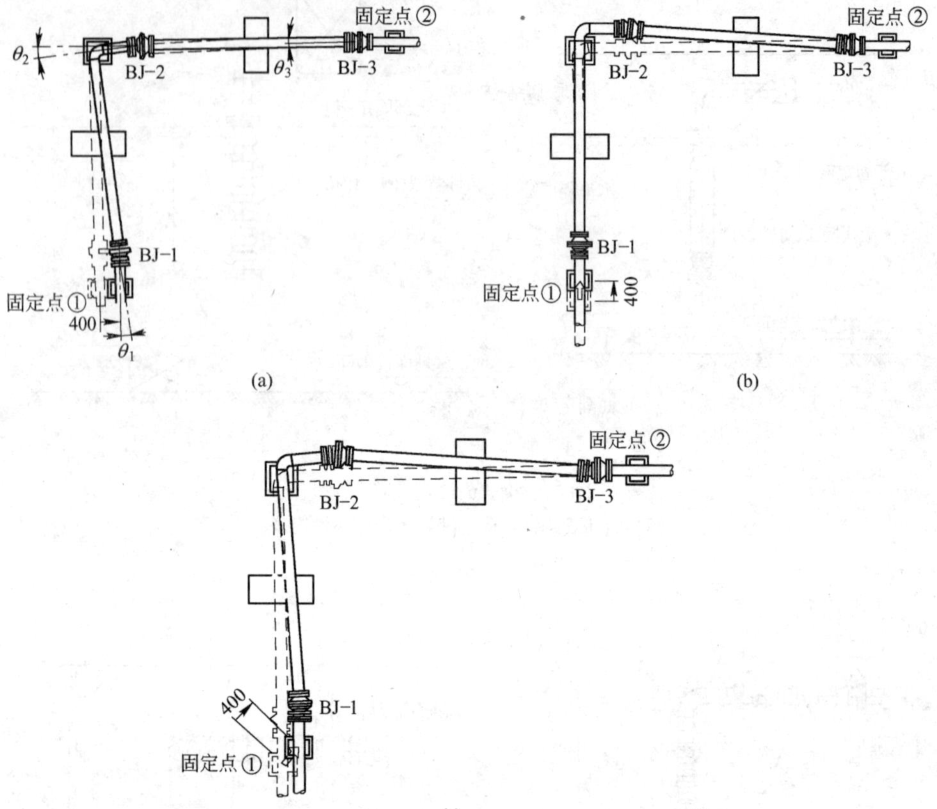

(a)　　(b)

(c)

图 5 - 40　水平管柔性连接——球形接头配管

（a）固定点①向 x 方向移动 400mm；（b）固定点①向 y 方向移动 400mm；

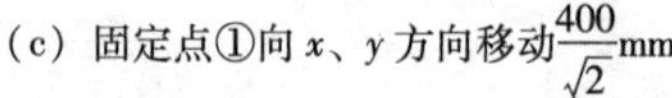

（c）固定点①向 x、y 方向移动 $\frac{400}{\sqrt{2}}$mm

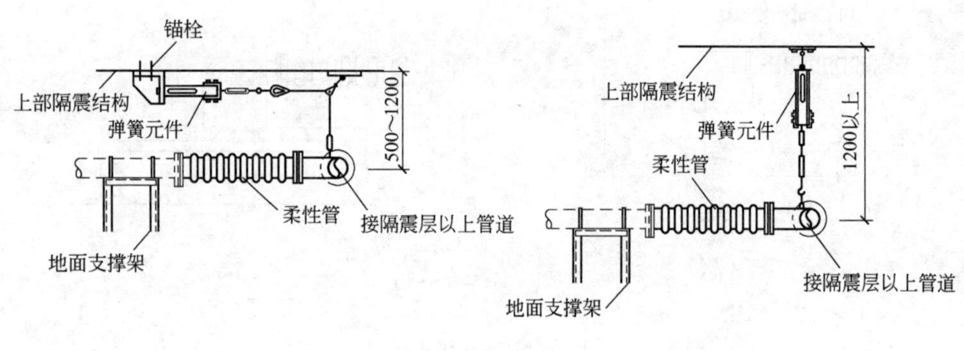

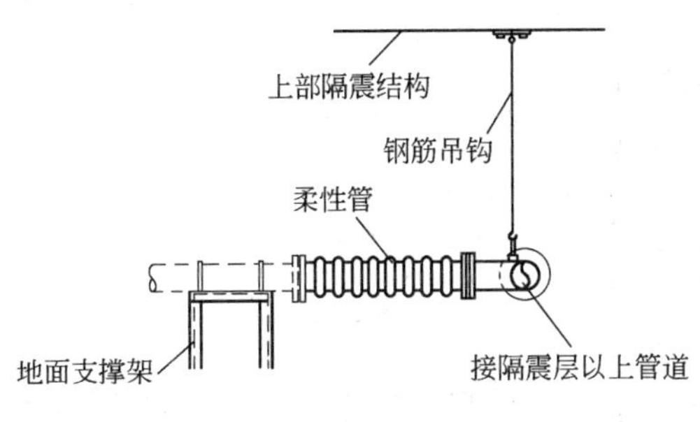

(c)

图 5-41 水平管柔性连接——固定架与支撑架组合

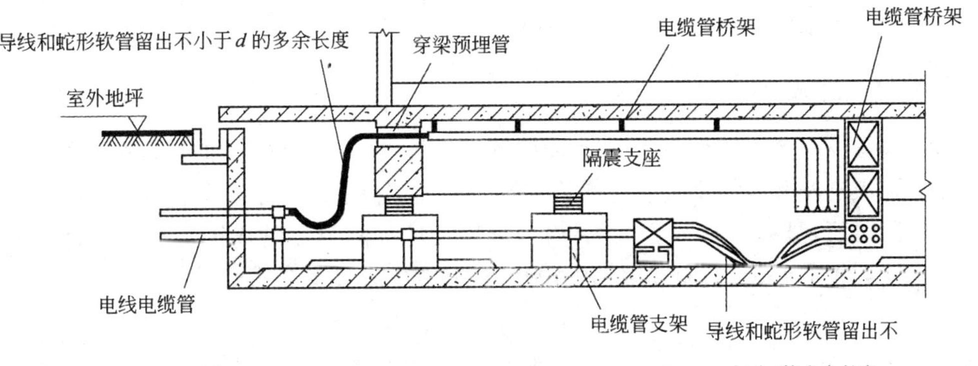

(a)

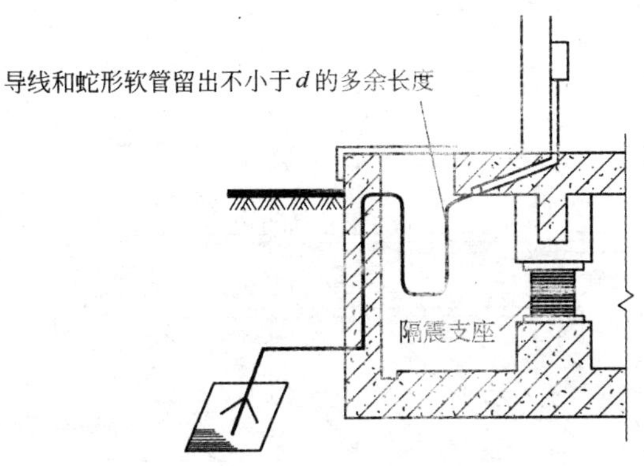

(b)

图 5-42 电线、电缆连接

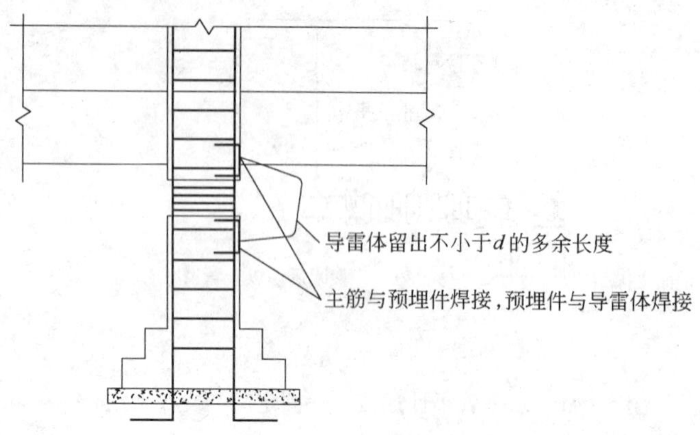

图 5-43　避雷线连接

5.8　隔震支座的连接

隔震支座的连接件一般包括预埋钢板、连接钢板、螺栓和预埋锚栓或锚筋等。隔震支座和连接钢板通过螺栓连接于预埋钢板上，在需要更换时，只需拧开螺栓即可（见图 5-44～图 5-47）。隔震支座和阻尼器的连接构造应符合下列要求［《建筑抗震设计规范》(GB 50011—2010) 12.2.8 条第 2 款］：

（1）隔震支座和阻尼器应安装在便于维护人员接近的部位；

（2）隔震支座与上部结构、基础结构之间的连接件，应能传递罕遇地震下支座的最大水平剪力；

（3）外露的预埋件应有可靠的防锈措施。预埋件的锚固钢筋应与钢板牢固连接，锚固钢筋的锚固长度宜大于 20 倍锚固钢筋直径，且不应小于 250mm。

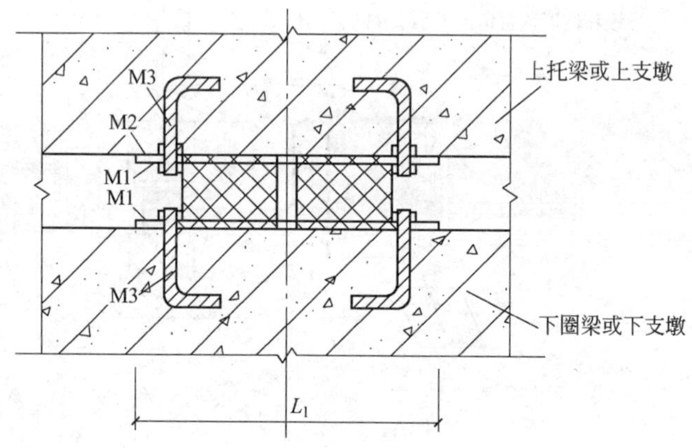

图 5-44　隔震支座连接示意图

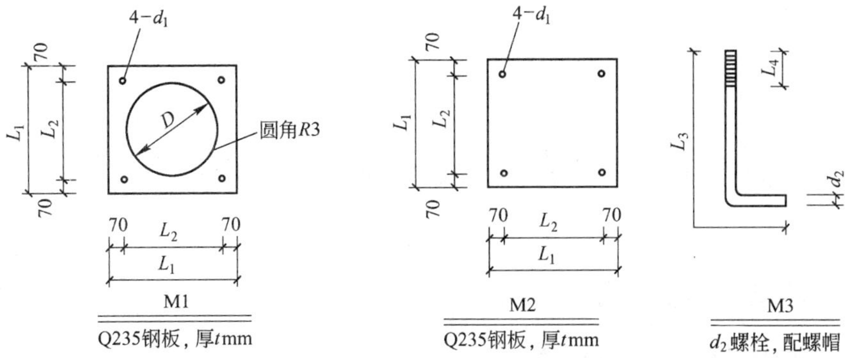

图5－45　连接钢板 M1、M2 及螺栓 M3

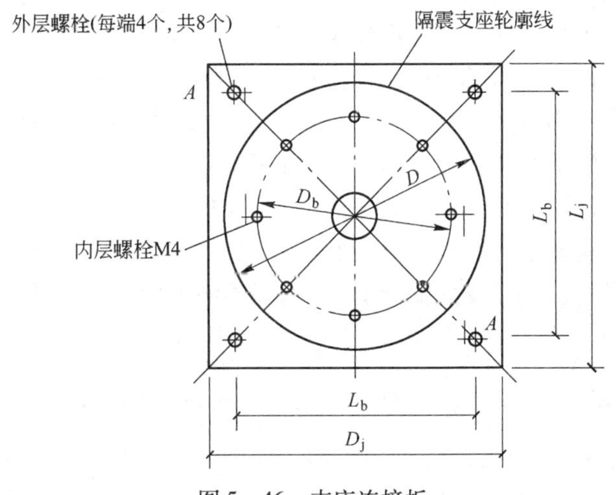

图5－46　支座连接板

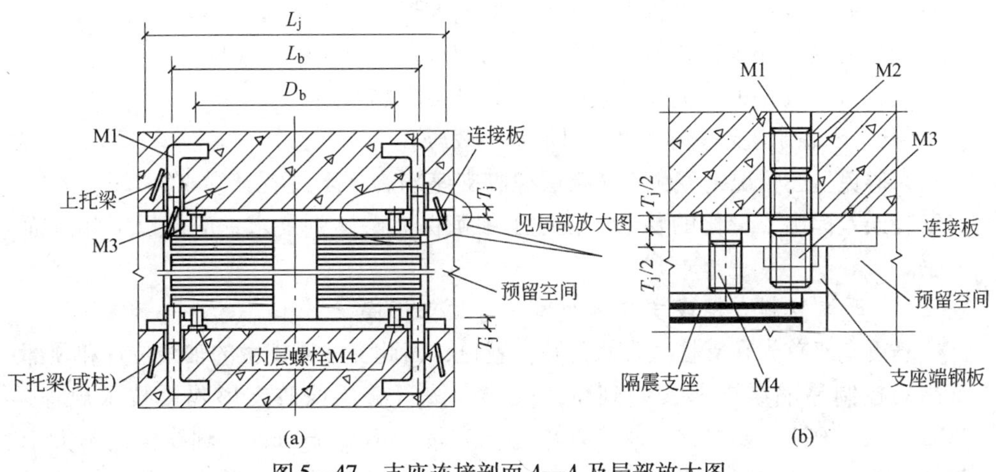

图5－47　支座连接剖面 A—A 及局部放大图

6 建筑隔震结构的施工与验收维护

6.1 隔震层的施工要点

6.1.1 隔震层施工的关键问题

由于隔震结构的特殊性，从设计到施工，其与传统的非隔震结构都具有很大的区别。在将隔震技术成功地应用到实际工程的过程中，除严格按有关规范设计外，还需选用合格的高质量的产品，并在施工时注意一些关键部位的构造处理。叠层橡胶隔震支座隔震体系的隔震层对施工的要求是比较严格的，隔震层的位置不能受任何原因的干扰和约束，施工时不能损伤隔震支座及其附件，并要求隔震支座的设置应有较高的精度，以确保地震时隔震层能发生水平位移并瞬时复位。除此之外，为了实现上部结构与地面的“隔离”，底层楼梯与主体结构的隔离处理，上下水、煤气、供暖及配电管道穿越隔震层时的柔性化问题等都是隔震结构施工中所特有的问题。在隔震层施工过程中，需要重点予以解决。

6.1.1.1 隔震支座安装平面轴线位置、水平度和整体标高的精度[3,30,35]

在隔震层发生水平位移时，如果隔震支座的安装位置有过大误差将会出现多种不利影响：

（1）隔震支座顶部结构发生不均匀竖向变形；

（2）隔震支座顶部结构产生爬坡或滑坡现象，影响隔震效果；

（3）隔震支座的竖向荷载发生改变，产生附加弯矩；

（4）下部结构支撑构件出现附加水平效应。

为避免上述情况的发生，《叠层橡胶支座隔震技术规程》（CECS126: 2001）对安装误差提出了量化的要求。在施工中确保能够达到要求，应从以下几方面入手。

A 严格控制支柱或支墩轴线位置与顶部标高

隔震支座首先在支柱或支墩的顶上就位，因此支柱或支墩的轴线位置和顶部标高的控制是隔震支座安装到位的关键。按《叠层橡胶支座隔震技术规程》（CECS126: 2001）要求，支座底部中心标高偏差不大于5mm，轴线偏差不大于3mm，单个支座的倾斜度不大于支座直径的1/300，否则支座将产生偏心受压现象，严重时支座会产生扭曲、歪斜，失去正常工作能力。

确保满足上述要求可以采取的具体措施，是在对支柱或支墩支模板时，反复核对轴线的精确位置，将轴线和标高同时抄在模板内侧，并使侧模板稍高于支柱或支墩顶部标高。安装隔震支座墩柱上部钢筋及周边钢筋时，为确保隔震支座预埋钢板锚筋或锚杆位置的准确性，可在底板混凝土表面上预先标定预埋钢板上所有预埋锚筋或锚杆的竖向投影位置，以便于绑扎墩柱主筋时注意留出位置，避免安装预埋钢板时锚筋或锚杆被墩柱主筋阻挡的情况发生。

用螺栓将预埋套筒固定在钢模板上，将钢模板固定在墩柱表面，注意使预埋套筒上口标高与墩柱表面标高相同，以确保套筒位置准确。此过程中测量工作是整个隔震支座安装的关键，需全过程密切配合测量钢模板的标高、平面位置及平整度，并根据偏差大小适时对套筒及锚筋进行调整。

B 浇捣墩柱顶部混凝土前后的复测

预埋套筒极易在混凝土浇筑时发生位移，而且偏差一旦出现，纠偏困难。因此在混凝土浇筑、振捣时应尽量减少对预埋件的影响，避免泵管、振捣器对预埋件产生大的冲击。混凝土浇筑完毕后，初凝前应对隔震支座中心的平面位置和标高进行复测和记录，若有位移，应立即校正。

对于体积较大的墩柱，为避免浇铸时对预埋锚筋件位置的干扰，可以采用二次浇铸的方法，浇捣混凝土时由专人负责。当混凝土浇至离墩柱顶 500mm 时，再次复核轴线位置和标高，准确无误后，再安装定位预埋件。

6.1.1.2 隔震支座的吊装、位置微调和安装固定

由于隔震支座比较厚重，给吊装、位置微调和安装固定带来了较大的困难，提出了严峻的挑战。

隔震支座的安装应等待下支墩混凝土强度达到设计强度的 75% 以后进行，以防止安装过程中将混凝土支墩损坏。

支座安装前应向工人讲明隔震支座的构造及对结构的重要性，不得损坏隔震支座及配件。隔震器及预埋上板安装过程中要核对支座型号。安装前应首先对隔震支座法兰盘下底面油漆进行修补，并把混凝土表面清扫干净。

在隔震支座现场安装过程中，可采用汽车吊进行吊装，吊装时应按厂家提供的吊点安装吊具，严禁将钢丝绳等穿于螺栓孔内。吊运过程中，应保证隔震支座上下面水平，严禁倾斜。

在安装过程中，可用倒链对支座的水平位置进行微调。隔震支座就位后，用全站仪或水准仪复测隔震支座标高及平面位置，确认符合要求后，拧紧预埋上、下板与隔震支座的连接螺栓。为便于以后更换，连接螺栓安装前应沾上黄油。拧紧后，必须用力矩扳手检查所有螺栓。

如图纸要求使用高强螺栓时，螺栓及螺母的丝扣必须定做塑料（或橡胶）保护套（或塞），防止丝扣损伤。高强螺栓应对称拧紧，拧紧过程分为初拧、复拧、终拧三个阶段，并在同一天完成。复拧扭矩等于初拧扭矩，初拧扭矩宜为终拧扭矩的50%。高强螺栓施拧采用的扭矩扳手和检查采用的扭矩扳手，在每班作业前，均应进行校正，其扭矩误差应分别为使用扭矩的5%和3%。

同一个墩柱下有两个或多于两个的隔震支座时，必须采用由同一厂家生产的隔震支座。

隔震支座安装好后，应立即采取保护措施，防止意外损伤。

6.1.1.3　穿过隔震层的设备管线的处理

隔震建筑在设备管线方面与普通建筑的差异在于通过隔震层的设备管线应当具有能够随上部结构的变位产生较大位移而不发生破坏的能力。为了确保设备管线具有上述能力，所有穿过隔震层的管线、槽、壁垒引线等，当直径较小时，可以采取在隔震缝处挠曲的方法，预留足够的伸展长度；对于直径较大的管线，要采用柔性接头，并保证管线在隔震缝处自由错动量与设计要求一致。

有些施工人员认为设备管线属于附属设施，对其施工中的质量管理有所放松，这种做法是完全错误的。在汶川地震中发现有几栋隔震建筑，虽然上部结构晃动程度比普通建筑轻，但地下的一些管线由于房屋水平移动而发生了损坏。

在研究设备管线的施工方案阶段，应主要确定以下几方面的内容：

（1）依据设计目标，确定穿越隔震层管线所需的最大变形量；

（2）穿越隔震层管线柔性连接的构造；

（3）穿越隔震层管线的施工流程及确保能够进行后期维护的措施；

（4）做好各工种专业的密切配合，做好预留孔洞、预埋铁件等工作。

选用的各管线的柔性连接接头应具有性能稳定、强度大、抗干扰性好、抗疲劳性好的特点。确保一旦发生破坏性地震时，各类管线的各项功能均能正常工作。

所有穿过隔震层的竖向管线、槽、避雷引下线，均要进行特殊处理。直径不大的管线可直接预留一定的伸缩量；直径较大的管线应使用柔性材料，使其产生位移时不至破坏，当管线较大且不很重要，无法使用柔性材料时，可采用室外行走。隔震层重要管线接头可采用性能稳定、强度大、抗干扰性好、抗疲劳性能好的可挠曲金属软管，确保发生破坏性地震时此类管线的功能保持正常。污水排水管等竖向管线可采用柔性接口铸铁管接头进行连接处理。

6.1.1.4　支座梁底模板的支护及与周围结构的脱开

考虑到橡胶隔震支座的老化问题及使用过程中遇火灾等突发事件时的损毁问

题，施工时在隔震支座上表面铺设一层 SBS 防水卷材，以便于隔震支座日后更换。油毡按隔震支座尺寸及套筒位置进行裁剪、打孔，油毡应铺设平整。

隔震支座安装完毕后，上连接板将与上部结构的柱和梁相交，所以在支隔震支座上的柱、梁底模板时，采用定型专用模板。定型模板靠紧上连接板支设，连接板与模板的缝隙及接梁底模板处的缝隙均用胶带纸粘贴牢固，防止混凝土浇筑时产生漏浆，并在梁模板边缘加钢管支撑，以防止混凝土浇筑过程中跑模等造成混凝土堵塞，模板拆除不净等阻碍上部结构自由移动，影响结构安全。

6.1.2 隔震层施工的工艺流程

隔震层施工的一般工艺流程可以参考图 6 – 1。

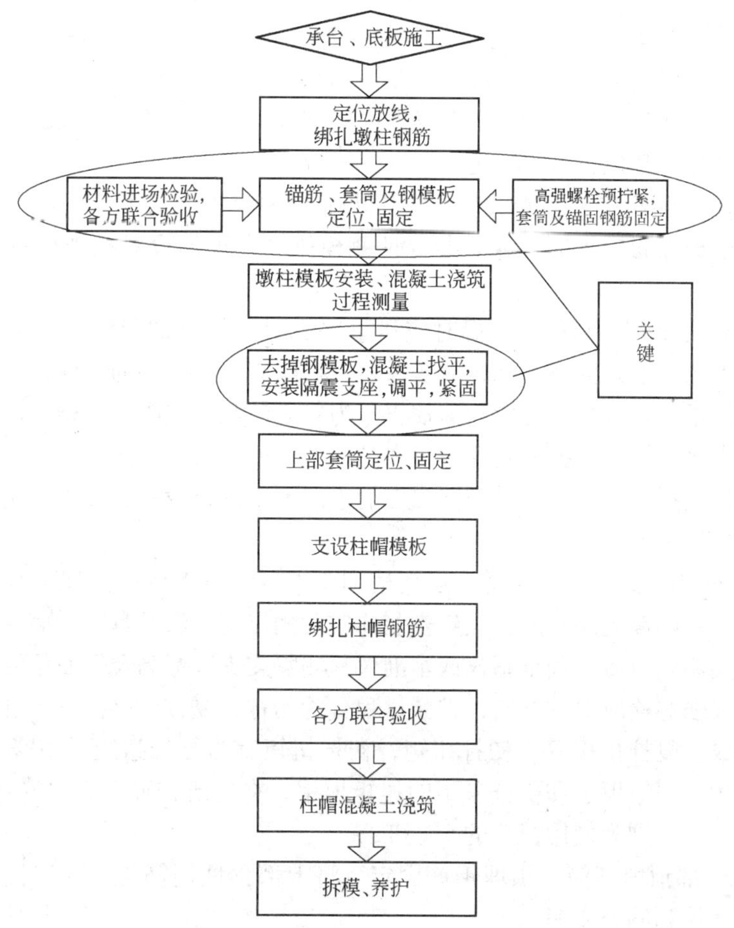

图 6 – 1 隔震层的施工工艺流程

6.1.3 隔震层施工的操作要点

隔震层施工的操作要点如下：

（1）承台或底板施工。隔震支座支墩或支柱与承台或底板分开施工，承台或底板混凝土应振捣平整。

（2）测量定位。当承台、底板混凝土强度达到1.2N/mm^{2}时，可进行测量定位。为确保隔震支座的平面位置准确，可采用全站仪测设每个隔震支座中心点的投影位置，标定在混凝土面上。为确保预埋锚筋位置的准确性，可在混凝土面上预先标定隔震支座所有预埋锚筋或锚杆竖向投影的位置，以免被支柱或支墩的主筋阻挡。

（3）绑扎墩柱钢筋。安装墩柱上部钢筋及周边钢筋，注意预留预埋锚筋或锚杆位置。

（4）预埋件的定位、固定。支柱或支墩上的预埋件包括预埋锚筋或锚杆及与其相连的预埋钢板。对其安装固定是隔震层施工的一个难点。在安装过程中，应对其轴线、标高和水平度进行精确的测量定位，在确保位置准确的前提下，应采取有效措施对其位置进行固定。

（5）墩柱侧模安装。安装侧模，用水准仪测定模板高度，并在模板上弹出水平线。模板加固应牢固可靠。为保证侧模刚度，可加设对拉螺杆或采取其他措施。

（6）墩柱浇筑。混凝土振捣时应尽量减少对预埋件的影响，避免泵管对预埋件产生大的冲击。混凝土浇筑完毕后，应对隔震支座中心的平面位置和标高进行复测并记录，若有移动，应立即校正。为避免砂浆、混凝土等杂物进入套筒孔内，应事先将连接螺栓拧入套筒内。在螺栓拧入前应对套筒涂抹黄油，防止套筒锈蚀。钢模板拆除后，立即采用同强度的水泥砂浆进行找平，找平后应对砂浆面进行标高复核。

（7）安装隔震支座。混凝土强度达到要求后，将承台面清理干净，拧出连接螺栓，安装隔震支座。隔震支座安装前应对隔震支座法兰盘下底面油漆进行修补。隔震支座就位后，用全站仪或水准仪复测隔震支座标高及平面位置，拧紧高强螺栓。高强螺栓应对称拧紧，拧紧过程分为初拧、复拧、终拧三个阶段，并在同一天完成。复拧扭矩等于初拧扭矩，初拧扭矩宜为终拧扭矩的50%。高强螺栓施拧采用的扭矩扳手和检查采用的扭矩扳手，在每班作业前，均应进行校正，其扭矩误差应分别为使用扭矩的5%和3%。

（8）上部预埋套筒、预埋钢筋固定。将上部预埋钢筋与套筒连接好，再用高强螺栓连接到隔震支座上。

（9）铺设油毡。为便于隔震支座日后更换，可在隔震支座上表面铺设一层

SBS油毡。油毡按隔震支座的尺寸及套筒位置进行裁剪、打孔，油毡应铺设平整。

（10）柱帽底模安装。由于通常隔震支座高度仅为几十厘米，对三个以上的隔震支座，上支墩底模板支撑非常困难，且人无法进入拆除，较一般模板的支撑和拆除难度要大得多。因此，实际施工考虑采用两种施工方案：

1）采用常规的木模支撑，竖向采用长短合适的方木，主龙骨仍采用 ϕ48mm×3.5mm 钢管。

2）在柱帽周边砌筑120mm厚砖墙，内填充砂子，抹2cm厚砂浆找平层，面刷隔离剂。具体见图6－2。此示意图仅图示了双隔震支座，其他多隔震支座做法与此相同。

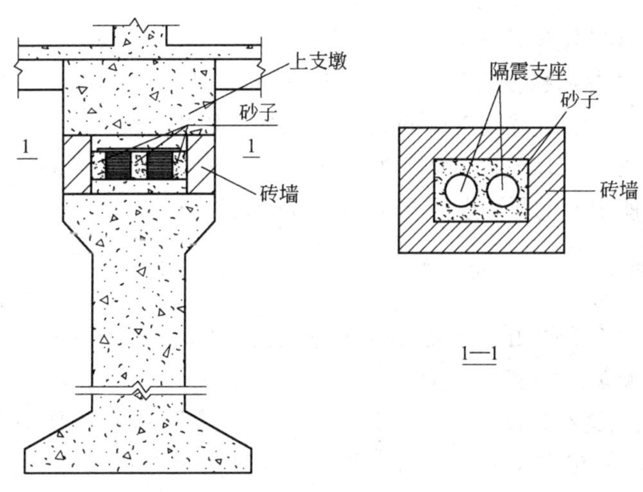

图6－2 隔震支座上支墩底模支撑示意图

（11）柱帽钢筋绑扎。依次绑扎柱帽钢筋，支侧模，浇筑混凝土。此部分施工方法与常规做法相同。

（12）修补隔震支座油漆。由于在安装过程和模板支撑、拆除过程中不可避免对隔震支座油漆造成损坏，待柱帽混凝土施工完毕，模板拆除后，应对隔震支座油漆进行修补。修补完成后应尽快对隔震层采取有效保护措施，防止后续施工过程中对其的损害。

6.1.4 隔震层施工的精度要求

施工中对精度有如下要求：

（1）支撑隔震支座的支墩（或柱），其顶面水平度误差不宜大于0.5%；在隔震支座安装后，隔震支座顶面的水平度误差不宜大于0.8%。

（2）隔震支座中心的平面位置与设计位置的偏差不应大于5.0mm。

（3）隔震支座中心的标高与设计标高的偏差不应大于5.0mm。

（4）同一支墩上多个隔震支座之间的顶面高差不宜大于5.0mm。

（5）隔震支座连接板和外露连接螺栓应采取防锈保护措施。

（6）在隔震支座安装阶段，应对支墩（或柱）顶面、隔震支座顶面的水平度，隔震支座中心的平面位置和标高进行观测并记录。

（7）在工程施工阶段，对隔震支座宜有临时覆盖保护措施。

6.2 施工过程监测

6.2.1 监测内容

施工过程监测有如下内容：

（1）根据《叠层橡胶支座隔震技术规程》(CECS126:2001）要求，工程施工阶段监测单位应对隔震橡胶支座的竖向变形进行观测并记录。

（2）隔震橡胶支座安装阶段，应对支墩（或柱）顶面、隔震支座顶面的水平度，隔震支座中心的平面位置和标高进行观测并记录。

6.2.2 监测要求

监测单位应根据提出的监测内容，编制监测方案，报请有关单位批准后，方可进行各项监测观测的实施工作。

（1）建筑隔震橡胶支座的安装误差除满足《叠层橡胶支座隔震技术规程》(CECS126:2001）的要求外，还根据具体工程的实际情况提出相关要求：一般情况下，单个支座的倾斜不大于0.5%；支座底部的中心标高偏差不大于3mm。

（2）建筑隔震橡胶支座的竖向变形小于5mm（总变形量），隔震支座之间的差异沉降小于3mm。

（3）基准点的埋设依据《工程测量规范》(GB 500262—2007)中有关水准观测的精度要求。

（4）监测装置由监测单位在保证监测要求的前提下根据实际情况选择。

（5）监测点的布置，需报请有关单位批准后，方可进行埋设工作。

（6）所有监测装置埋设后必须立即记录初始值。

（7）具体的监测时间和监测次数由监测单位根据需要监测的内容，在监测方案中分别说明。

（8）监测单位应根据需要监测的内容，有针对性地提出选用的监测装置、测点布置、监测次数、监测时间、监测数据的精度等。

（9）建筑隔震橡胶支座在温度作用下的水平变形限值不做具体要求，但需随时观测和记录，如有异常应及时报业主及设计、监理单位。

（10）施工阶段的监测应当能够指导施工，检测单位在制定监测方案时应有针对性。

（11）使用阶段监测装置的布置和监测不能影响建筑物的正常使用。

6.2.3 成果整理

成果整理时，应检查数据和计算是否正确，观测的误差是否符合要求。

（1）沉降观测的数据在每次观测以后需立即整理，将观测结果及时报业主及设计、监理单位。

（2）监测结果如有异常，检测单位应及时将监测结果报业主及设计、监理单位进行处理。

（3）建筑隔震橡胶支座观测完成后，应提交建筑隔震橡胶支座变形观测成果表，绘制相应的图表。

6.3 隔震层施工的验收

6.3.1 隔震层部件的进场验收

为了确保工程质量，应在隔震层部件进场时对其进行详细的检查验收，合格后方可使用。进场验收一般可由施工单位负责完成，验收的内容主要包括以下几点。

6.3.1.1 对提供隔震层产品供货企业的合法性的确认

隔震层产品的供货企业需提供能够证明其具有合法生产资质和能够生产工程所需要的合格产品的证明性文件。

由于叠层橡胶隔震支座各生产厂家产品的形状、材质和技术参数都不统一，对生产厂家的选择是保证质量的基础。只有选择手续合法，生产能力强的企业，才能保证支座自身质量。2003 年前我国对于建筑工程隔震减震产品实行市场准入管理制度，2004 年 7 月 1 日《中华人民共和国行政许可法》颁布实施以后，国家取消了市场准入的审批。在选购时要对生产企业的生产能力和生产的隔震产品的性能严格审查。

一般而言，隔震产品的供货人应是具有独立法人资格，具有该项目的生产、制造、维修能力的制造商或者制造商的联合体。其所提供的证明性文件主要包括以下内容：

（1）企业营业执照和法人资格证书；

（2）技术监督主管部门签发的技术监督证书；

(3) 具有建筑工程隔震减震产品检测资质的机构出具的型式检测报告，检测结果必须满足相关标准要求；

(4) 省级抗震管理部门主持的产品技术鉴定文件及文件所列产品的规格是否能满足本工程的需要；

(5) 已使用产品的工程应用概况。

如果提供复印件，应当加盖单位公章。如果有必要，可以要求将原件带到现场核查。

对于省级抗震管理部门颁发的技术鉴定文件，其内容应包括企业的生产资质和生产能力两方面。生产资质是指企业所具备的生产合格产品和保证产品质量的生产设备、生产条件、生产工艺、计量检测手段和技术力量（专业技术人员、熟练技术工人和计量检验人员）以及完善的质量管理体系等内容；生产能力是指所能够生产的合格产品的具体型号和类型。生产企业的产品标准应与国家有关技术标准和规范的规定相一致，各种技术指标应不低于国家有关技术标准和规范的规定。生产企业应具有完整的技术工艺文件及图样。由于各方面的发展，对于文件中未包括的新型隔震产品，生产厂家应附带提供由建设部认定具有型式检验资质的检测单位所出具的型式检验报告，作为企业生产能力的证明性文件。

产品的型式检验是指依据产品标准，对产品各项指标进行的全面检验。检验项目为技术要求中规定的所有项目。

往往在有下列情况之一时进行型式检验：

(1) 新产品或者产品转厂生产的试制定型鉴定；

(2) 正式生产后，如结构、材料、工艺有较大改变，可能影响产品性能时；

(3) 长期停产后恢复生产时；

(4) 正常生产，按周期进行型式检验；

(5) 出厂检验结果与上次型式检验有较大差异时；

(6) 国家质量监督机构提出进行型式检验要求时；

(7) 用户提出进行型式检验的要求时。

为了批准产品的设计并查明产品是否能够满足技术规范全部要求所进行的型式检验，是新产品鉴定中必不可少的一个组成部分。只有型式检验通过以后，该产品才能正式投入生产。型式检验的依据是产品标准。

对于隔震产品的型式检验，其检测内容包括以下各方面：

(1) 在轴压应力设计值作用下的竖向刚度；

(2) 在轴压应力设计值作用下的竖向变形性能；

(3) 竖向极限压应力；

(4) 在水平位移为0.55 倍有效直径时的竖向极限压应力；

(5) 竖向极限拉应力；

（6）在轴压应力设计值作用下，水平剪切应变分别为50%、100%、250%，且相应的水平加载频率分别为0.3Hz、0.2Hz、0.1Hz 时的有效水平刚度；

（7）在轴压应力设计值作用下，水平剪切应变分别为50%、100%、250%，且相应的水平加载频率分别为0.3Hz、0.2Hz、0.1Hz 时的有效阻尼比；

（8）在轴压应力设计值作用下的水平极限变形能力；

（9）耐久性能，包括老化性能、徐变性能和疲劳性能；

（10）各种相关性能，包括在不同的竖向轴压应力、水平剪切应变、水平加载频率、环境温度下的水平刚度和阻尼比的变化率；

（11）耐火性能；

（12）有特殊要求的性能，如抗腐蚀性、耐水性等；

（13）产品材料、结构、尺寸和外观等。

6.3.1.2 对进场的隔震产品能否满足相关标准和设计文件要求的确认

对于进场产品，应确认其是否满足设计要求。为此，生产企业应当提供其能够满足设计要求的证明性文件，包括产品合格证书、产品质量保证书和出厂检验报告。

产品合格证书应清楚地标明企业的名称、有效的生产批号和产品编号等内容。产品质量保证书应承诺产品的使用寿命以及在使用寿命内产品的质量状况，承诺在使用寿命内正常使用条件下，如果出现产品质量问题所提供的技术服务。

出厂检验是《中华人民共和国质量法》规定的、企业应当承担的保证产品质量的义务之一。出厂检验是在产品出厂之前，针对某一批次产品，为保证其达到设计要求而进行的抽样检查，其内容与检验条件和型式检验均有不同。为此，《叠层橡胶支座隔震技术规程》(CECS126:2001)中的第6.1.8条明确提出：“隔震支座的产品性能型式检验和产品性能出厂检验不能互相代替。”

出厂检验报告的内容应包括以下几方面：

（1）在轴压应力设计值作用下的竖向刚度；

（2）在轴压应力设计值作用下，水平剪切应变分别为50%、100%、250%，且相应的水平加载频率分别为0.3Hz、0.2Hz、0.1Hz 时的有效水平刚度；

（3）在轴压应力设计值作用下，水平剪切应变分别为50%、100%、250%，且相应的水平加载频率分别为0.3Hz、0.2Hz、0.1Hz 时的有效阻尼比。

出厂检验可采用随机抽样的方式确定检测试件，若有一件抽样试件的一项性能不合格，则该抽样检验不合格，不合格产品不得出厂。

对于一般建筑，产品抽样数量应不少于总数的20%；若有不合格试件，应重新抽取总数的30%，若仍然有不合格试件，则应100%检测。

对重要建筑，产品抽样数量应不少于总数的50%；若有不合格试件，则应100%检测。

对特别重要的建筑，产品抽样数量应为总数的100%。

一般情况下，每项工程抽样总数不少于20件，每种规格产品抽样数量不少于4件。

施工单位在拿到出厂检验报告以后，应当依据设计文件和产品标准对其进行确认，应重点检查检验报告中的各参数是否满足设计要求。

无论是型式检验报告还是出厂检验报告，均应由建设部认定的、具有相关检测资质的单位出具才有效。因此，检验报告应附带盖有检测单位公章的检测资质证书复印件。隔震支座用的钢板、预埋板、锚栓等也应提供原材料材质书及复试报告。

除对产品质量进行确认以外，还应当对进场产品的数量、型号、规格等内容逐一加以确认。

6.3.1.3 对进场的隔震产品的外观检查

外观检查包括抽查支座的外形尺寸是否超差和外观是否有缺陷两部分。

A 外形尺寸

在现场对外形尺寸进行的抽检可按10%比例进行。测量工具包括游标卡尺、钢直尺等。检查内容包括支座平面尺寸、支座高度、支座平整度、连接板平面尺寸、连接板厚度、连接板螺栓孔孔径和位置等内容。

测量方法可依据《橡胶支座 第1部分：隔震橡胶支座试验方法》（GBT20688.1—2007）进行，支座的尺寸偏差应满足国家标准《橡胶支座 第3部分：建筑隔震橡胶支座》（GBT20688.3—2007）或其他产品标准要求。

B 外观缺陷

虽然叠层橡胶隔震支座在出厂时进行了相关检验，但并不能完全避免产品在运输过程中的损坏，因此应对进场后的隔震支座在使用前进行外观检查。橡胶隔震支座表面应清洁，无油污、泥沙、破损等，防腐涂层均匀、光洁，无漏刷现象。

建筑隔震橡胶支座的外观质量应满足表6－1所示的要求。

表6－1 建筑隔震橡胶支座的外观质量

缺陷名称	质量指标
气　泡	单个表面气泡面积不超过50mm^2
杂　质	杂质面积不超过30mm^2
缺　胶	缺胶面积不超过2mm^2，不得多于2处，且内部嵌件不许外露
凹凸不平	凹凸不超过2mm，面积不超过3mm^2，不得多于3处
胶钢黏结不牢（上、下端面）	裂纹长度不超过30mm，深度不超过3mm，不得多于3处
裂纹（表面）	不允许
钢板外露（侧面）	不允许

对于外观检查合格的产品，应根据其规格型号分别储存在干燥、通风、无腐蚀性气体、无阳光（紫外线）照射并远离热源的场所，不得淋雨。配件应按型号分类码置整齐牢固，不得混放、散放。严禁与酸碱、油类、有机溶剂等接触。开封验货后，应恢复防护包装。搬运时防止雨淋、日晒、摔碰和锐器划伤等。

除隔震支座外，预埋钢板、连接钢板等附件也应保持完整，无缺口、毛刺、锈蚀、电焊气割溅点等影响安装质量的缺陷。

6.3.1.4 对进场的隔震产品性能的抽检

支座产品在安装前应对工程中所用的各种类型和规格的原型部件进行抽样检测，抽检要求同出厂检验。

6.3.2 隔震层施工的验收

《叠层橡胶支座隔震技术规程》（CECS126：2001）规定，隔震结构的验收除应符合国家现行有关施工及验收规范的规定外，尚应提交下列文件：

（1）隔震层部件供货企业的合法性证明；
（2）隔震层部件出厂合格证书；
（3）隔震层部件的产品性能出厂检验报告；
（4）隐蔽工程验收记录；
（5）预埋件及隔震层部件的施工安装记录；
（6）隔震结构施工全过程中隔震支座竖向变形观测记录；
（7）隔震结构施工安装记录；
（8）含上部结构与周围固定物脱开距离的检查记录。

6.4 日常使用中对隔震层的维护

《建筑抗震设计规范》（GB 50011—2010）规定“隔震装置在结构的设计使用年限内应达到免维护要求”，并且已有的研究表明，在采用合理的橡胶配方的基础上，橡胶支座的使用寿命超过50年是比较容易做到的，随着时间的增长，它的老化一般集中于表层部分，支座内部则很难老化。因此，由于老化而造成的橡胶隔震支座的力学性能一般变化不大。但这并不意味着在使用过程中不需要对隔震层进行维护。

经验表明，隔震结构，特别是房屋交付使用后，由于用户不了解隔震机理，常将隔震层预留的变形空间堵塞，严重者将使隔震房屋丧失隔震功能。穿越隔震层的设备管线和柔性连接有可能随着使用年限的增长而降低其性能，无法达到设计所要求的变形能力，造成断裂、滴漏等现象。因此，有必要在日常使用中对隔震层进行维护。对于隔震层的检查与维护还可以及时发现在施工过程中未发现的隔震构件的损伤等可能造成隔震层性能降低的其他因素。

因此，对隔震层进行必要的维护和检查，是确保隔震建筑能够达到设计所指定的性能目标所不可或缺的一环。

6.4.1 维护管理的目的

对隔震层进行维护管理的目的主要有以下三方面：

（1）确保隔震层各隔震构件的有效性，使其隔震性能充分发挥，保证建筑物的安全性不会降低。

（2）确保隔震建筑当初的设计思想和设计条件不会发生改变，以致影响隔震层性能的发挥；如果设计条件发生了改变，应制定相应措施，以保证隔震层的隔震性能，确保建筑物的安全。

（3）确保穿越隔震层的设备管线及连接构件的使用性能满足设计要求，并具有在地震时随建筑物与地基间产生较大的相对变形的性能。

6.4.2 我国规范中规定的措施

我国的《叠层橡胶支座隔震技术规程》(CECS126: 2001）针对隔震层的维护规定了以下措施：

（1）应制订和执行对隔震支座进行检查和维护的计划。

（2）应定期观察隔震支座的变形及外观。

（3）应经常检查是否存在可能限制上部结构位移的障碍物。

（4）隔震层部件的改装、更换或加固，应在有经验的工程技术人员指导下进行。

6.4.3 隔震层维护管理的方法和内容

我国相关规范中并没有制定详细的维护方法和内容，隔震建筑的所有者可以根据实际情况，基于上述目的和规定制定自己的维护管理措施。

以下是隔震建筑应用较为成熟的日本对于隔震层维护的相关要求，在此加以介绍，可以作为我国业主和工程技术人员进行维护的参考。

6.4.3.1 维护检查的种类和时间要求

对于隔震层的检查分为竣工检查、经常性检查、定期检查和临时检查四种情况。它们各自的实施时间和要求是：

（1）竣工检查在建筑物竣工时进行。

（2）经常性检查是对隔震构件进行的经常性的巡视，以及时发现异常，防止危险。一般每年两次。

(3) 定期检查是对经常性检查不能确认的隔震功能的异常情况和有关耐久性的性能由专门技术人员所进行的检查。可以安排在竣工后第1、3、5、10年进行检查，以后约每10年进行一次。对预留的试件，在竣工后每10年进行一次定期性能试验。

(4) 临时检查是在经常性检查发现异常时或者在大地震、火灾、浸水等灾害后应立即进行的检查。检查人员和检查内容与定期检查相同。

6.4.3.2 检查的对象和项目

检查的对象和部位主要有以下三个：

(1) 隔震构件；

(2) 隔震层和建筑物外周；

(3) 设备管线及其柔性连接部位。

具体的维护管理项目和检查项目见表6-2和表6-3。

表6-2 维护管理项目

部位	隔震构件		隔震层 建筑物外侧	设备管线 柔性连接部位
必要性能	能够安全承受建筑物荷载	具有足够的隔震性能	确保建筑物能够产生设计所指定的水平变形	具有足够的变形能力，在地震时能够随建筑物产生变形
管理项目	有无损伤，徐变，变形	刚度，变形能力，衰减能力	净空间距，有无障碍物	形状，有无损伤
管理方法	检查外观、测量竖向和水平变形	外观检查	测量净空间距，检查有无障碍物	目测检查，漏水等检查

表6-3 经常性检查的项目

位置		检查项目		检查方法	位置	管理目标
隔震层、建筑物外围	建筑物	周边环境	确保净空间距	目测、确认	外周 隔震层	无障碍物
	隔震构件 管线	周边状况	障碍物	目测、确认	隔震层	无障碍物
			可燃物	目测、确认		无可燃物
			排水条件	目测、确认		排水状况良好

续表 6－3

<table>
<tr><th colspan="2">位　置</th><th colspan="2">检查项目</th><th>检查方法</th><th>位 置</th><th>管理目标</th></tr>
<tr><td rowspan="7">隔震构件</td><td rowspan="4">隔震支座</td><td rowspan="2">橡胶保护层外观</td><td>变色</td><td>目测</td><td rowspan="4">隔震层指定部位</td><td>无异常、无异物</td></tr>
<tr><td>损伤</td><td>目测、量测</td><td>无损伤</td></tr>
<tr><td rowspan="2">钢材部位状况</td><td>锈蚀</td><td>目测</td><td>无浮锈、无锈迹</td></tr>
<tr><td>安装部位</td><td>目测</td><td>螺栓、铆钉无松动</td></tr>
<tr><td rowspan="3">阻尼器</td><td rowspan="3">状况</td><td>阻尼器</td><td>目测</td><td rowspan="3">隔震层指定部位</td><td>形状无异常、无损伤</td></tr>
<tr><td>锈蚀</td><td>目测</td><td>无浮锈、无锈迹</td></tr>
<tr><td>安装部位</td><td>目测</td><td>螺栓、铆钉无松动</td></tr>
<tr><td rowspan="3">设备管线及柔性连接</td><td rowspan="2">设备管线</td><td rowspan="2">柔性连接部位</td><td>液体渗漏</td><td>目测</td><td rowspan="3">隔震层</td><td>无异常</td></tr>
<tr><td>增加、更换</td><td>确认</td><td>不增加、更换</td></tr>
<tr><td>电气线路</td><td>变形吸收部位</td><td>增加、更换</td><td>确认</td><td>不增加、更换</td></tr>
</table>

注：隔震层指定部位是指构件总数10%且6个以上，其中一半在隔震层的有代表性部位，一般在靠近热源、水源、排水设备、振动源附近，竣工时由建筑物管理人员和管理机构商议确定。

6.4.3.3　维护管理的实施人员和体制

对于经常性检查，一般可由建筑物所有者委托的建筑维护管理人员进行；定期检查和临时检查可由隔震建筑及其维护管理专业技术人员进行。

在维护管理工程中所涉及的三方人员分别承担以下不同责任：

（1）建筑所有者从设计人员处接受维护管理方案，委托维护管理机构进行维护管理业务。在接到维护管理机构的检查报告时，应进行必要的改善。

（2）建筑管理人员承担经常性检查，并将结果向隔震功能维护管理人员报告。

（3）隔震功能维护管理人员由具有隔震结构知识的人员组成，进行定期检查和临时检查，审核经常性检查的结果，将检查结果向建筑所有者报告，并提出相应的改进措施和方案。

具体维护管理体制如图 6－3 所示。

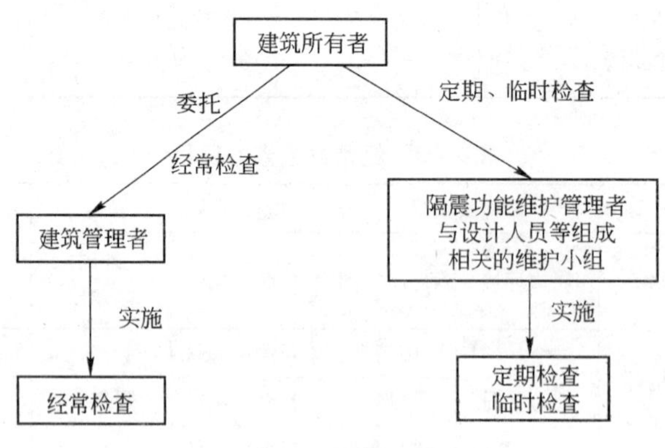

图 6－3　隔震支座的维护管理体制

7 既有建筑物的基础隔震加固施工

目前，隔震技术在我国主要被应用于高烈度地区的新建建筑中，在建筑物抗震加固工程中的应用较少，而在国外（如美国、日本、新西兰）的抗震加固领域已应用多年。既有建筑物的基础隔震加固技术是在充分利用既有建筑物上部结构抗震能力的基础上，根据既有建筑物的特点，在建筑物的下部插入隔震装置（如隔震支座、阻尼器、限位装置以及回复装置等），从而隔离、耗散输入上部结构的地震能量，使其达到既有结构所能抵抗的水平，实现提高既有结构抗震能力的目标。

采用基础隔震加固时，仅对建筑结构的基础部分进行施工，只需要在建筑物的底层为其提供施工操作的空间，而不影响建筑物二层及二层以上用户的正常使用，是一种经济适用的抗震加固方法，尤其适用于具有历史性保存价值的文物建筑，生命线工程以及内部有重要设备、仪器的建筑物。[18,22]

为了保证隔震层施工的顺利完成，实现对上部结构抗震加固的关键问题之一是如何安全有效地将符合设计要求的叠层橡胶隔震支座放置到预定位置，并且保证隔震支座能牢固地与上部结构和下部结构连接，充分发挥隔震层的功能。隔震加固改造施工技术可分为柱下隔震与墙下隔震。[36~38]

7.1 柱下隔震加固改造

对柱进行隔震加固改造，首先要对已经开挖暴露的基础柱按照隔震计算及构造要求进行加固，通常采用加大截面法对原有基础和柱进行加固。

7.1.1 柱下隔震加固的施工步骤

柱下隔震加固的具体施工步骤如下：

（1）根据隔震结构的设计和构造要求进行加固。在原柱子四周除需要切除高度为 h 的区段（用以安装隔震支座）外，浇筑新的外包钢筋混凝土加固柱子，它既是安装隔震支座时的支撑结构，又是为了满足隔震设计对隔震层以下柱要求所必需的（见图 7－1）。外包钢筋混凝土下段的底部应落在原混凝土柱的基础上，并将原基础扩大，顶部做成牛腿形，上段一直到一层梁底及板底。在支座上、下外包混凝土的两段相向平面内，相向设置四对竖向短支墩，其平面位置见图 7－1 中的剖面 1—1。短支墩间应留有间隙，以便安装楔形钢垫块。图 7－1

中各参数的确定和各主要构件的配筋见 7.1.2 节。

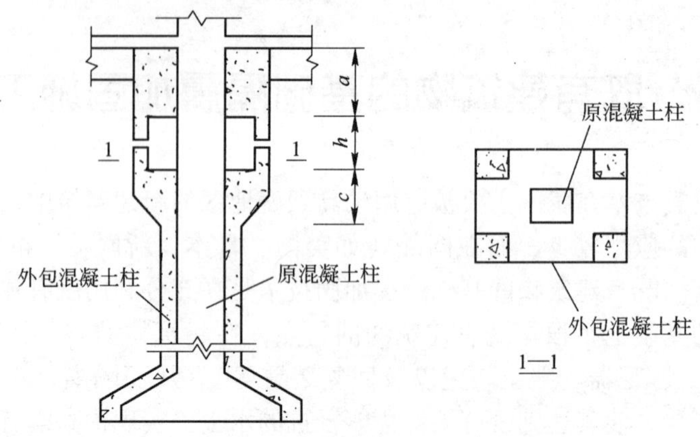

图 7－1　柱托换结构及支墩

（2）外包混凝土达到设计强度之后，在短支墩之间打入楔形钢垫块，使短支墩有能力稳固地支撑上部结构，之后切除高度为 h 的原混凝土柱段（见图 7－2）。

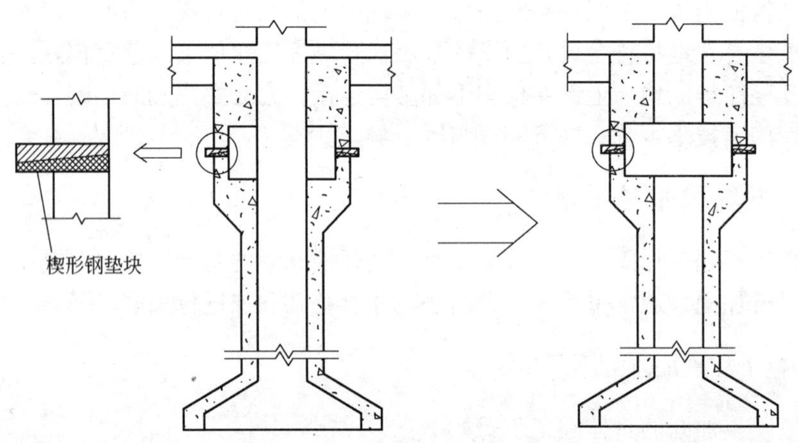

图 7－2　切断原混凝土柱

（3）浇筑下部混凝土垫块，并预埋锚固钢筋，固定支座下部连接钢板，安装橡胶隔震支座。安装橡胶支座的上部连接钢板，用混凝土灌实上部空间（见图 7－3）。

（4）在牛腿四边放置千斤顶，托住上部结构，在四个短支墩上逐级取掉钢垫片，完成承载转换过程（见图 7－4）。

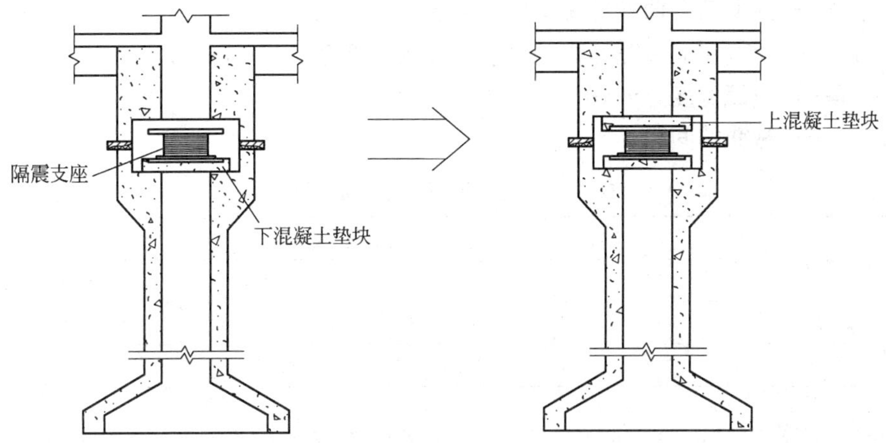

图 7-3 隔震支座安装就位

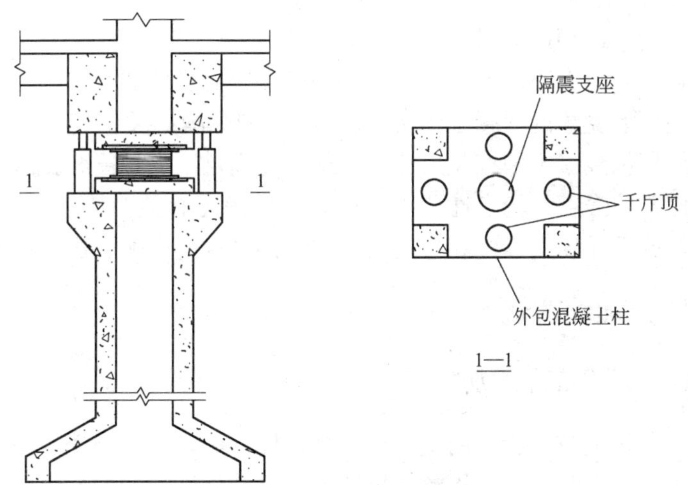

图 7-4 完成承载托换

7.1.2 支撑结构的构造设计

图 7-1 中上部外包混凝土高度 a 需满足结合面抗剪强度要求。在原柱截断后，支撑结构必须承担原柱的全部竖向荷载，新旧混凝土结合面的抗剪承载力应大于该柱的轴向压力。新旧混凝土结合面抗剪强度按以下式子验算：

$$\tau \leqslant f_v + 0.56\rho_{sy} f_y \tag{7-1}$$

式中 τ——结合面剪应力设计值，MPa；

f_v——结合面混凝土抗剪强度，MPa，如表 7-1 所示；

f_y——箍筋的剪切强度，MPa；

ρ_{sy}——横贯结合面的剪切摩擦力配筋，$\rho_{sy}=A_{sy}/bs$；

A_{sy}——配置在同一截面内的箍筋各肢的全部截面积，mm^2；

b——截面宽度，mm；

s——箍筋的间距，mm。

表 7-1　结合面混凝土抗剪强度　（MPa）

黏结抗剪	混凝土强度等级			
	C15	C20	C25	C30
标准值	0.32	0.39	0.49	0.50
设计值	0.24	0.29	0.33	0.37

为了提高黏结面抗剪强度，通常需在外包混凝土中设U形或全封闭钢筋，箍筋直径和间距由计算确定。当箍筋为U形时需锚固在原混凝土构件中（一般不宜锚在梁上），锚固必须遵循以下规定：锚固孔距柱边沿不小于$3d$，且不小于40mm，孔深大于等于$10d$，孔径比箍筋直径大4mm。图7-1中的h是切除的混凝土的高，必须大于支座加上下连接钢板的厚度，而且要留一定的施工空间，这些空间由支座上下浇注的混凝土垫块来灌实；c和牛腿有关，其设计与一般的牛腿相同；下部外包混凝土的有关尺寸，必须首先满足罕遇地震时支座反力作用下隔震层以下柱子的强度和稳定性要求，同时还应满足有关构造规定。除此以外，还必须验算安放千斤顶的部位和短支墩下部局部受压的影响，配置钢筋网片。

7.2　墙下隔震加固改造

7.2.1　砌体结构墙下的隔震加固

砌体结构在我国被广泛应用于住宅、办公楼、医院、教学楼等民用建筑和公共建筑。历次震害表明砌体结构整体抗震性能差、延性低，易发生脆性破坏，通常造成大量的人员伤亡和财产损失。而我国20世纪70年代以前的多层砌体结构设计往往没有考虑抗震设防的要求，所以有必要对既有多层砌体房屋，特别是抗震设防高烈度区的砖砌体房屋进行抗震鉴定，并酌情进行抗震加固以使其满足现阶段抗震设防的要求。

隔震支座应设置在砌体房屋上部结构与基础之间受力较大的位置，如纵横向承重墙交接处等。依据《建筑抗震鉴定标准》（GB 50023—2009）的鉴定结果来判断采用常规加固方法还是隔震加固方法。采用隔震加固方法的施工步骤如下：

（1）为了保证隔震加固的安全实施，首先要对建筑物周围的地基进行加固施工，拆除一层地板，进行土方开挖，同时控制施工放样标高。首次开挖至托墙梁梁底，并对托墙梁进行加固（见图7-5和图7-6）。

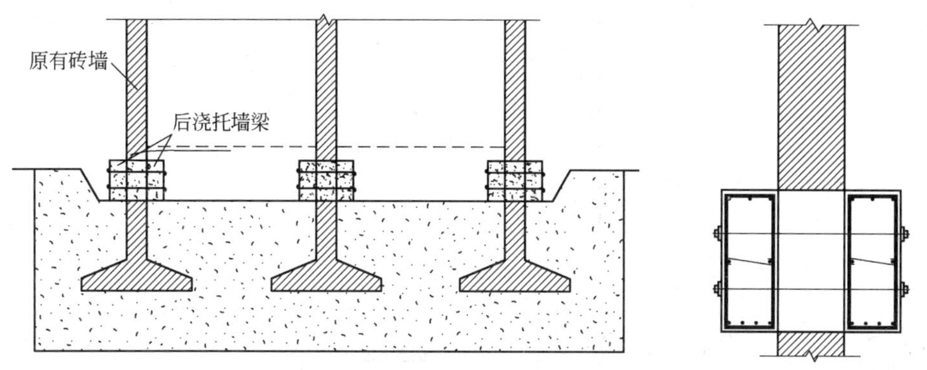

图7－5　墙体托换梁施工　　　图7－6　托换梁加固详图

（2）二次开挖土方至基础底面，对原基础进行加宽、加厚，使之与隔震层底板形成板筏基础（见图7－7）。

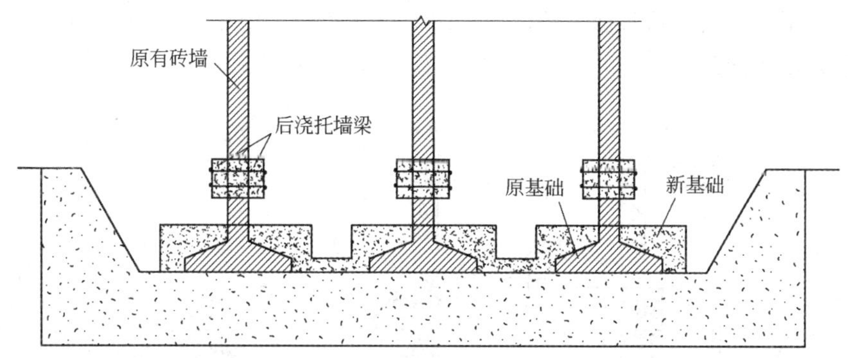

图7－7　二次开挖及基础加固

（3）用千斤顶支撑加固后的墙梁（见图7－8），截断墙梁与加固后基础之间的墙体，浇筑下部混凝土垫块，并预埋锚固钢筋（见图7－9）。

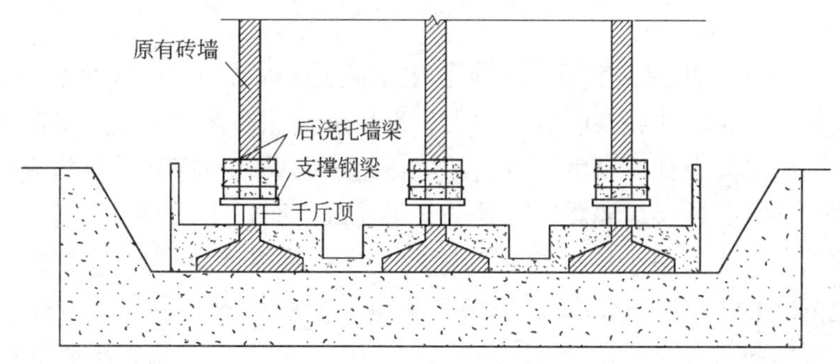

图7－8　切断原有砖墙

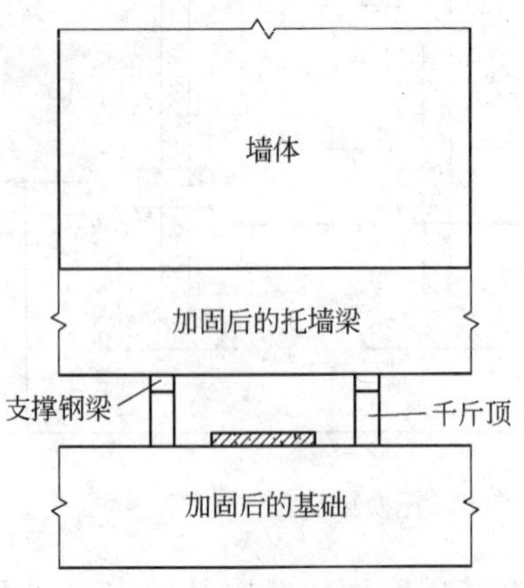

图7-9 支撑体系剖面图

(4) 固定支座下部连接钢板，安装橡胶隔震支座。安装橡胶支座的上部连接钢板，用混凝土灌实上部空间。进行挡土墙主体以及隔震层楼板施工（见图7-10）。

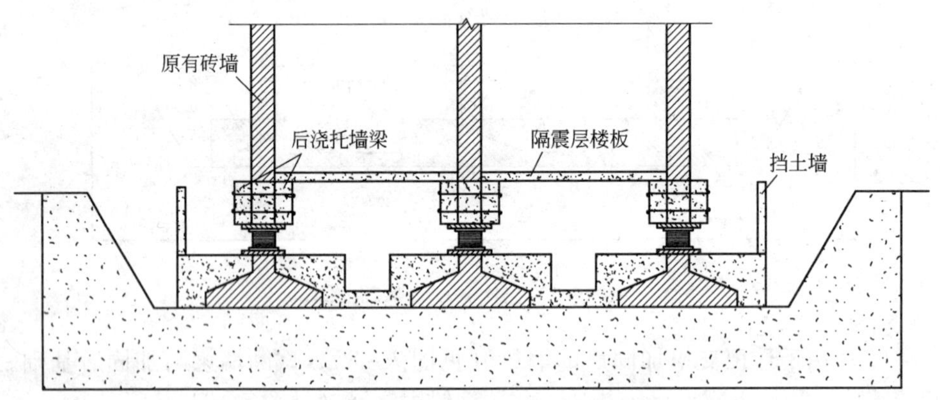

图7-10 隔震支座安装、楼板与挡土墙施工

(5) 待挡土墙达到强度后，回填土方，完成隔震层的施工（见图7-11）。

多层砌体结构墙体托换的难度较大，采用框式托换技术能够达到较理想的效果。托换框架与其上计算高度范围内的墙体组成墙梁结构来支承上部结构传来的均布荷载，并将其转换成隔震支座处的集中荷载。而托梁下的隔震支座因其竖向刚度非常大，可作为整个墙梁构件的竖向支座。具体计算构造应参照《砌体结构设计规范》(GB 50003—2011) 中第7.3条关于墙梁的计算要求进行；同时还应满足《建筑抗震设计规范》(GB 50011—2010) 中第7.5.8条关于底部框架砖房钢筋混凝土托墙梁的构造要求。

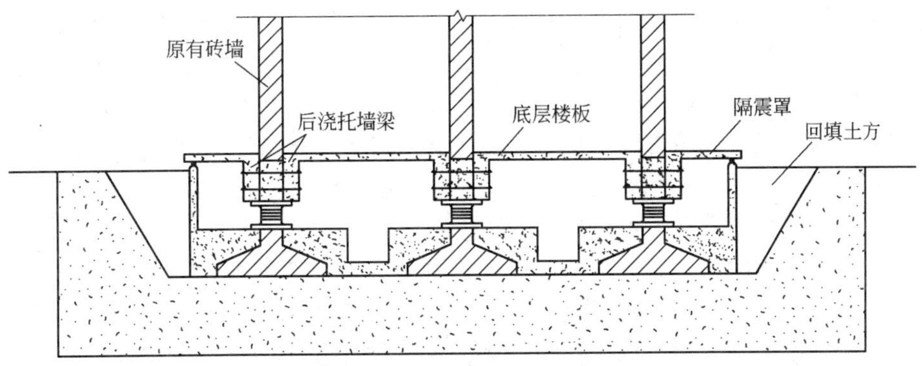

图7-11 完成隔震层施工

7.2.2 剪力墙下的隔震加固

剪力墙下隔震支座的支撑结构与柱下隔震支座的支撑结构有所不同（见图7-12）。在剪力墙上下内外浇筑四根支撑梁，并在下部隔一定距离（即剪力墙下隔震支座的距离）浇筑混凝土构造柱，构造柱落在原剪力墙基础上。上下支撑梁间空出的距离用于安装隔震支座，因此空出距离必须大于隔震支座加上下连接钢板的厚度，还要考虑一定的施工空间。在下部支撑梁上安装隔震支座部位两边浇筑混凝土短支墩用于支撑上部结构，上下托换梁间的剪力墙应切掉，以保证隔震支座在各个方向的自由移动。

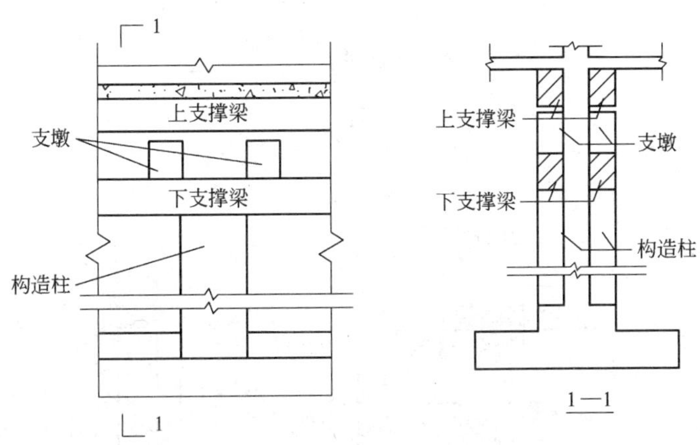

图7-12 剪力墙托换结构

图7-12所示的剪力墙托换结构中，上下支撑梁和构造柱与原剪力墙的连接主要靠新旧混凝土结合面的抗剪强度和通长配置的U形箍筋，箍筋直径和间距的计算和构造与混凝土柱的隔震改造加固情况相同。图7-12中各构件的尺寸和

配筋设计主要根据它们的受力计算确定。上支撑梁除考虑支撑过程中的受力外，由于施工完成后，剪力墙将变成由几个隔震支座支撑，刚度下降，在两个支座的跨度范围内剪力墙可能发生竖向剪切破坏和开裂，因此上支撑梁的刚度必须足够大，以控制托换梁和剪力墙的挠度，防止剪切破坏和开裂。根据这些要求，可确定上支撑梁的截面尺寸和配筋。下支撑梁的作用主要是临时支撑剪力墙的竖向荷载，由于构造柱的存在，可以按照构造柱距离内的连续梁设计配筋。同时验算局部承压、配置钢筋网片。混凝土构造柱一方面支撑下部支撑梁、支撑隔震支座；另一方面，施工完成后将用于提高原剪力墙的刚度，使加固后的剪力墙能够抵抗罕遇地震下的地震作用。构造柱的尺寸、间距和配筋要按照此原则计算。

除支撑结构不同外，剪力墙的施工步骤与柱基本相同，不再赘述。

对剪力墙进行隔震加固改造，一般也可按图 7－13 所示施工步骤进行：

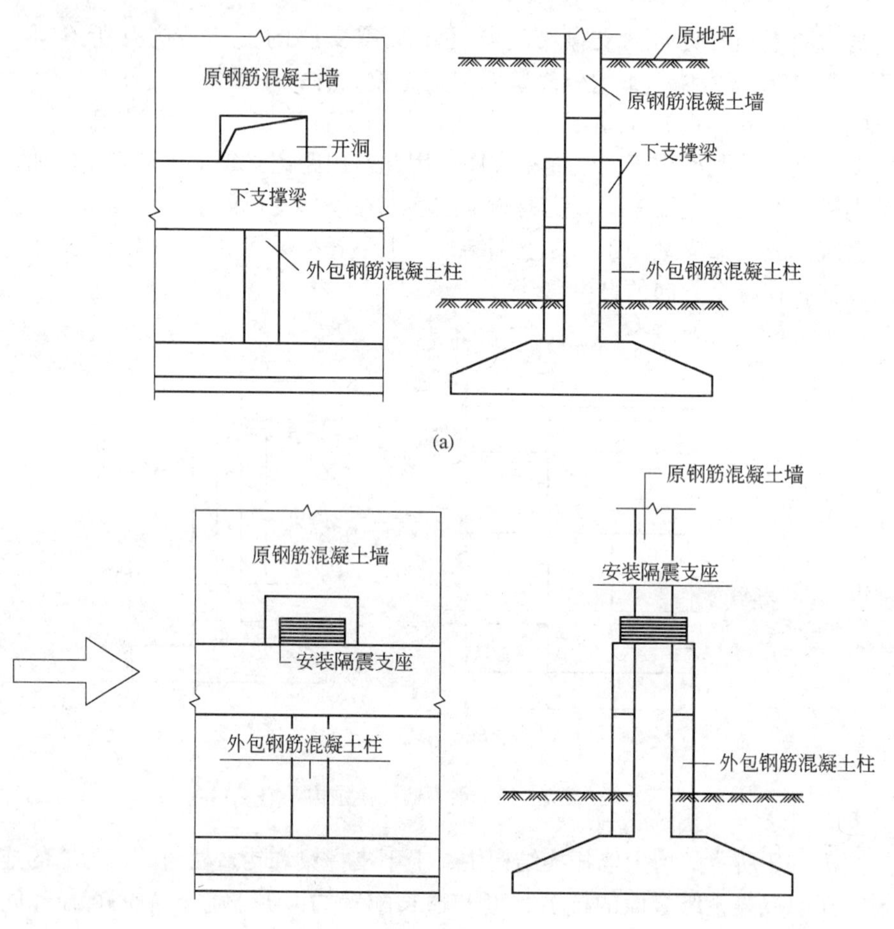

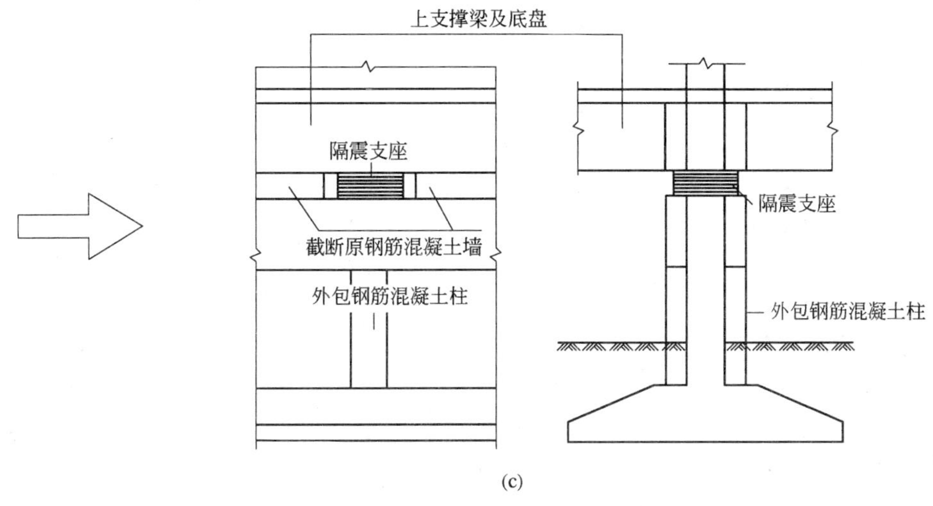

(c)

图 7－13 剪力墙隔震加固改造施工过程

（a）加固原墙体基础；（b）隔震支座安装；（c）施工托换底盘及墙体切割

（1）对剪力墙基础按隔震结构的受力要求进行加固，增加适合梁柱受力体系的基础柱，浇筑下支撑梁，预埋隔震支座的下连接钢板预埋件。施工时要注意新旧混凝土结合面的处理，使后浇混凝土和原混凝土结合成一个完整的受力体，然后在混凝土剪力墙上开凿出能够满足安装隔震支座和基础隔震支座正常工作空间的洞口。

（2）按新建隔震建筑中隔震支座的施工方法，安装基础隔震支座。

（3）浇筑上支撑梁和托换底盘，待混凝土达到设计强度时，切断原混凝土剪力墙和基础的联系，保证整个上部结构能在地震发生时可以在水平方向上自由移动，并采取必要的构造保护措施（对隔震支座的保护以及管线的改造等），即可完成对混凝土剪力墙的隔震加固改造。

7.2.3 电梯井道的隔震改造加固

为了保证电梯正常运行，电梯井道不能在中间切断，只能把原来直通地下室的电梯改成只到一层，在井道中由一层楼面的标高往下留出电梯检修坑的高度后，新浇筑一层井道底板，把电梯井处的隔震支座布置在井道板的下面（见图 7－14）。

由于上部井道内部不能新包混凝土，所以托换结构只能设置在井道外侧，下部井道内侧加的混凝土只起加固下部结构的作用，不参与托换。由于隔震支座只能支撑在新包混凝土上，因此其截面需做成牛腿状。

托换顺序如下：首先浇筑新包混凝土；其次用短支墩支撑上部结构后切除井

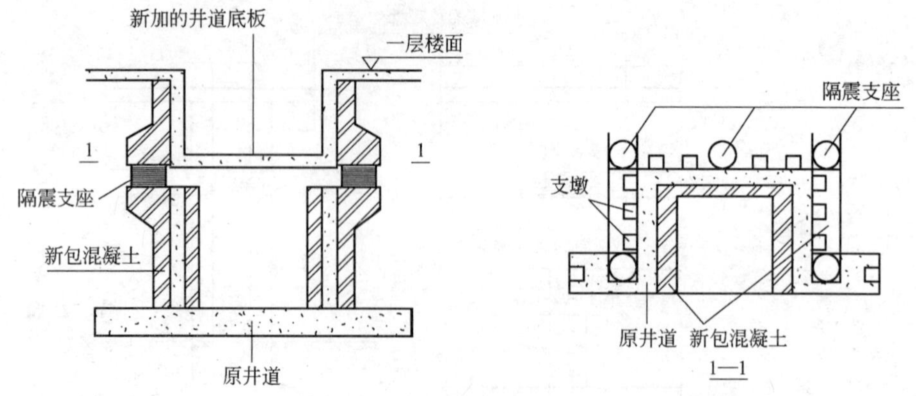

图 7－14　电梯井道隔震构造

道剪力墙，浇筑新井道底板；然后安装隔震支座，其他中间步骤和要注意的细节与柱托换相同。短支墩距隔震支座大于25cm，以保证支座自由移动。

以上隔震加固的技术措施以及隔震支座的安装质量控制都与新建隔震建筑的要求一致。

8 低造价隔震技术

在基础隔震方面，采用叠层橡胶隔震支座的隔震系统是一种较成熟的方法，橡胶隔震支座的应用比较广泛，而且关于橡胶隔震支座的试验和理论研究也比较系统和完整，所应用的建筑物也大多处于城市区域，但由于其高昂的造价、相对复杂的制造和施工工艺，不适合于在我国广大农村的中、低层建筑中应用。

随着经济的发展，农村地区在国民经济中的地位越来越重要，但我国农村地区经济发展相对落后，不能够按照城市建筑的标准来建造农村房屋。所以在建造农村房屋时，一方面农居要具有一定的抗震能力，具有较高的地震安全性；另一方面，农居建设造价又不能太高，不能超越农民承受能力。在此背景下，开发适于农村地区的低造价隔震材料和隔震技术来改善农村房屋的抗震能力是十分必要的，而面向村镇农居的隔震技术特点应该是方法简便，造价低廉，并且符合施工和后期维护技术要求不高的实际情况。本章针对新建农村民居，对一种造价低廉、施工简单的以 SBS 改性沥青材料为主的隔震垫进行介绍。这种隔震垫造价较低，且具有较大的阻尼比（最大能达到 0.4）和足够的竖向刚度，性能和构造特点与叠层橡胶隔震支座类似。它主要是利用自身较低的侧向刚度性能、较大的阻尼性能和沥青吸收地震能而发热软化的性能来达到隔震的作用。[39~41]

8.1 隔震材料

8.1.1 钢丝网片

钢丝网片应符合《镀锌电焊网》(QB/T 3897—1999) 中的规定。钢丝网片的钢丝直径为 1.0mm，孔径为 3.0mm。

8.1.2 沥青

SBS 改性沥青防水卷材是以聚氨毡或玻纤毡或复合胎为胎基，用 SBS 热塑性弹性体作石油沥青改性剂，两面覆以隔离材料所制成的弹性卷材。使用时，可以去除两面的隔离材料进行现场施工。改性沥青的指标如表 8 -1 所示。

表 8－1　SBS 改性沥青质量指标

项　目		指　标				
		Ⅰ		Ⅱ		
		PY	G	PY	G	PYG
可溶物含量 /g·m^{-2}	3mm 厚改性沥青	≥2100				—
	4mm 厚改性沥青	≥2900				—
	5mm 厚改性沥青	≥3500				
	试验现象	—	胎基不燃	—	胎基不燃	—
耐热性	温度/℃	90		105		
	上、下表面滑动平均值 Δ*L*/mm	≤2				
	试验现象	无流淌、滴落				
低温柔性/℃		－20		－25		
		无裂缝				
拉力	最大峰拉力 /(N/50mm)	≥500	≥350	≥800	≥500	≥900
	次高峰拉力 /(N/50mm)	—	—	—	—	≥800
	试验现象	拉伸过程中，试件中部无沥青涂盖层开裂或与胎基分离现象				
伸长率	最大峰时伸长率/%	≥30(25)	—	≥40	—	—
	第二峰时伸长率/%	—		—		≥15
浸水后质量增加/%	PE、S	≤1.0				
	M	≤2.0				
热老化	拉力保持率/%	≥90				
	伸长率保持率/%	≥80				
	低温柔性/℃	－15		－20		
	尺寸变化率/%	≤0.7	—	≤0.7	—	≤0.3
	质量损失/%	≤1.0				
渗油性	张数	≤2				
接缝剥离强度/N·mm^{-1}		≥1.5				
人工气候加速老化	外观	无滑动、流淌、滴落				
	拉力保持率/%	≥80				
	低温柔性/℃	－15		－20		
		无裂缝				

注：1. 按胎基分为聚酯毡（PY）、玻纤毡（G）、玻纤增强聚酯毡（PYG）。

2. 按上表面隔离材料分为聚乙烯膜（PE）、细砂（S）、矿物粒料（M）。下表面隔离材料为细砂（S）、聚乙烯膜（PE）。细砂为粒径不超过 0.60mm 的矿物颗粒。

3. 按材料性能分为Ⅰ型和Ⅱ型。

8.2 农村新建建筑隔震层

在四川汶川大地震和青海玉树大地震中，我国村镇地区的中、低层房屋破坏最为严重，因此针对我国农村地区房屋现状的抗震隔震研究迫在眉睫。本章提出一种适用于农村民居低矮房屋建筑的SBS改性沥青阻尼隔震层，其有效的减震效果、低廉的造价和简易的施工方法非常适宜在广大农村新建房屋建筑中推广应用。

这种新型隔震垫（简称SBS垫）是由SBS改性沥青卷材与钢丝网片组合而成的隔震垫。它的构造如图8－1所示，这与叠层橡胶隔震支座的组合方式是一致的。中间的钢丝网片就是为了限制沥青的侧向挤出，从而提高其竖向承载能力以及水平剪切性能。可以在施工现场制作成所需要的形状，如正方形、长方形、圆形、L形等。可以放置于基础底板与垫层之间（见图8－2），也可以放置于条形基础与基础圈梁之间（见图8－3），也可以沿着基础满铺于基础之上。

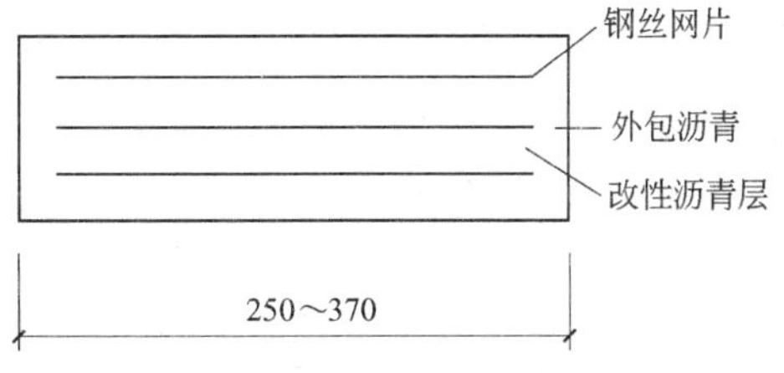

图8－1 SBS隔震垫构造示意图

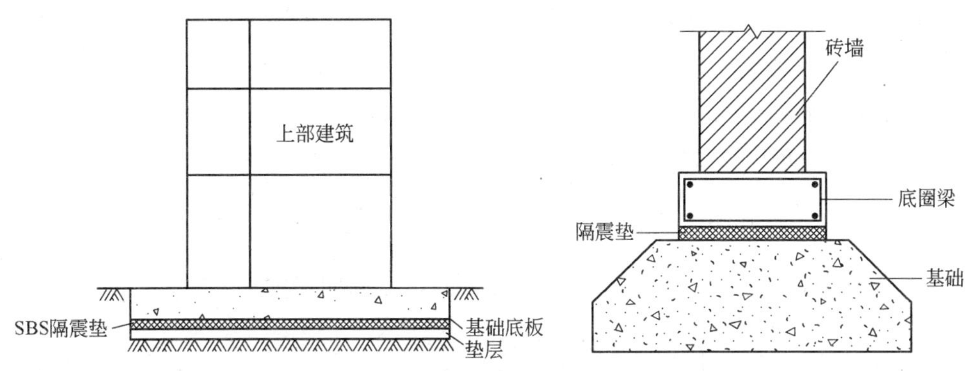

图8－2 SBS垫放置在基础与垫层间

图8－3 SBS垫放置在基础与基础圈梁之间

8.3 农村新建建筑隔震层设计

8.3.1 改性沥青隔震层隔震原理

这种新型隔震垫依靠自身较低的侧向刚度、较大的阻尼性能可以大大减小上部结构的地震响应。小震时SBS垫在隔震层中产生剪切变形，并降低结构自振周期，减小地震响应。大震时沥青吸收地震能量受热而软化呈全塑性状，因而阻断了传给上部结构的水平地震作用，这时它相当于一个滑移隔震层，使建筑自振周期延长，地震响应也得到了进一步的衰减，成为一种良性循环，这样就起到了很好的隔震效果。

8.3.2 隔震层的简化计算

8.3.2.1 SBS 垫抗压强度验算

隔震垫必须满足下式的要求：

$$N_d/A + M_d/W \leqslant f \tag{8-1}$$

式中 f——隔震垫抗压强度设计值，MPa；

N_d——基底垂直荷载设计值，kN；

M_d——基底总弯矩设计值，kN·mm；

A——隔震垫的面积，mm^2；

W——隔震垫的面积矩，mm^3。

8.3.2.2 SBS 垫水平等效刚度计算

因为隔震垫形状为扁平状，所以忽略弯曲变形、轴向变形对水平等效刚度的影响，只考虑剪切变形的影响，所以侧移刚度可简化为下式：

$$K_B = EA/3h \tag{8-2}$$

式中 E——隔震垫的弹性模量，MPa；

h——隔震垫的厚度，mm。

K_B（kN/mm）也可以通过试验实测得到。

8.3.2.3 采用 SBS 垫的建筑的自振周期计算

隔振建筑可假定为一个自由度的刚体，其自振周期 T 为：

$$T = 2\pi\sqrt{G/K_B g} \tag{8-3}$$

式中 G——上部结构总重力荷载代表值，kN；

K_B——隔震后体系的隔震层的水平等效刚度，kN/mm；

g——重力加速度，m/s^2。

8.3.2.4 水平地震影响系数最大值

因建筑抗震设计规范中规定的水平地震影响系数最大值是按阻尼比为 0.05 求得的。当阻尼比不为 0.05 时，可根据《建筑抗震设计规范》（GB 50011—2010）中式 5.15 -3 计算得到的调整系数来对 α_{max} 进行修正，则阻尼调整系数 η_2 为：

$$\eta_2 = 1 + \frac{0.05 - \zeta}{0.08 + 1.6\zeta} \tag{8-4}$$

经调整后水平地震影响系数最大值 α'_{max} 为：

$$\alpha'_{max} = \eta_2 \alpha_{max} \tag{8-5}$$

式中，η_2 小于 0.55 时，应取 0.55。

8.3.2.5 水平地震作用计算

一般砖混结构，在满足落地抗震墙间距限值的条件下，常可作刚性结构处理，整个建筑可按一个自由度考虑。采用底部剪力法时，其水平地震作用标准值 F_{Ek} 可按下式计算：

$$F_{Ek} = \alpha G_{eq} \tag{8-6}$$

式中 α——水平地震影响系数；

G_{eq}——结构等效总重力荷载，kN。

8.3.2.6 最大水平位移计算

此项计算应进行两个层次的计算：一是考虑多遇地震时刚性结构水平位移 Δ_1 不宜过大而造成装饰物破坏；二是考虑罕遇地震时水平位移刚性结构 Δ_2 不应超过极限而造成主体结构破坏，当超过极限时必须有制动限位装置——连接钢筋，连接钢筋的设置部位及细部构造见图 8-4 和图 8-5。位移计算公式如下：

$$\Delta_1 = F_{Ek1}/K_B \tag{8-7}$$

$$\Delta_2 = F_{Ek2}/K_B \tag{8-8}$$

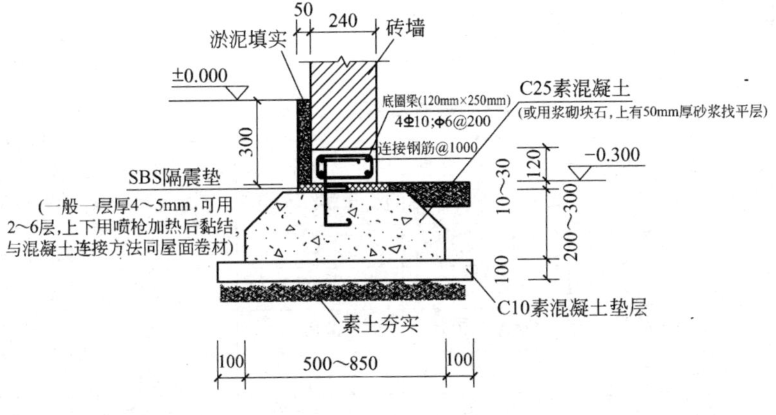

图 8-4 隔震基础

计算 Δ_1 时，求解 F_{Ek1} 采用多遇地震的水平地震影响系数；计算 Δ_2 时，求解 F_{Ek2} 采用罕遇地震的水平地震影响系数。它们应分别小于容许位移值 [Δ_1]

(mm) 和 [Δ_2] (mm)，即

$$\Delta_1 \leqslant [\Delta_1] \qquad \Delta_2 \leqslant [\Delta_2] \tag{8-9}$$

8.3.3　隔震效果分析

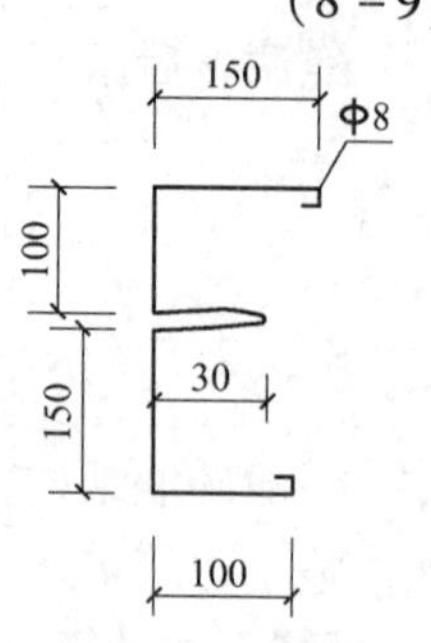

图 8-5　连接钢筋

通过有限元软件 Abaqus 模拟三层砖混结构住宅，该结构的基础为钢筋混凝土条形基础，采用 SBS 改性沥青阻尼隔震垫铺在基础之上，底圈梁之下。

输入 Taft、El Centro 两条地震波和一条人工波，通过调整峰值以满足 7 度设防（0.15g）对应的小震和大震要求。沿 x 方向输入地震波进行数值模拟，峰值加速度分别为 55cm/s^2、310cm/s^2。顶层加速度以及各层位移见表 8-2 和表 8-3，其中，SBS-11 指隔震垫总高度为 11mm，SBS-28 指隔震垫总高度为 28mm。

表 8-2　顶层加速度汇总表

地震波	输入加速度 /m·s^{-2}	非隔震顶层加速度 /m·s^{-2}	采用 SBS-11 的顶层加速度/m·s^{-2}	采用 SBS-28 的顶层加速度/m·s^{-2}
El-Centro	0.55	1.34	0.38	0.35
	3.1	15.1	1.6	1.48
Taft	0.55	1.61	0.34	0.30
	3.1	15.14	1.94	1.7
人工波	0.55	1.91	0.4	0.37
	3.1	16.86	1.83	1.5

表 8-3　隔震与不隔震各层位移

地震波	输入加速度 /m·s^{-2}	结构层	非隔震各层位移/mm	采用 SBS-11 的各层位移/mm	采用 SBS-28 的各层位移/mm
El-Centro	0.55	第三层	1.29	1.95	2.85
		第二层	0.98	1.94	2.84
		第一层	0.57	1.92	2.82
		隔震层		1.91	2.79
	3.1	第三层	7.25	10.98	16.08
		第二层	5.54	10.95	16
		第一层	3.20	10.84	15.9
		隔震层		10.80	15.88

续表 8-3

地震波	输入加速度 /m·s^{-2}	结构层	非隔震各层位移/mm	采用 SBS-11 的各层位移/mm	采用 SBS-28 的各层位移/mm
Taft	0.55	第三层	1.48	1.89	3.17
		第二层	1.16	1.88	3.15
		第一层	0.69	1.86	3.13
		隔震层		1.85	3.11
	3.1	第三层	8.33	10.66	17.84
		第二层	6.53	10.58	17.75
		第一层	3.91	10.47	17.62
		隔震层		10.32	17.51
人工波	0.55	第三层	1.29	2.55	3.56
		第二层	1.15	2.45	3.48
		第一层	0.66	2.33	3.4
		隔震层		2.27	3.28
	3.1	第三层	8.48	11.98	18.06
		第二层	4.86	11.9	17.97
		第一层	2.80	11.81	17.9
		隔震层		11.69	17.77

通过对两种型号隔震支座模型的数值模拟分析，得出了关于模型的隔震前与隔震后地震响应的以下结论：

（1）位移响应。建筑物隔震后与隔震前的顶层绝对位移响应并未减小，但是隔震后结构的层间位移非常接近，这就说明上部结构在地震力的作用下近似做整体平动。

（2）加速度响应。隔震前后的加速度响应非常显著，隔震后顶层的绝对加速度最大可降低到输入地震加速度的一半左右，非隔震顶层的绝对加速度则是被放大了4倍左右，甚至还要大些。

（3）经过两条典型地震波和一条人工波的激励测试模拟建筑物的地震响应规律是一致的。隔震装置的水平刚度越小，上部结构加速度减小得越多，位移也有所增加。

通过位移和加速度的地震响应分析，说明使用这种新型隔震支座结构的隔震效果显著，能够保证建筑物在地震时人员居住、生活的安全性与舒适性。

8.4 隔震层施工工艺

进行隔震层施工时，应遵照现行国家相关规范，宜按图 8 – 6 所示的施工工序进行。

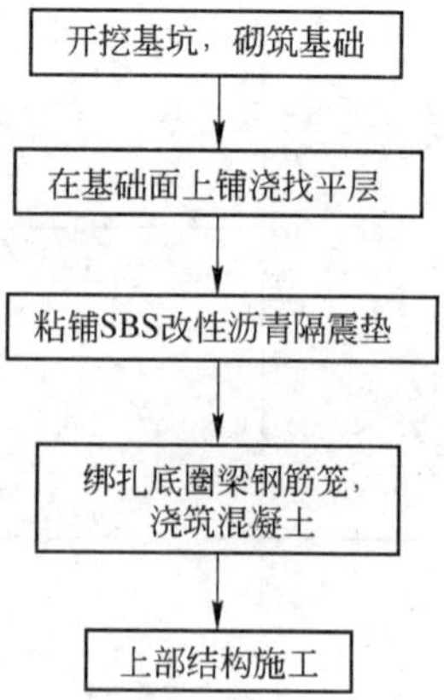

下面分步骤详细介绍每道施工工序（适用于三层及以下砌体结构建筑）：

（1）开挖基坑，砌筑基础。按国家相关规范的规定开挖基坑，并砌筑设计好的条形基础至隔震层底部标高，预埋设计的连接钢筋。基础可采用毛石砌体、素混凝土的刚性基础，也可采用钢筋混凝土的柔性基础。

（2）在基础面上铺浇不小于 50mm 厚的水泥砂浆找平层。

（3）在找平层上粘铺 SBS 改性沥青阻尼隔震垫。可以沿基础满铺，也可不必满铺，但要根据强度要求，可每隔 1000mm 设置一个根据墙宽尺寸裁切的 SBS 改性沥青阻尼隔震垫，在纵横墙交叉处皆应设置。一般采用 1 ~ 5 层 SBS 改性沥青阻尼隔震垫。SBS 改性沥青阻尼隔震垫可用热法或冷法施工。

开挖基坑，砌筑基础
↓
在基础面上铺浇找平层
↓
粘铺SBS改性沥青隔震垫
↓
绑扎底圈梁钢筋笼，浇筑混凝土
↓
上部结构施工

图 8 – 6 隔震层施工工序示意图

1）热法施工步骤如下：先将 SBS 垫切割成与底圈梁一样宽的条，并将其卷成一卷；用喷灯加热 SBS 垫，使改性沥青熔化，同时展开 SBS 垫卷，并将它均匀地粘压在基础找平层上，然后放上裁切好的钢丝网片；再用同样的方法，将第二层、第三层的 SBS 垫粘压在第一层、第二层的 SBS 垫上，钢丝网片和 SBS 垫交替放置；在最上面一层的 SBS 垫上涂冷底子油，最后在其上浇捣钢筋混凝土底圈梁。

2）冷法施工步骤仅用涂冷底子油代替喷灯加热，其他与热法相同。

（4）采用块状 SBS 改性沥青阻尼隔震垫时，隔震垫间的空隙可采用无强度的散料填充，并应在散料上铺设塑料薄膜。在底圈梁达到设计强度后将填充散料清除，墙水平缝可采用沥青麻刀等柔性材料填充。

（5）绑扎底圈梁钢筋笼，浇筑混凝土。按照设计和构造要求绑扎好封闭底圈梁的钢筋笼和已预埋的连接钢筋，并支模板浇筑底圈梁混凝土。

（6）上部结构施工。底圈梁达到一定强度之后，可进行上部结构的施工。

参考文献

[1] 胡聿贤. 地震工程学 [M]. 2 版. 北京：地震出版社，2006.

[2] 沈聚敏，等. 抗震工程学 [M]. 北京：中国建筑工业出版社，2000.

[3] 中国建筑科学研究院. GB 50011—2010 建筑抗震设计规范 [S]. 北京：中国建筑工业出版社，2010.

[4] 周锡元. 建筑结构抗震设防策略的发展 [J]. 工程抗震，1997 (3)：1 ~ 3.

[5] 周锡元，阎维明，杨润林. 建筑结构的隔震、减振和振动控制 [J]. 建筑结构学报，2002，23 (02)：2 ~ 12，26.

[6] 李立. 隔震与减震技术 [C] //中国工程抗震研究四十年. 北京：地震出版社，1989.

[7] 欧进萍. 结构振动控制：主动、半主动和智能控制 [M]. 北京：科学出版社，2003.

[8] 武田寿一. 建筑物隔震防振与控振 [M]. 北京：中国建筑工业出版社，1997.

[9] 张国镇，黄震兴，苏晴茂，等. 结构消能减震控制及隔震设计 [M]. 台北：全华科技图书股份有限公司，2004.

[10] 周福霖. 工程结构减震控制 [M]. 北京：地震出版社，1997.

[11] 曾德民. 橡胶隔震支座的刚度特征与隔震建筑的性能试验研究 [R]. 北京：中国建筑科学研究院，2007.

[12] 唐家祥，刘再华. 建筑结构基础隔震 [M]. 台北：淑馨出版社，1997.

[13] 姚侃，赵鸿铁. 木构古建筑柱与柱础的摩擦滑移隔震机理研究 [J]. 工程力学，2006，23 (08)：127 ~ 131，159.

[14] 张鹏程，等. 中国古建筑的抗震思想 [J]. 世界地震工程，2001. 17 (4)：1 ~ 6.

[15] Skinner R I，W H Robinson，G H McVerry. 工程隔震概论 [M]. 北京：地震出版社，1996.

[16] Naeim F，J M Kelly. Design of Seismic Isolation Structures：From Theory to Practice [M]. New York：John Wiley & Sons，1999.

[17] Kelly J M. Earthquake - Resistant Design with Rubber [M]. London：Springer - Verlag London，1997.

[18] 日本建筑构造技术者协会. 日本结构技术典型事例 100 选——战后 50 余年的创新历程 [M]. 北京：中国建筑工业出版社，2005.

[19] 邓宗才，等. 新型 SMA 隔震支座动载性能试验研究 [J]. 中国工程科学，2005 (12).

[20] 陈海泉，李忠献，李延涛. 应用形状记忆合金的高层建筑结构智能隔震 [J]. 天津大学学报（自然科学与工程技术版），2002，35 (06)：761 ~ 765.

[21] 赵亚敏. 三维基础隔震体系理论与振动台试验研究 [D] 北京：北京工业大学，2007.

[22] 日本建筑学会. 隔震结构设计 [M]. 刘文光译. 北京：地震出版社，2006.

[23] 日本免震构造协会. 图解隔震结构入门 [M]. 叶列平译. 北京：科学出版社，1998.

[24] 张玉敏. 碟形弹簧竖向隔震装置的试验研究 [D]. 唐山：河北理工大学，2005.

[25] Tokuda N, A Kashiwazako, I Omata. Three Dimensional Base Isolation System for FBR Reactor Building. in SMiRT 13, 1995, Div. K. 1995.
[26] 薛素铎，周乾. SMA-橡胶复合支座在空间网壳结构中的隔震研究 [J]. 北京工业大学学报，2004，30（02）：176～179.
[27] 中国建筑科学研究院，等. JG 118—2000 建筑隔震橡胶支座 [S]. 北京：中国建筑工业出版社，2000.
[28] 中国建筑标准设计研究院. 03SG610-1 建筑结构隔震构造详图 [S]. 北京：中国标准出版社，2003.
[29] 广州大学工程抗震研究中心，等. GB/T 20688. 1—2007 橡胶支座 第1部分：隔震橡胶支座试验方法 [S]. 北京：中国标准出版社，2007.
[30] 广州大学，中国建筑科学研究院. CECS 126：2001 叠层橡胶支座隔震技术规程 [S]. 北京：中国标准出版社，2001.
[31] 陆文遂. 碟形弹簧的计算设计及制造 [M]. 上海：复旦大学出版社，1980.
[32] 广州大学工程抗震研究中心，等. GB/T 20688. 3—2007 橡胶支座 第3部分：建筑隔震橡胶支座 [S]. 北京：中国标准出版社，2007.
[33] 苏经宇，韩淼，周锡元，等. 橡胶支座基础隔震建筑地震作用实用计算方法 [J]. 振动工程学报. 1999，12（2）：229～236.
[34] 日本免震构造协会. 国外建筑设计详图图集8：减震建筑设计与细部 [M]. 慕春暖编. 北京：中国建筑工业出版社，2002.
[35] 日本免震構造協会社团法人. JSSI免震構造協会施工標準 [S]. 東京：財団法人 経済調査会，2009.
[36] 张新中，等. 建筑物整体移位及其基础隔震加固技术 [M]. 郑州：黄河水利出版社，2010.
[37] 李黎，李健，唐家祥. 用隔震技术提高已有建筑的抗震能力 [J]. 华中科技大学学报（城市科学版），2002，19（1）：69～72.
[38] 洪俊青，等. 隔震技术在建筑抗震加固中的应用研究 [J]. 工程抗震与加固改造，2007（5）.
[39] 钱国桢，许刚，宋新初. 一种新型的沥青阻尼隔震垫（BS垫）及其应用 [J]. 浙江建筑，2001（01）.
[40] 中国建筑防水材料工业协会，等. GB 18242—2008 弹性体改性沥青防水卷材 [S]. 北京：中国标准出版社，2008.
[41] 杜志超. 低造价农居隔震技术研究 [D]. 北京：北京工业大学，2011.

冶金工业出版社部分图书推荐

书　　名	作　者	定价(元)
建筑结构振动计算与抗振措施	张荣山　等著	55.00
C++程序设计（本科教材）	高　潮　主编	40.00
土木工程材料（英文）（本科教材）	陈　瑜　编著	27.00
FIDIC 条件与合同管理（本科教材）	李明顺　主编	38.00
建筑环境工程设备基础（本科教材）	李绍勇　主编	27.00
供热工程（本科教材）	贺连娟　主编	39.00
建筑施工实训指南（高专教材）	韩玉文　主编	28.00
岩巷工程施工——掘进工程	孙延宗　等编著	120.00
岩巷工程施工——支护工程	孙延宗　等编著	100.00
钢骨混凝土异形柱	李　哲　等著	25.00
地下工程智能反馈分析方法与应用	姜谙男　著	36.00
城市交通信号控制基础（本科教材）	于　泉　编著	20.00
冶金建设工程技术	李慧民　主编	30.00
建筑工程经济与项目管理	李慧民　主编	28.00
建筑施工技术（第2版）（国规教材）	王士川　主编	42.00
现代建筑设备工程（本科教材）	郑庆红　等编	45.00
混凝土及砌体结构（本科教材）	王社良　主编	41.00
土力学地基基础（本科教材）	韩晓雷　主编	36.00
土木工程施工组织（本科教材）	蒋红妍　主编	26.00
施工企业会计（第2版）（国规教材）	朱宾梅　主编	46.00
土木工程概论（第2版）（本科教材）	胡长明　主编	32.00
理论力学（本科教材）	刘俊卿　主编	35.00
结构力学（高专教材）	赵　冬　等编	25.00
材料力学（高专教材）	王克林　等编	33.50
岩石力学（高职高专教材）	杨建中　主编	26.00
岩土材料的环境效应	陈四利　等编著	26.00
计算机辅助建筑设计（本科教材）	刘声远　等编	25.00
建筑施工企业安全评价操作实务	张　超　等编	56.00
混凝土断裂与损伤	沈新普　等著	15.00
建设工程台阶爆破	郑炳旭　等编	29.00